高等院校艺术设计类"十四五"规划教材

U0728216

INDOOR SPACE

DISPLAY IN 3DS MAX

3ds Max室内空间表现及实例

主 编 冯宪伟

中国海洋大学出版社

·青岛·

图书在版编目（CIP）数据

3ds Max室内空间表现及实例 / 冯宪伟主编. — 青岛：中国海洋大学出版社，2014.5（2024.6重印）
ISBN 978-7-5670-0641-6

Ⅰ. ①3… Ⅱ. ①冯… Ⅲ. ①室内装饰设计－计算机辅助设计－三维动画软件 Ⅳ. ①TU238-39

中国版本图书馆 CIP 数据核字（2014）第 106818 号

出版发行	中国海洋大学出版社
社　　址	青岛市香港东路 23 号　　　　邮政编码　266071
出 版 人	杨立敏
网　　址	http://pub.ouc.edu.cn
电子信箱	tushubianjibu@126.com
订购电话	021-51085016
责任编辑	王积庆　　　　　　　　电　　话　0532-85902349
印　　制	上海万卷印刷股份有限公司
版　　次	2014 年 6 月第 1 版
印　　次	2024 年 6 月第 3 次印刷
成品尺寸	210 mm×270 mm
印　　张	11.5
字　　数	290 千
定　　价	49.00 元

前　言

3ds Max 效果图表现课程一直以来都是环境艺术设计专业的重要课程，无论是在国内还是国外的高等院校，都将其定为环境艺术设计专业的必修课程。它所涉及的专业方向包括室内设计、建筑装饰设计、景观设计等。随着计算机技术的飞速发展，以计算机为主要工具进行环境艺术可视化表现已经成为当今主流的表现手法。它既包括技术，同时也蕴含着艺术。

3ds Max 作为一款强大的三维软件，一直为可视化表现领域提供了最优秀的解决方案，可以说它是众多三维软件中作为环境艺术可视化表现的不二之选。编者使用 3ds Max 这款软件已有 12 个年头，在这里，编者结合体验式教学模式，将自己多年来在工作和教学中总结的一些经验和方法通过图书的形式表现出来，希望能对环境艺术专业的同学有所帮助。

本书主要以"基础＋流程＋范例"的形式组织内容，编者以体验式教学的方式将扎实的基础、规范的流程以及精彩的范例贯穿全书。本书承载了编者在效果图表现方面的技术和实战经验，切实坚持项目导入，并将其在企业一线工作中的工程案例表现技巧通过本书进行分享。

本书从 3ds Max 基础开始，到实战的商业案例，对 3ds Max 效果图表现的技术及技巧进行全面的讲述。鉴于如今商场如战场的现状，商业效果图表现要求快速完成并投入使用，因而在书中的效果图案例表现中，尽可能地使用最简洁的方法，得到最好的效果。

本教材在编写过程中，得到了诸多同仁及硅湖职业技术学院的大力支持与帮助，在此一并表示感谢！

由于编者水平有限，书中不足之处在所难免，敬请专业人士予以批评指正，以便在今后的修订中进一步完善。

编　者
2014年2月

教学导引

一、教材适用范围

本课程是环境艺术设计专业重要的专业基础课程之一，是学生掌握相关设计的有效途径。课程以室内设计表现为主导，以施工图设计为依据，通过效果图表现过程的强化训练与相关理论系统的梳理，激发学生的主动性和创造性。本教材适用于高等院校环境设计专业师生，是相关课程的教学参考用书；也是社会相关设计师培训的针对性教材。

二、教材学习目标

1. 了解3ds Max软件的建模基础原理、材质灯光原理、室内效果图渲染设置方法（结合VRay渲染器）等相关知识。

2. 掌握室内模型的创建及模型修改基本方法。

3. 通过材质灯光等知识的学习，掌握3ds Max制作材质的技巧，掌握VRay渲染器的设置与应用。

4. 掌握制作室内效果图技能，完成家装真实场景如：卧室、厨房、卫浴、客厅等效果图的表现。

5. 掌握制作室内效果图技能，完成公装真实场景如：酒店大堂效果图、办公空间效果图的表现。

三、教学过程参考

1. 项目分析。针对每个教学项目，分析项目所应用的实际环境、项目教学的目的、项目所涉及的知识和应掌握的能力。

2. 课堂理论讲解。结合项目，利用多媒体课件具体讲解项目涉及的理论知识。要求理论结合实际，不追求知识的系统性和完整性，而重视其实用性。

3. 课堂模仿操作。每个项目学生都要进行实际设计模仿操作，让学生体验和掌握设计流程，使教、学、练有机结合。

4. 学生课内实践。根据课堂所教内容和项目要求，设计类似相关项目，让学生进行实际设计练习。

5. 综合项目实训。在每个教学项目模块完成后，设计一个运用本模块项目所涉及的知识和技能的综合项目，让学生独立完成项目要求。

四、教材建议实施方法参考

1. 课堂演示。　　　2. 案例讲解。　　　3. 课堂模仿操作。　　　4. 分组课内实践。　　　5. 作业评判。

建议课时数　　　　　　　　　　　　总课时：64课时

章　节	内　容	建议课时
第1章	3ds Max概述	4
第2章	3ds Max基础建模	8
第3章	3ds Max灯光及渲染基础	8
第4章	3ds Max / VRay材质基础	8
第5章	VRay渲染设置技术解析	4
第6章	简单空间效果图表现流程举例	4
第7章	客厅效果图建模技术解析	4
第8章	客厅空间效果图极速表现	4
第9章	卧室空间效果图极速表现	4
第10章	餐厅效果图极速表现	4
第11章	酒店大堂效果表现	4
第12章	办公空间会议室效果表现	4
附　录	3ds Max / VRay常见问题处理技巧	4

目 录

C o n t e n t s

第 1 章　3ds Max 概述

1.1 3ds Max 简介

3D Studio Max，常简称为3ds Max或MAX，是Discreet公司（后被Autodesk公司收购）开发的基于PC系统的三维动画渲染和制作软件。其前身是基于DOS操作系统的3D Studio系列软件。在Windows NT出现以前，工业级的CG制作被SGI图形工作站所垄断。3D Studio Max + Windows NT组合的出现降低了CG制作的门槛，首先开始运用在电脑游戏中的动画制作，而后更进一步开始参与影视片的特效制作，例如《X战警II》《最后的武士》等。在Discreet 3ds Max 7后，正式更名为Autodesk 3ds Max，本书出版中使用的版本是较为稳定的3ds Max 2012版。

3ds Max的应用范围非常广，它强大的功能和容易上手的特点使其广泛应用于广告、影视、工业设计、建筑设计、多媒体制作、游戏、辅助教学以及工程可视化等领域。最早3ds Max还仅仅只是用于制作精度要求不高的电视广告，现在随着HD（高清晰度电视）的兴起，3ds Max毫不犹豫地进入了这一领域，而Discreet公司显然有更高的追求，制作电影级的动画一直是其奋斗目标。现在，好莱坞大片中常常需要3ds Max参与制作。

拥有强大功能的3ds Max被广泛地应用于电视及娱乐领域中，比如片头动画和视频游戏的制作，深深扎根于玩家心中的劳拉角色形象就是3ds Max的杰作。它在影视特效方面也有一定的应用，而在国内发展相对比较成熟的建筑效果图和建筑动画制作中，3ds Max 的使用率更是占据了绝对的优势。根据不同行业的应用特点，对3ds Max的掌握程度也有不同的要求，建筑和室内设计方面的应用相对来说局限性要大一些，只要求单帧的渲染效果和环境效果。

1.2 3ds Max 工作环境／界面介绍

启动3ds Max，在整个软件的界面中心有4个视口，绝大部分的建模操作都会在这4个视口中进行。4视口方式是3ds Max默认的视口分布布局，它们分别是顶视图、前视图、左视图和透视图，快捷键分别为T、F、L、P，通过快捷操作使它们可以轻松地在这4个视图中切换，能够更好地提高工作效率。当然，3ds Max还给我们提供了其他的视口显示方式和视口布局方式，能够熟练地掌握这些视口的显示方式和布局方式，对在制作中观察和修改模型是非常重要的，如图1-2-1所示。

1.2.1 视口显示

除了3ds Max提供的4个默认视口，我们还可以根据制作的需要选择其他的视口，在任意视口左上角的视口名称上单击鼠标右键，在弹出的快捷菜单中选择【视图】命令，可以在弹出的子级菜单中看到上面有多个选项，除了有顶、前、左和透视图以外，还有用户、后、底、右视图等显示方式，如图1-2-2所示。

1.2.2 菜单栏和工具栏初识

3ds Max的菜单栏和工具栏由很多不同的命令键组成，如图1-2-3所示。

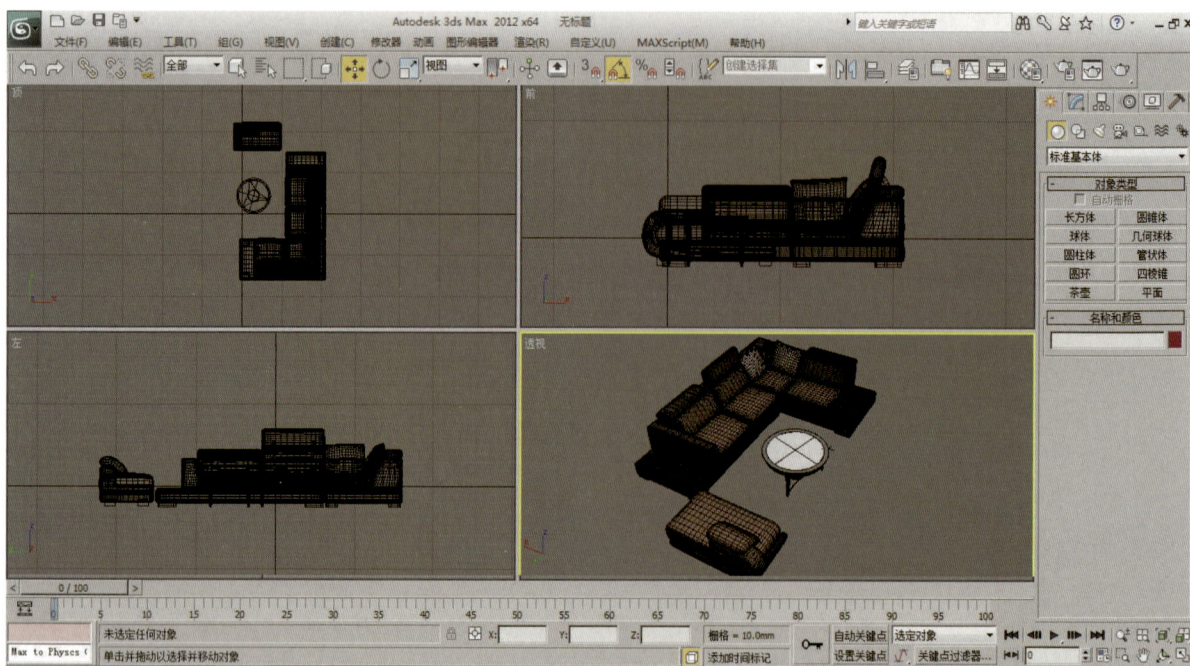

图 1-2-1

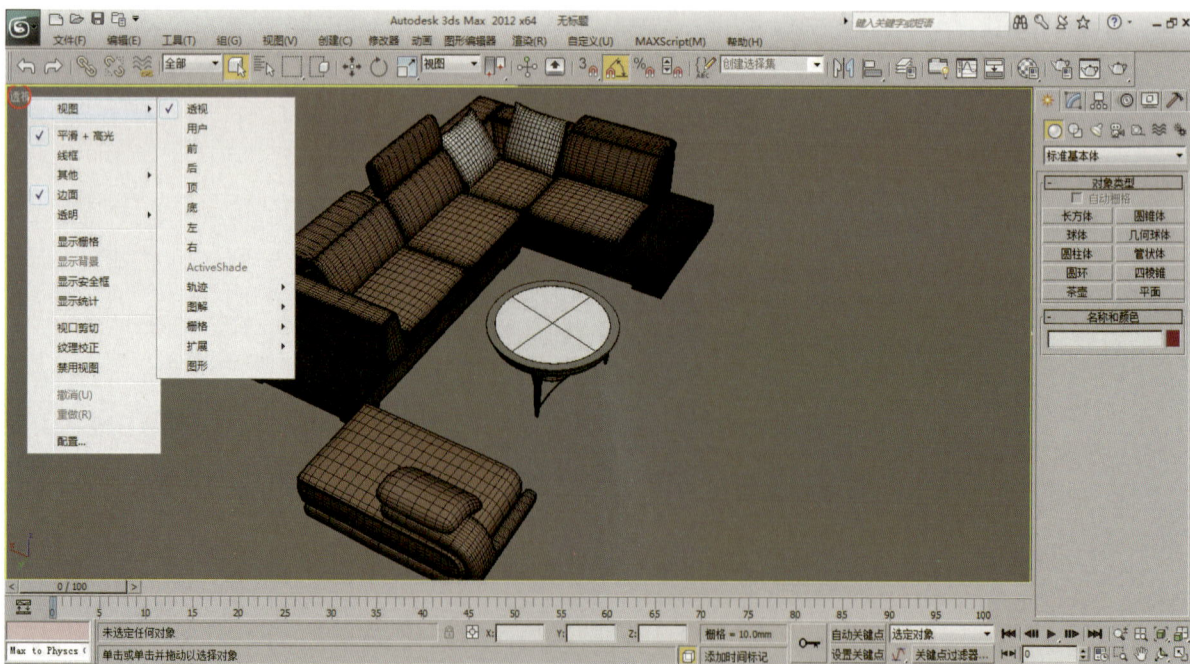

图 1-2-2

图 1-2-3

1.2.3　命令面板初识

3ds Max的命令面板给我们提供了创建面板、修改面板、层次面板、运动面板、显示面板、工具面板6个命令面板，我们可以随意地使用它们，以达到创造三维物体的最佳效果，如图1-2-4所示。

① 创建面板：该命令面板用于创建基本物体。

② 修改面板：该命令面板用于存取和改变控制选定物体的参数。可以使用不同的修改器，也可访问修改器堆栈。

③ 层次面板：该命令面板可创建反向运动和产生动画的几何体的层级。

④ 运动面板：该命令面板可以将一些参数或轨迹运动控制器赋予一个物体，也可将一个物体的运动路径变为样条曲线或将样条曲线变为一个路径。

⑤ 显示面板：该命令面板可以控制3ds Max任意物体的显示，包括隐藏、消除隐藏和优化显示等。

⑥ 工具面板：该命令面板可以访问各种工具实用程序。

图1-2-4

1.2.4　其他工作区

在3ds Max中除了以上我们所提到的命令面板，还有状态显示与提示区、动画控制区、视图控制区，这些都是我们平时常用到的，如图1-2-5所示。

图1-2-5

① 缩放：放大或缩小当前视图，包括透视图。

② 缩放所有视图：放大或缩小所有视图区的视图。

③ 最大化显示：缩放当前视图到场景范围之内。

④ 所有视图最大化显示：全视图缩放，应用于所有视图中。

⑤ 缩放区域：在视图中框选一个区域，缩放该区域。

⑥ 平移视图：小手图标，控制视图平移。

⑦ 弧形旋转：以当前视图为中心，在三维方向旋转视图，常对透视图使用这个命令。

⑧ 最大化视图切换：当前视图最大化和恢复原貌的切换开关。

1.2.5　物体显示

观察场景，我们不难发现，4个视口中物体的显示方式是不一样的，透视图默认是以实体方式进行显示的，而顶、前、左视图是以线框方式进行显示的。其实所有视图的物体显示方式我们都可以随意地切换，3ds Max给我们提供了多种物体显示的模式，在视图的左上角视图名称处单击鼠标右键，可以选择自己需要的显示方式，如图1-2-6所示。

下面给大家介绍一下几种常用的物体显示方式。

（1）【线框】

这是一种比较节约显示资源的显示方式，在除透视图以外的视图中使用最多（图1-2-7）。

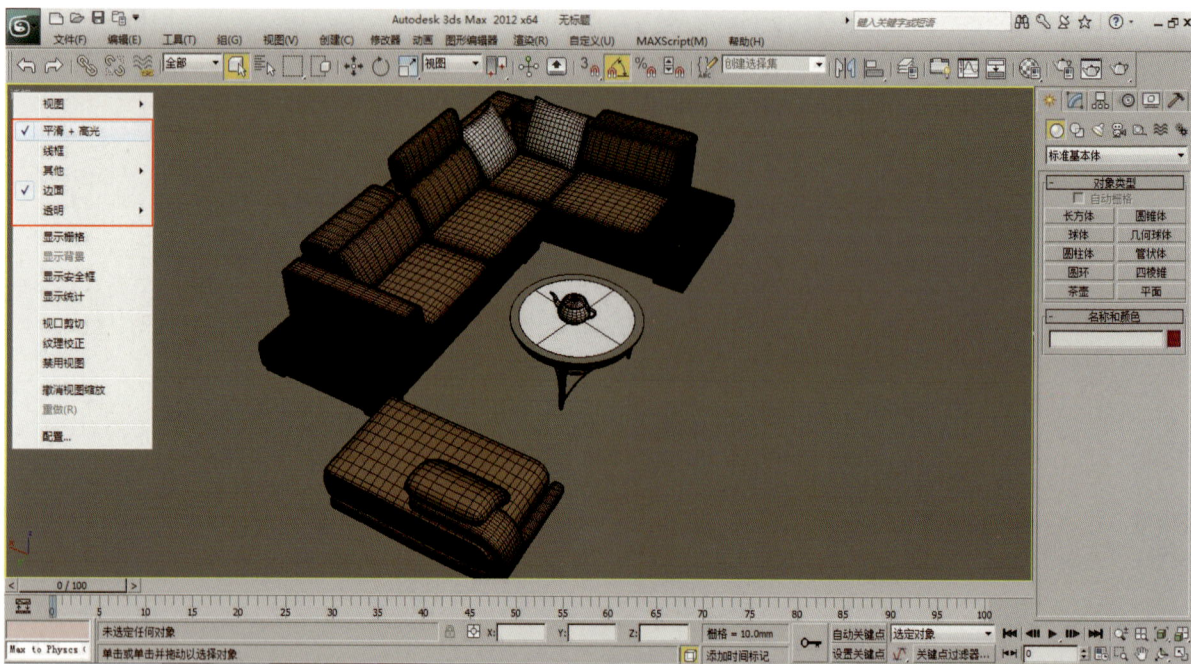

图 1-2-6

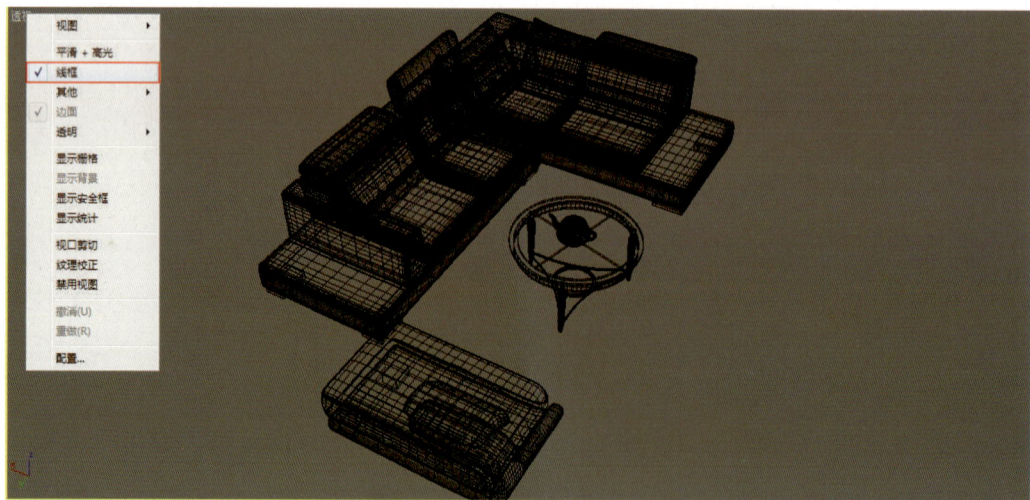

图 1-2-7

（2）【平滑+高光】

这种显示方式在透视图中使用较多，是透视图默认的显示方式。它以实体的方式显示，能简单体现物体的质感和高光（图1-2-8）。

（3）【边面】

这种显示方式是基于【平滑+高光】的显示方式之上的，必须在【平滑+高光】的显示方式下再加边面。它的优点是可以在实体方式下同时体现线框结构（图1-2-9）。

图 1-2-8

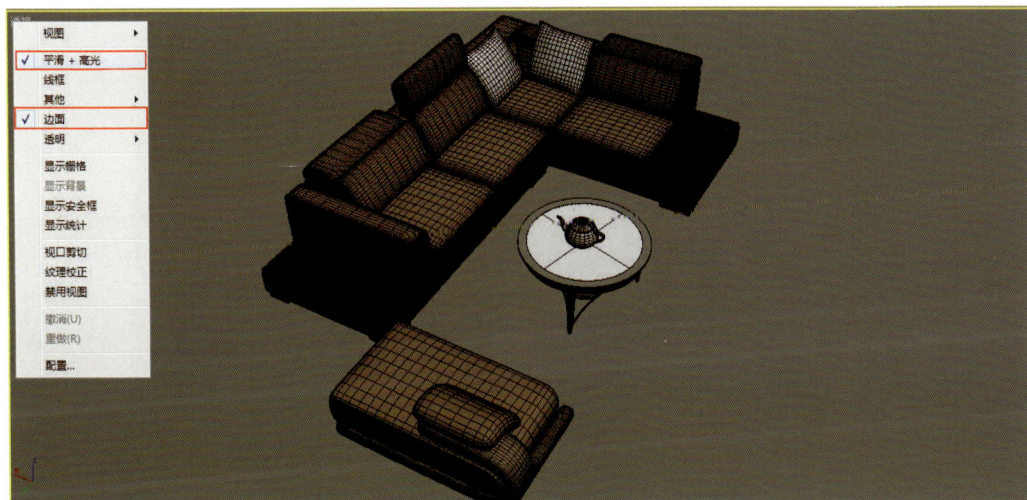

图 1-2-9

TIPS: 常用的这三种显示方式也可以使用快捷键操作,F3 是【线框】和【平滑 + 高光】方式的切换快捷键,F4 是【边面】的快捷键，必须在【平滑 + 高光】的基础上按 F4。

1.2.6 视口布局

3ds Max默认是4视口的布局方式，我们也可以根据需要更改视口布局。在视图的左上角视图名称上单击鼠标右键，在弹出的快捷菜单中选择【视图】，会弹出【视口配置】对话框，选择【布局】选项卡，里面有多个3ds Max提供的视口配置方案，我们在这里可以选择所需的视口配置，如图1-2-10、图1-2-11所示。

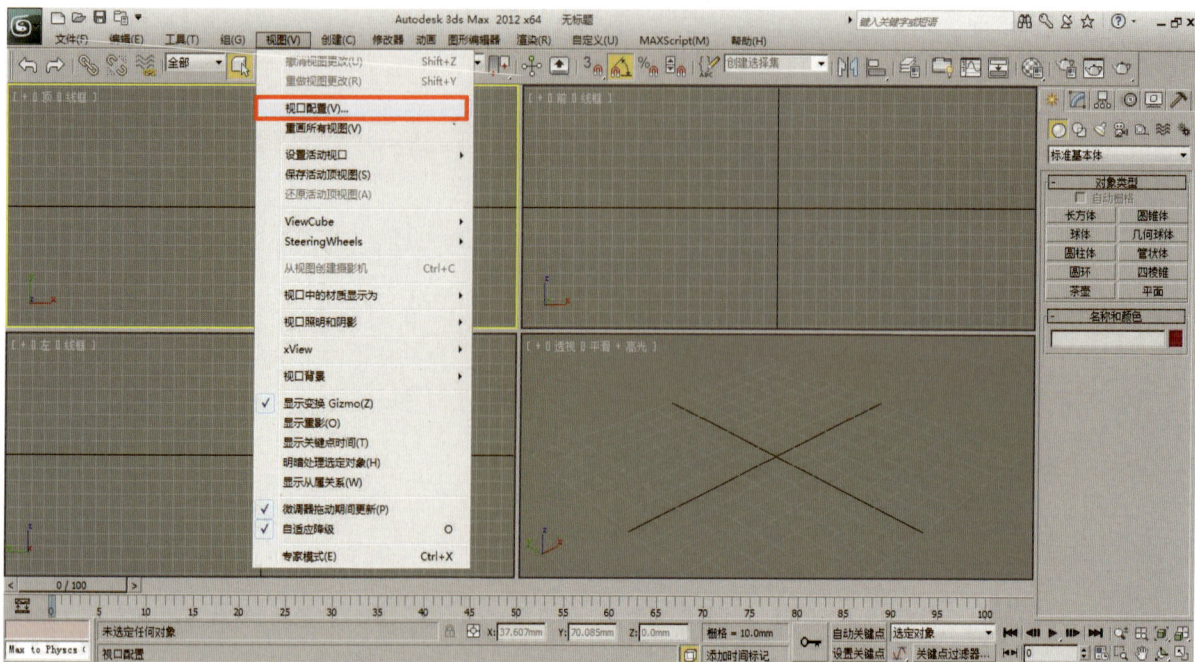

图 1-2-10

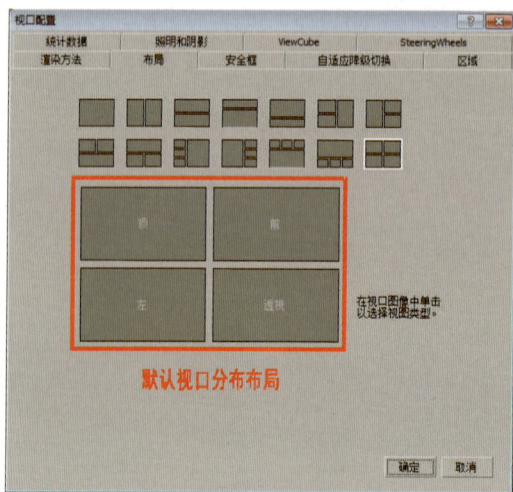

图 1-2-11

1.3 工具栏及菜单操作

在前面我们已经提过了3ds Max中的菜单栏和工具栏，如图1-2-3所示。主工具栏位于菜单栏的下方，由若干个按钮组成。我们通过主工具栏上的按钮可以直接打开一些控制窗口。

在工具栏上的【选择对象】工具，是3ds Max的标准选择工具，在使用该工具时有点选和框选两种操作方式。

1.3.1 选择对象

（1）点选操作

点选是用鼠标左键单击选择，需要注意的是如果在线框模式下点选的话，一定要在线框上点击才能选择物体，当鼠标放在线框上的时候，光标会切换成长十字形显示，这时说明物体可以被选中。

（2）框选操作

框选操作与点选操作相比，主要是在同时选择多个物体时显得特别方便，按住鼠标不放轻轻一拖，即可选择多个物体。在框选的时候可以配合【视口/ 交叉】工具使用，这样可以使选择更加准确和高效。当【视口/交叉】工具未被激活时，框选物体，只要是鼠标划出的矩形所接触到的物体都会被选择。当【视口/交叉】工具被激活时，则只有被选择区域完全包括的物体才能被选中，如图1-3-1所示。

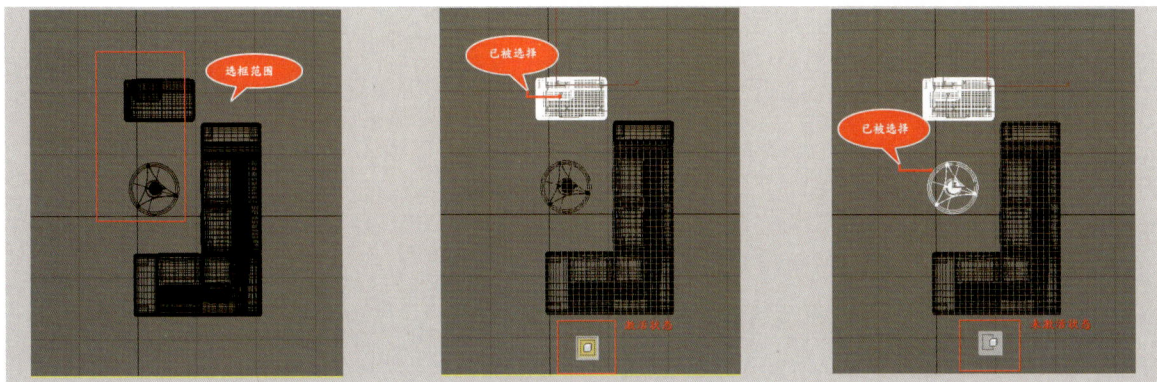

图 1-3-1

（3）其他选择操作

除此以外还有另外一些选择物体的工具，比如使用（移动）、（旋转）、（缩放）等工具可以直接选择物体。其中框选工具包括（矩形选框）、（圆形选框）、（多边形选框）、（套索选框）、（绘制选框）。

如果在创造模型的时候，场景中的线条过多会让人眼花缭乱，不容易找到所要选择的物体，这时，我们可以按名称选择，如图1-3-2所示，这种方法既简单又方便。

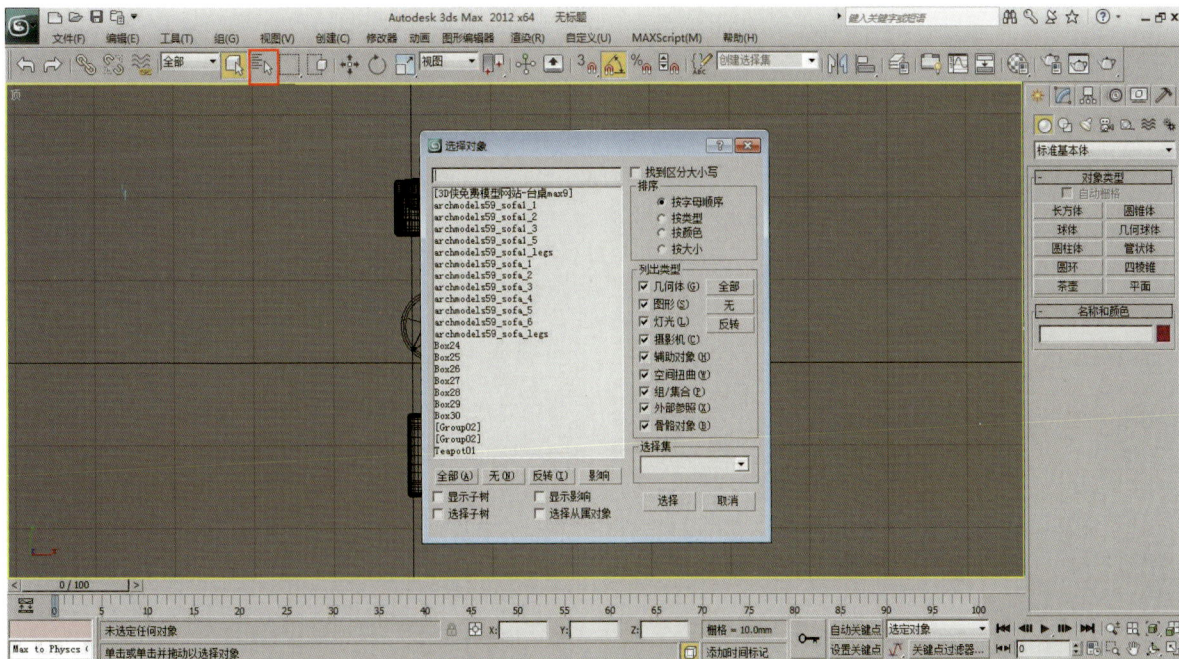

图 1-3-2

为了使选择更加便捷和准确，还可以使用按对象类型选择的方式进行选择，在工具栏上的【选择过滤器】中选定一类物体时，其他种类的物体就不能被选择。过滤器默认的选择方式是【全部】，单击右侧的三角符号会弹出下拉菜单，可以看到菜单中有多个选择类型，如图1-3-3所示。

1.3.2 捕捉操作

在实际的建模工作当中，尤其是在做工程类的模型的时候，由于对精准性的要求很高，因此捕捉工具是非常重要的辅助工具。

在效果图中常用的捕捉工具有两个，它们分别是【捕捉开关】和【角度捕捉切换】，下面分别介绍这两个工具的使用。

（1）捕捉

【捕捉开关】是3ds Max中最常用的工具之一，它能够很好地在三维空间中锁定需要的位置，以便进行选择、创建、编辑修改等操作。在捕捉设置中，系统为我们提供了三种捕捉方式，分别是【二维捕捉】、【2.5维捕捉】和【三维捕捉】。

①【二维捕捉】：捕捉当前视图中二维平面上的曲线和无厚度的表面造型，对于有体积的三维造型将不予捕捉。

②【2.5维捕捉】：这是一个介于二维和三维捕捉之间的捕捉方式，它会将三维空间上的项目捕捉到二维平面上。

③【三维捕捉】：捕捉三维空间中的三维对象。

图1-3-3

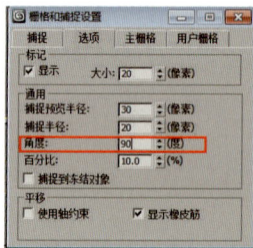

图1-3-4

（2）角度捕捉

【角度捕捉切换】工具能够设置旋转时的角度间隔。在对物体进行任意角度旋转操作时，可以不打开角度捕捉，但要旋转到某一特定角度时，使用它就很方便。我们在【角度捕捉切换】按钮上右击鼠标，会弹出【栅格和捕捉设置】对话框，我们可以设置【角度】的数值，如90度等，如图1-3-4所示。

1.3.3 组操作

组的使用也是相当重要的，它可以将有密切联系的物体组合为一体，便于统一处理。它的具体使用和步骤如下。

①建立组：选中多个物体→组（菜单）→组→输入组名称→确定。

②打开组：可以不解散组，进入组子集，调整组内的物体摆放位置，选中已编组的物体→组（菜单）→打开。

③关闭组：即退出组子集，组（菜单）→关闭。

④解散组：分层解散组，选中已编组物体→组（菜单）→取消组。

⑤炸开：一次性解散所有层次的组，选中已编组物体→组（菜单）→炸开。

只要知道了这些内容，就可以很容易对一组物体进行编辑和利用。

1.3.4 复制与渲染

在3ds Max中有时候同一个物体在场景中会需要用到很多次，如果一个一个的进行建模就会很麻烦，所以就要认识以下几个工具，镜像工具、间距工具、阵列工具和渲染工具。下面就来了解一下它们的使用方法。

（1）镜像工具复制

镜像工具：选中物体→镜像按钮 →选择镜像轴→输入偏移量→选择复制方式→确定。

偏移量：控制复制物体与原物体的距离。

（2）间距工具复制

间距工具复制【Shift+I】：可以使物体沿某曲线复制并排列，建立一个曲线→建立一个三维物体（或二维曲线）→选中三维物体（或二维曲线）→工具（菜单）→输入复制的数量→拾取路径→选择曲线→跟随→应用（按钮）。

跟随：可以使复制的物体跟随曲线旋转排列。

（3）阵列工具复制

阵列工具复制：可以使物体按矩阵方式二维或三维复制并排列，选中对象→工具（菜单）→阵列，可以选阵列复制的个数和维数，阵列方式是矩形还是环状，在总计栏中输入数值即可。

（4）渲染工具

渲染工具为快速渲染 【Shift+Q】和渲染设置 【F10】，渲染设置 【F10】→公用参数→时间输出。

① 单帧：渲染当前1帧的场景。

② 活动时间段：默认动画时间为0～100帧，可以更改渲染步数（跨度）。

③ 范围：可更改动画渲染范围。

④ 帧：可挑选某些帧进行渲染。

思考与练习

3ds Max的工作环境/界面的设置是如何自定义的？

第 2 章　3ds Max 基础建模

2.1 三维基本物体的创建

在3ds Max中，基本的构建就是对模型的创建。只要学会了基本模型的创建，就可以进行任何建模工作，在后面的章节中我们将对物体如何弯曲、拉伸和切割等创建新模型的方法进行讲解。本章主要对基本模型的创建进行详细地讲解，以花瓶模型的制作流程为例，解释如何精确创建和控制它们的方法，让读者清楚地了解3ds Max模型的制作流程。

2.1.1 样条线的使用

选择【创建】命令面板下的【图形】选项，系统给我们提供了多种样条线，如图2-1-1所示。在这些样条线中，除了【线】以外的其他样条线都是参数化的样条线，也就是说是由参数来控制形态的，而【线】，直接绘制出来就是可编辑状态，可以有顶点、线段、样条线三个层级，编辑起来非常自由。其他的样条线也可以在绘制完后右击鼠标，在弹出的快捷菜单中选择【转换为】/【转换为可编辑样条线】命令，将其转换成可编辑状态，如图2-1-2所示。

当样条线被转换为可编辑样条线之后，在修改命令面板上会变成和【线】工具一样，有三个层级，点击修改器列表的【可编辑样条线】前面的加号展开，可以看到有顶点、线段、样条线三个层级。它们的作用和在其下方的修改命令面板中选择卷展栏中的三个层级是一样的。按下键盘上的数字键1、2、3（注意不是小键盘上的数字）可以快捷地切换这三个层级。1代表加号下的第一个层级，即顶点层级；2代表加号下的第二个层级，即线段层级，以此类推，如图2-1-3所示。

在这三个层级中，每个层级下都有很多强大的命令，能帮助我们快速而准确地编辑样条线的形状。

图2-1-1

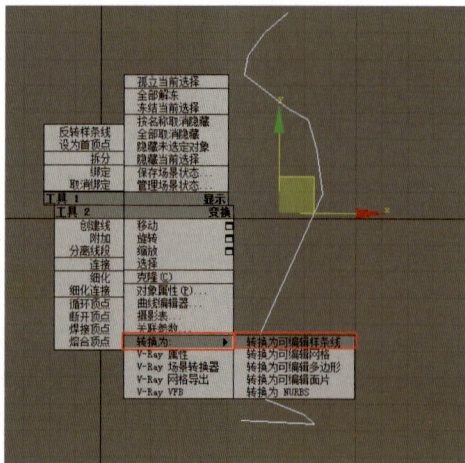
图2-1-2

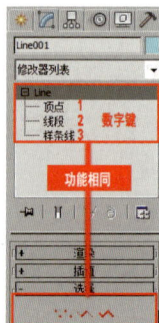
图2-1-3

2.1.2 样条线配合修改器建模的方法

在上面我们已经提到了一些有关样条线的使用方法以及它的一些快捷方式，我们还要了解怎么去修改它。在修改命令面板的修改器列表当中，有很多强大且实用的修改器，配置好的修改器能够大大提高我们的建模效率，在本节中，主要讲述修改器的基本配置方法。

在修改命令面板上我们点击【修改器列表】，会弹出一个下拉菜单，里面有大量的修改器。但由于是中文版的缘故（中文版不能用开头字母查找修改器），查找所需要的修改器很不方便，因此在建模前配置好自己常用的修改器集非常重要。点击修改命令面板上的【配置修改器集】命令，弹出【配置修改器集】窗口。首先设置右侧的【按钮总数】为任意数值，例如6，我们可以在左侧的修改器列表中将我们常用的修改器拖曳到我们设置好的6个按钮上，然后在【修改器列表】上右击鼠标，在弹出的快捷菜单上选择【显示按钮】，这样当我们要用到这些修改器的时候，只需要点击就可以使用了，如图2-1-4所示。

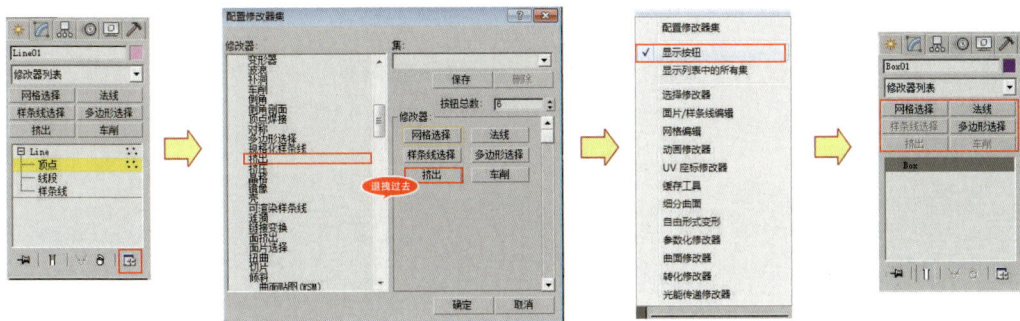

图 2-1-4

2.1.3 自定义快捷键

在3ds Max中我们也会用到很多快捷键，有的是默认的快捷键，为了提高建模时的效率，还可以自定义快捷键，这样的好处是当系统未提供可用的快捷键时，可以自己设置快捷键。点击菜单【自定义】/【自定义用户界面】，打开【自定义用户界面】对话框，在键盘选项卡中，选择类别为【Modifiers】修改器，在下方的命令列表中选择要设置快捷键的命令，然后按下所要设置的快捷键，点击右边的【指定】按钮，就自定义好了一个快捷键，如图2-1-5所示。

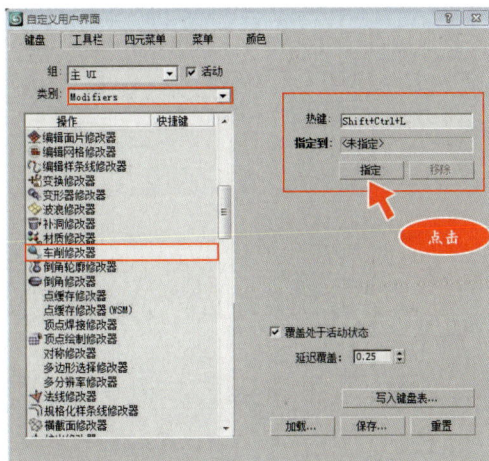

图 2-1-5

2.2 三维图形的创建与修改

2.2.1 【挤出】修改器

上文我们讲到配置修改器的方法和快捷键的使用方式，下面就来讲一些配合样条线建模最常用的修改器。

首先来了解一下【挤出】修改器的使用方法。【挤出】修改器是最常用的修改器之一，它能将绘制好的样条线挤出一个立体的形态。下面来看它的应用。

首先在顶视图中创建一个矩形、一个圆形和一条弧线，然后点击设定好的【挤出】按钮，在参数卷展栏的【数量】一栏输入50，这时会看到矩形挤出后是一个长方体，而圆挤出来的样条线挤出是将样条线包围的部分进行实体挤出，而非闭合状态的样条线挤出则是一个面片，如图2-2-1所示。

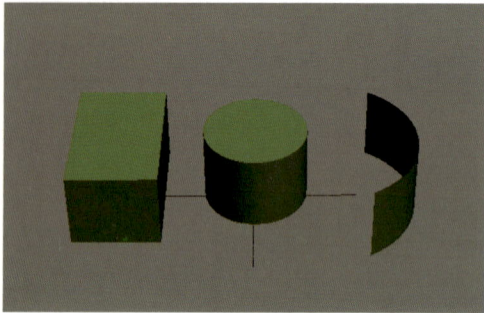

图2-2-1

上面我们已经初步地认识了挤出命令的使用方法，那下面就来了解一下【挤出】修改器的常用参数。

① 【数量】：决定挤出的高度，如果设置了单位的话，我们可以精准地控制挤出的高度。

② 【分段】：决定在挤出高度上的分段数，分段越大，图形的精密度就越高。

③ 【封口始端】：决定在挤出开始的位置是否封口。

④ 【封口末端】：决定在挤出末端的位置是否封口。

这几个参数是最常用的，其他的参数一般保持默认即可。下面通过图例来看一下这几个参数使用的效果，如图2-2-2、图2-2-3所示。

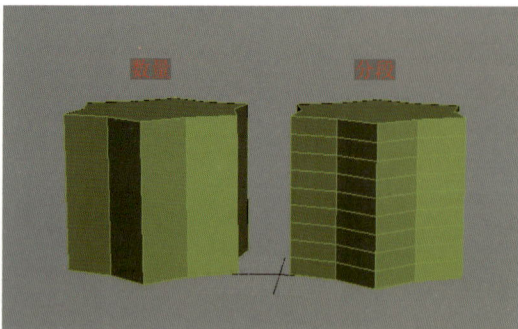

图2-2-2

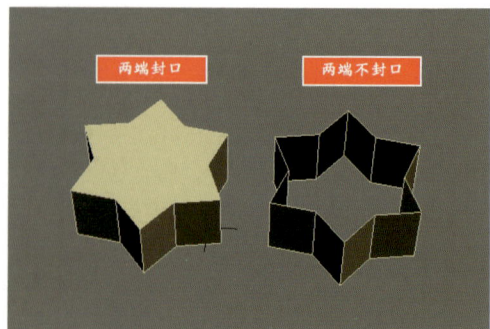

图2-2-3

2.2.2 【车削】修改器

【车削】修改器能让绘制好的样条线沿一个轴向旋转产生三维模型，经常用来做酒瓶、碗、花瓶等比较规则的模型。下面我们以一个花瓶为例给大家讲解。

首先绘制一条花瓶的侧面曲线，如图2-2-4所示。然后在样条线层级，使用【轮廓】命令，为绘制好的样条线增加一些厚度，如图2-2-5所示。

当然细节在建模的时候也是非常重要的，所以需要为绘制的样条线增加一些圆角的细节，进入顶点层级，选择需要进行圆角的顶点，使用【圆角】工具对其倒圆角，如图2-2-6 所示。退出顶点层级（很多初学者在添加修改器前都没有退出子层级的习惯，如不退出会造成拾取坐标不正确），添加【车削】修改器，如图2-2-7 所示。

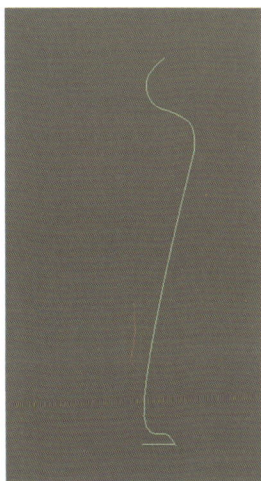
图 2-2-4

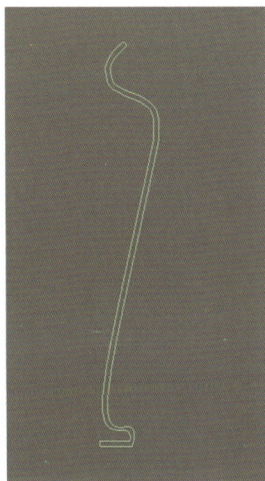
图 2-2-5

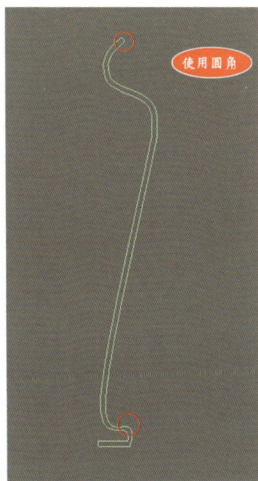
图 2-2-6

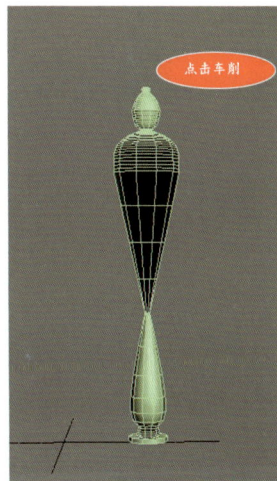
图 2-2-7

结果我们发现并没有得到想要的花瓶的形状，原因在于我们并没有指定对齐轴，在【车削】修改器下方的对齐栏点击【最小】，现在就得到我们想要的结果了，如图2-2-8所示。除了有最小值的设置以外，还有中心值和最大值的设置，可以根据自己的需要来运用。

这里需要说明的是，3ds Max默认的对齐方式，最左为最小，最右为最大，而我们绘制的图形是花瓶的右半边曲线，因此，以最左边点的Z轴为旋转轴即可得到花瓶的形状。

当然我们不难发现模型的表面显得非常粗糙，这是因为分段数不够造成的，3ds Max 模型曲面的细节程度是靠分段数来决定的，分段数越高，模型的细节就越丰富，曲面就越圆滑，越少则越粗糙。增大【分段】的数值就可以得到更高质量的模型，当然过多的分段会造成计算机运算量的增加，所以适当的分段数即可，如图2-2-9所示。

就这样，我们使用【车削】修改器完成了一个简单的花瓶模型。

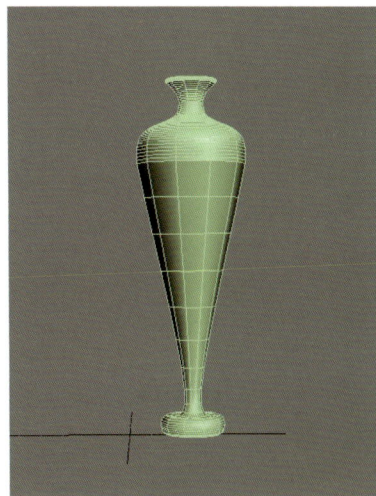
图 2-2-8

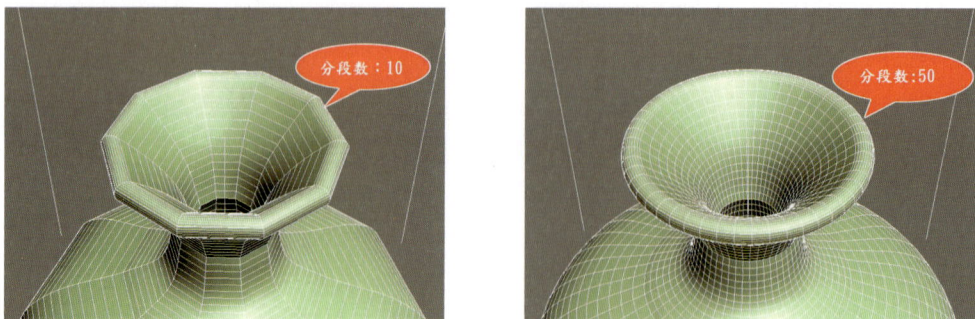

图 2-2-9

2.2.3 【倒角】修改器

【倒角】修改器能够在模型的边角上轻松地创建倒角，非常实用，使用起来也很简单。其实【倒角】修改器和【挤出】修改器有一些相似的地方，【倒角】修改器也可以对样条线进行挤出，但它还多了一个倒角的功能。

下面来看一下【倒角】修改器的使用。首先绘制一个星形，然后添加【倒角】修改器，在【倒角值卷展栏】中可以看到级别1、级别2和级别3，总共可以进行三次倒角。我们现在要得到一个立体的并带双面倒角的星形，设置【级别1】，在级别1的【高度】设置一个较小的数值，让模型挤出一些厚度，再调整【轮廓】的数值，让模型有倒角的效果，如图2-2-10所示。

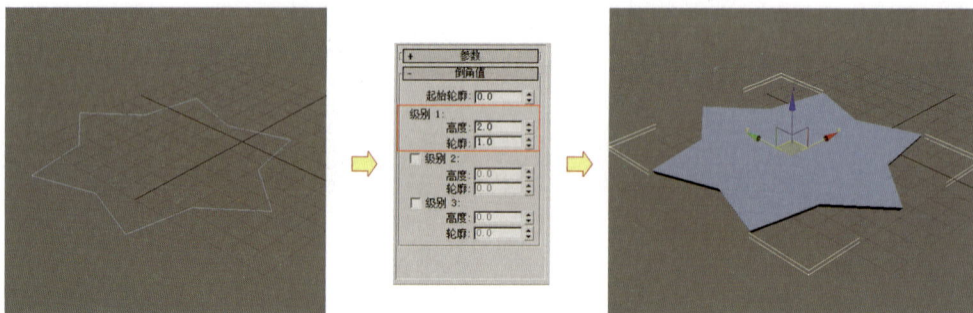

图 2-2-10

设置完【级别1】后，再设置【级别2】。勾选级别2之后，就可以设置级别2的参数了，在级别2中我们只设置【高度】值，可以设置稍微大一些的数值，不设置倒角值，这样就在刚才的基础上挤出了一个厚度，如图2-2-11所示。

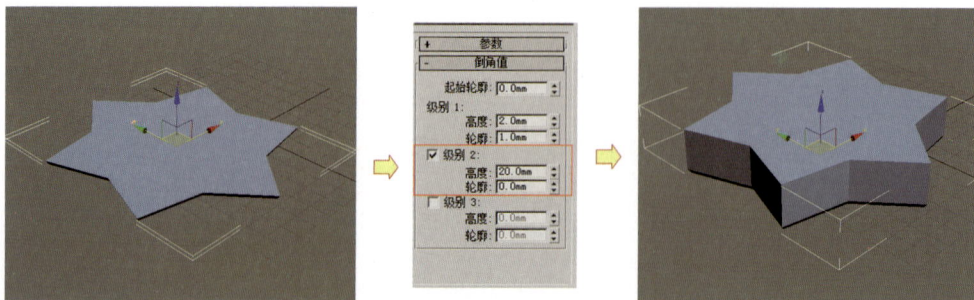

图 2-2-11

设置【级别3】，勾选级别3，在级别3中设置【高度】值和级别1一样，设置【倒角】值为负数，这样就完成了一个双面倒角的星形，如图2-2-12所示。

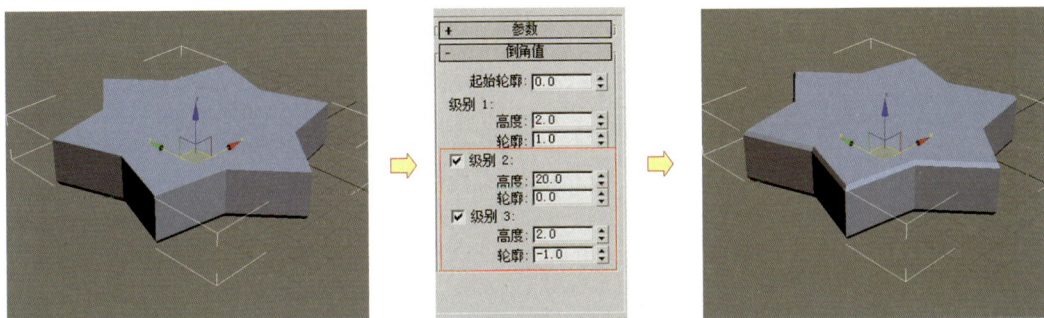

图 2-2-12

2.2.4 【倒角剖面】修改器

在3ds Max中，除了【倒角】这个修改器外，还有其他的倒角方式，如各种造型的曲面倒角。它就是我们现在要讲的【倒角剖面】修改器。它是通过拾取一个倒角剖面形态来创建倒角的。下面我们通过制作一个天花吊顶的凹槽来看一下【倒角剖面】的使用。

首先，在顶视图中创建一个矩形，再在前视图中绘制一个天花吊顶凹槽的横截面。如图2-2-13所示。

选择矩形，点击【拾取剖面】按钮，在视图中选择我们绘制的倒角剖面，这样就得到了我们要的天花吊顶凹槽，如图2-2-14所示。

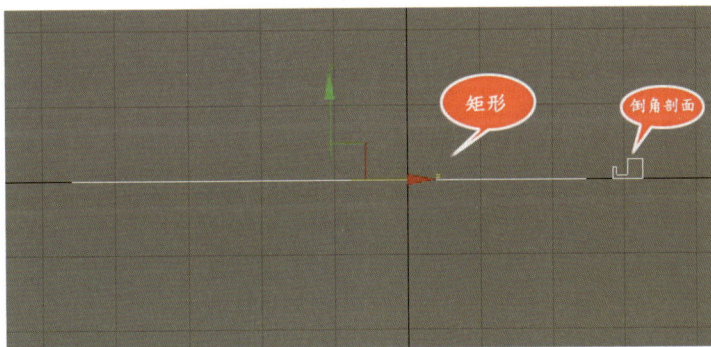

图 2-2-13

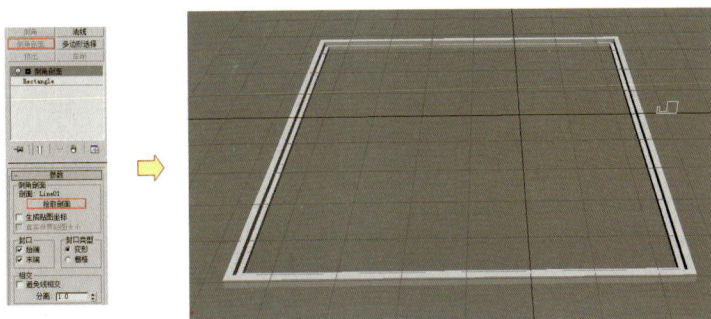

图 2-2-14

2.2.5 【锥化】修改器

　　【锥化】修改器是一款常用的修改器，它和前面介绍的几款修改器并不一样，主要是对生成三维模型后的形态进行调整。它能够使三维模型产生锥形的变形效果，并且在边缘上可以产生弧形。下面我们通过创建一个星形灯罩来看一下它的使用。

　　首先，在顶视图中绘制一个星形，然后右击鼠标，在弹出的快捷菜单中选择【转换为可编辑样条线】，在顶点层级，选择【顶点】命令，把其角点改为圆角，如图2-2-15所示。然后在样条线层级，选择【轮廓】命令，为其设定一定的轮廓值，如图2-2-16所示。

　　然后为其添加【挤出】修改器，在【数量】上设定一定的数值，【分段】设为12（3ds Max的曲面圆滑是由分段数决定的，没有分段就没有曲面），如图2-2-17所示。

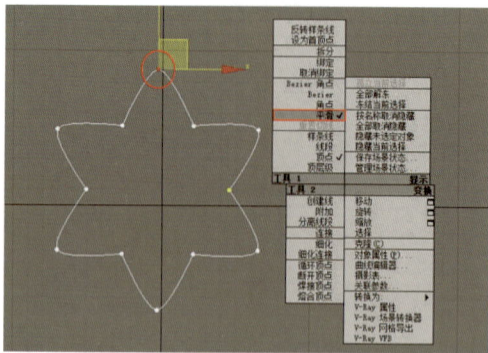
图2-2-15

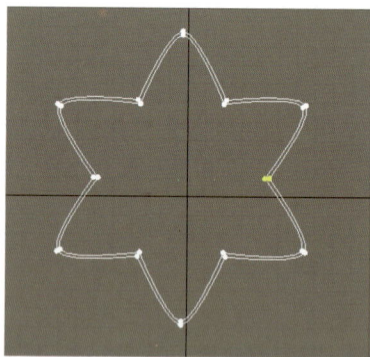
图2-2-16

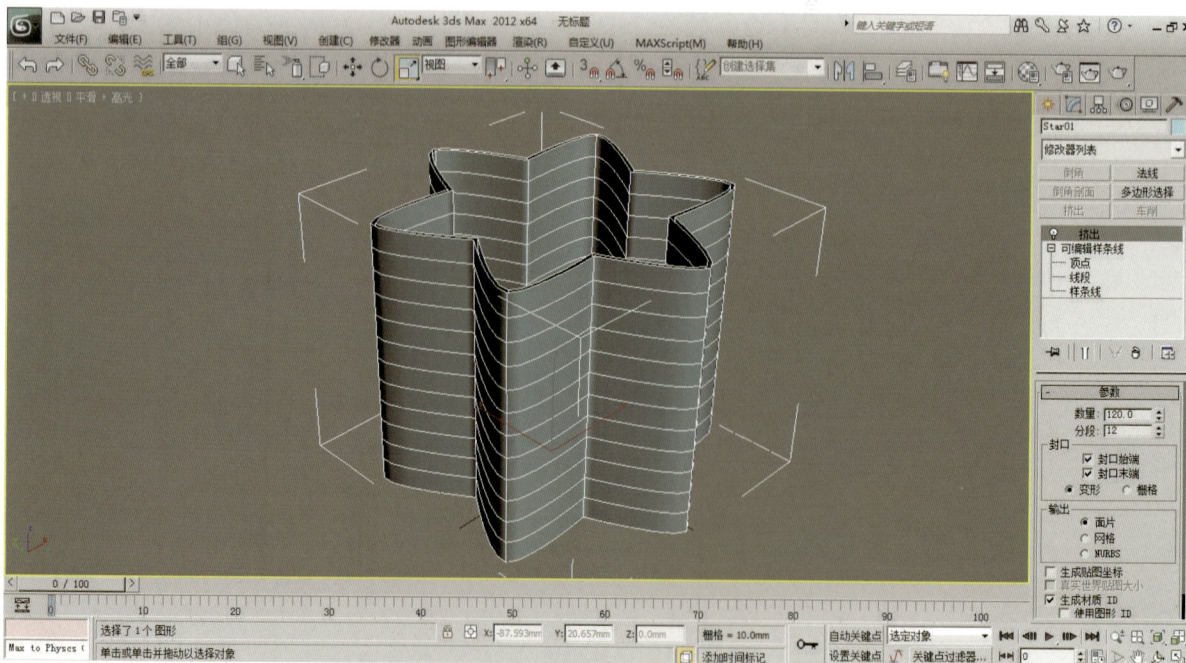
图2-2-17

　　做到这一步之后，就要用到我们现在要学的【锥化】修改器了。添加【锥化】修改器，调整【数量】和【曲线】的数值，得到灯罩模型，如图2-2-18所示。

　　就这样，我们就使用【锥化】修改器完成了一个简单的灯罩模型。

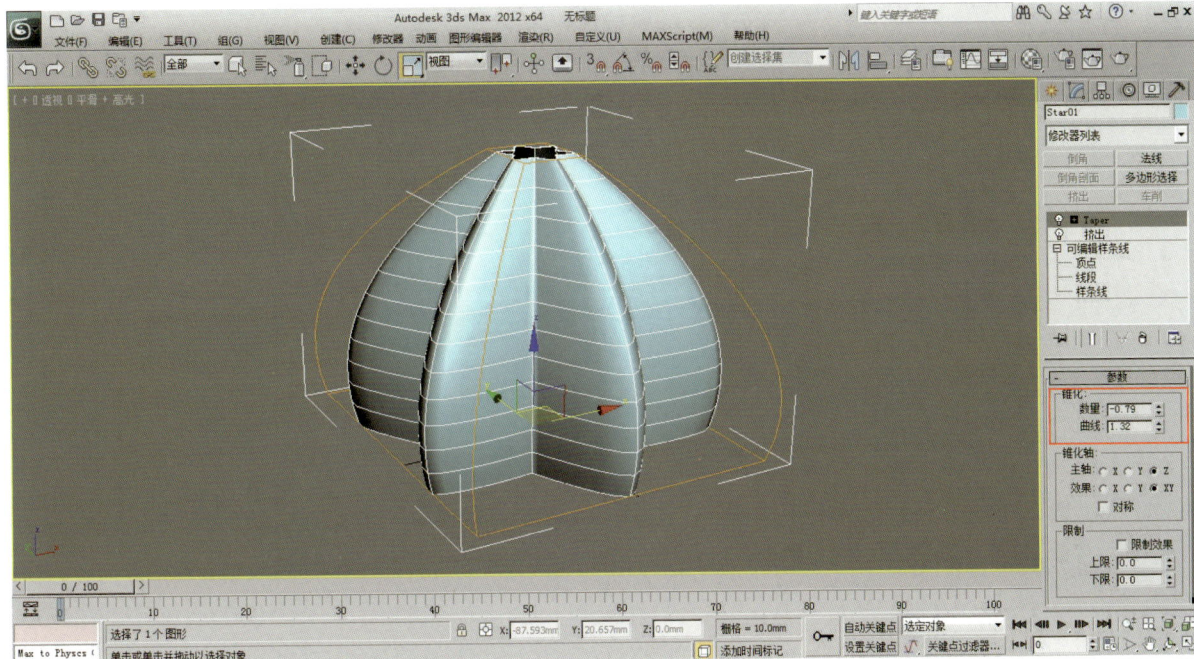

图 2-2-18

2.2.6 样条线配合修改器建模综合案例

上面给大家介绍了5款常用的修改器，现在我们通过建造一个台灯模型来综合练习一下。先来观察台灯的图片，如图2-2-19所示。仔细观察图片后，我们会发现建造这个台灯只需要使用【挤出】、【车削】和【锥化】命令就能完成。

首先，为了方便绘制，可以将这张图片导入到视图当中，这样可以更加方便和准确地创建模型。点击前视图，确定当前选择的视图为前视图，按下【Alt+B】键，会弹出【视口背景】对话框，选择【文件】，在弹出的【选择背景图像】对话框中选择台灯图片。然后在【视口背景】的纵横比一栏中，选择【匹配位图】，在右边勾选【锁定缩放/平移】，点击【确定】，如图2-2-20所示。

图 2-2-19

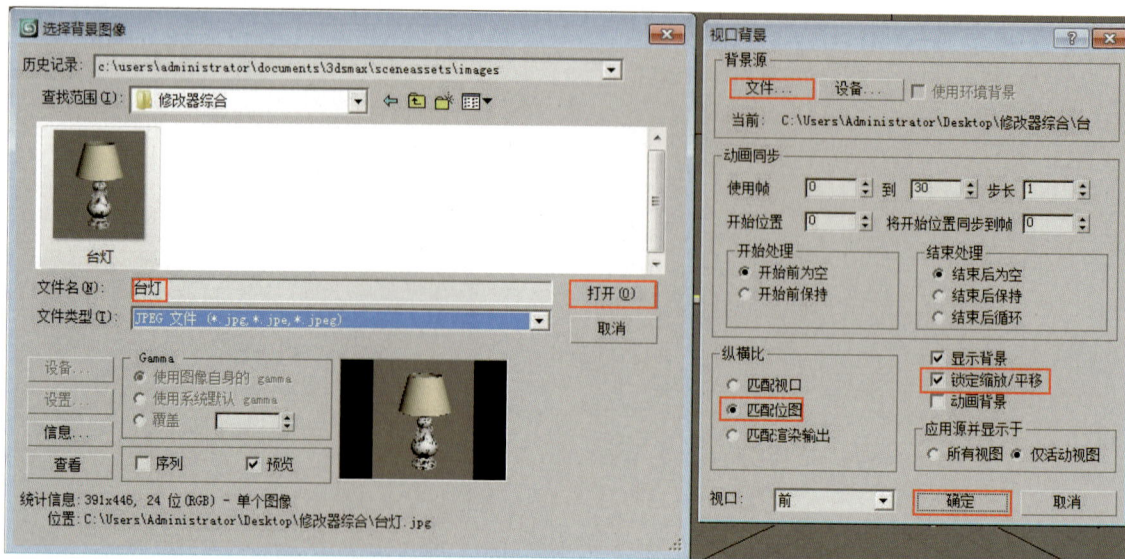

图 2-2-20

　　首先，绘制台灯的灯体轮廓（注意，参考图片是有透视关系存在的，因此轮廓并不能完全按照图片绘制），如图2-2-21所示。

　　然后，对灯体轮廓添加【车削】修改器，勾选【焊接内核】和【最小】对齐，设置【分段】为40，如果出现了法线方向反了的情况，就勾选【翻转法线】，没有就不用勾选，如图2-2-22所示。

图 2-2-21

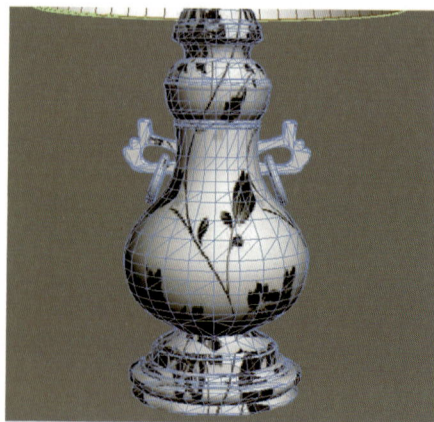

图 2-2-22

　　接着调整灯体表面细节，回到样条线编辑，进入顶点层级，灯体表面增加一些细节，加入相应的顶点，编辑后如图2-2-23所示。

　　然后回到车削层级，可以看到模型表面所增加的细节变化，如图2-2-24所示。

　　为了能够更加清楚地看到台灯底座轮廓在运用【车削】命令后的效果，特意绘制了大图，以便参考，如图2-2-25所示。

图 2-2-23

图 2-2-24

增加细节

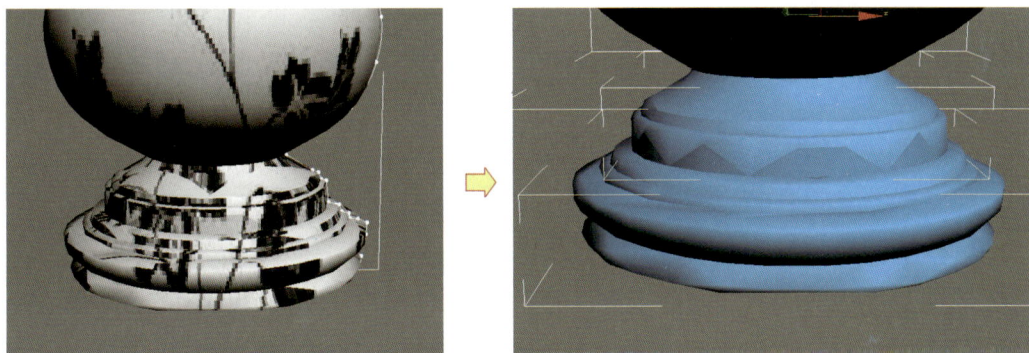

图 2-2-25

制作台灯的手柄，在前视图绘制好手柄的剖面轮廓，然后添加【挤出】修改器，设置一定的数值，按住Shift 键移动复制另外一个手柄模型，在弹出的【克隆选项】对话框中选择【复制】。然后运用角度捕捉切换设置90度，再用旋转工具旋转，最后将它们的位置摆放好，如图2-2-26所示。

绘制灯泡插槽及灯泡轮廓，然后添加【车削】修改器，参数同上，如图2-2-27所示。

然后使用【挤出】和【车削】命令就完成了这个模型，如图2-2-28所示。

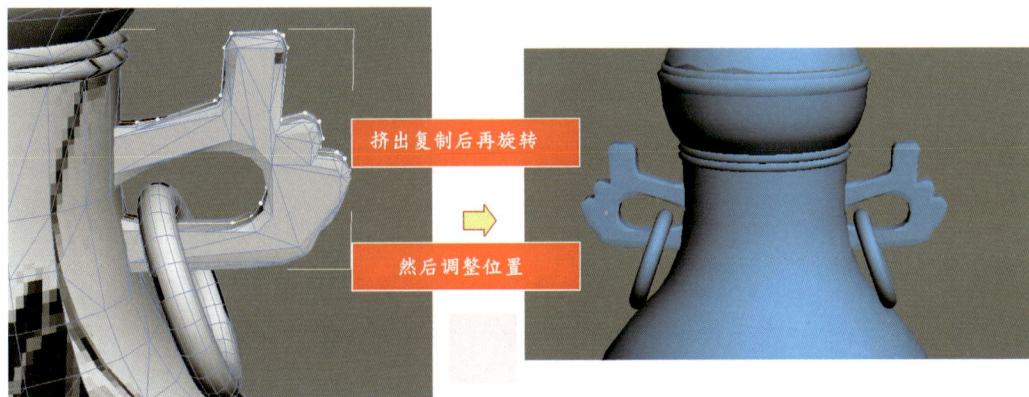

挤出复制后再旋转

然后调整位置

图 2-2-26

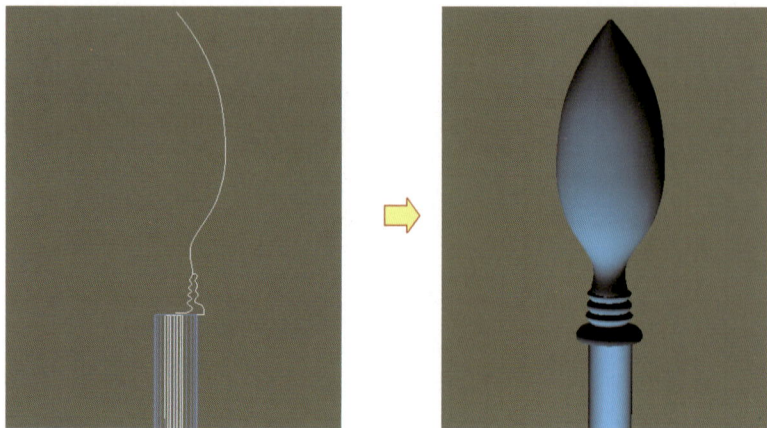

图 2-2-27

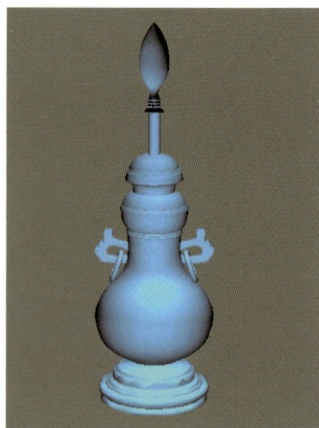

图 2-2-28

最后创建灯罩模型，绘制一个适当大小的圆形，转化为可编辑样条线，使用【轮廓】命令制作一个薄薄的轮廓，然后添加【挤出】修改器，给【数量】设定一定的数值，取消勾选【封口始端】和【封口末端】，添加【锥化】修改器，调整【数量】的数值产生合适的锥形。这样就完成了台灯模型，如图2-2-29所示。

2.3 复合对象的使用与建模

复合对象建模是指由多个二维图形或三维模型组合生成新对象的建模方法，在这里将给大家介绍两种最常用的复合对象建模方法，分别是【布尔】和【放样】。

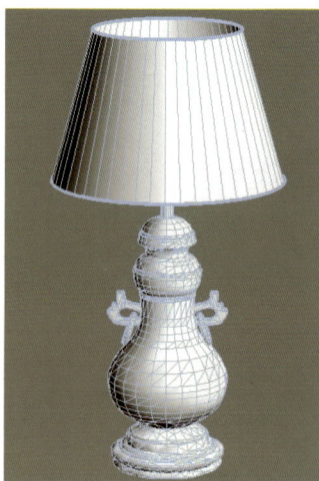

图 2-2-29

2.3.1 布尔

布尔运算是将两个以上的物体通过并集、差集、交集的运算来得到新的物体形态。它使用方便，效果直观，广泛应用于各种模型的建造，下面就来看一下它的使用。

首先还要结合前面所学的一些修改器来配合建模。先用矩形命令创建两个矩形，然后再用线条画出钥匙的前半部分，再将它们放置到相应的位置。由于用线画出来的前半部分不是非常完美，所以还需对它的每个顶点进行修改，如图2-3-1所示。

做到这一步之后，可以看出，钥匙的基本形状已经出来了，可是它还不是一个整体，不利于编辑。这里就要提到一个修改命令了，那就是在顶点层级里面的【附加】修改命令。运用它，可以把零碎的物体有效地联系在一起，从而成为一个整体，便于对其进行编辑，如图2-3-2所示。

钥匙的基本形态出来之后，就要给它一定的厚度，这就要用到之前讲过的【挤出】修改器，并且在数量上给它一定的数值，如图2-3-3所示。

钥匙模型做到这里就已经基本成型，接下来要做的就是钥匙的挂孔和它的一些凹槽。那么，我们就要用到本次重点讲的布尔运算了。首先要画一个圆柱体穿过钥匙要打孔的部位，选择圆柱体，在创建命令面板的物体栏选择【复合对象】，点击【布尔】，当前圆柱体会默认为布尔运算的A物体，点选【拾取操作对象B】按钮，选择钥匙，钥匙挂孔就这样做好了，如图2-3-4所示。

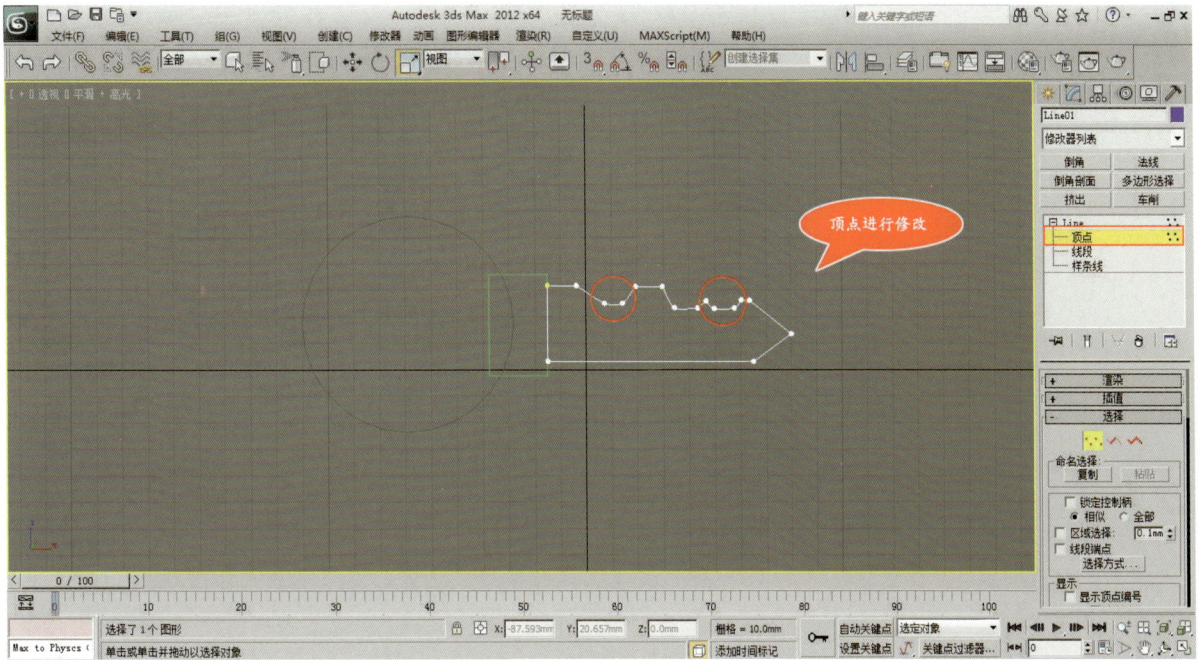

图 2-3-1

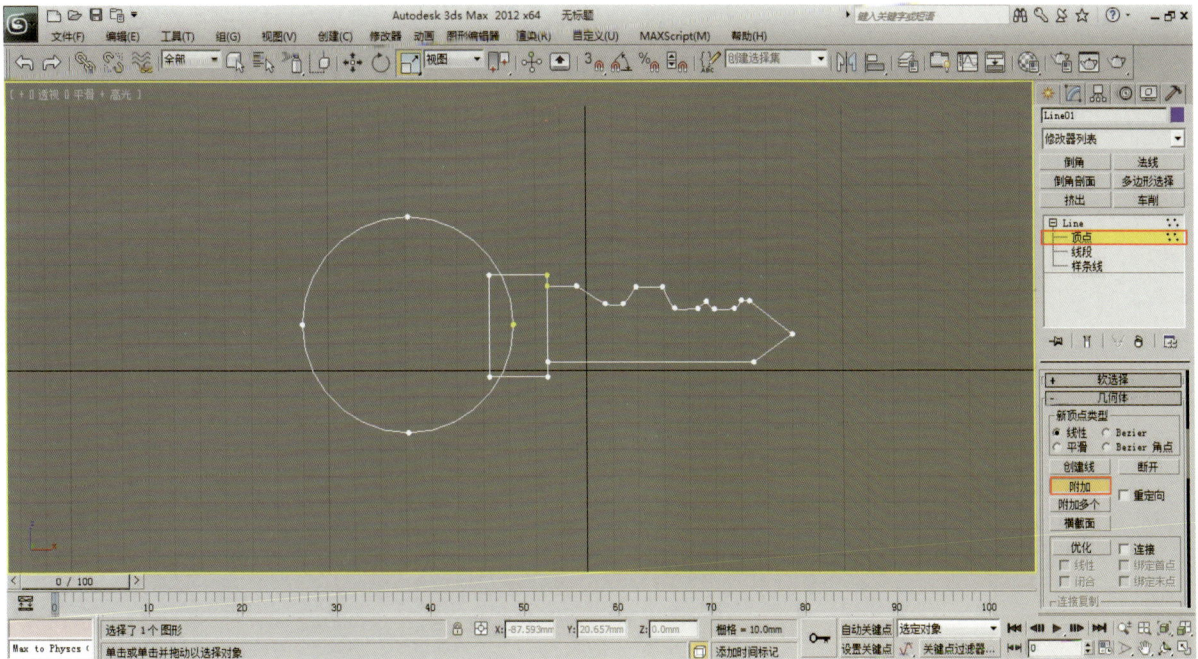

图 2-3-2

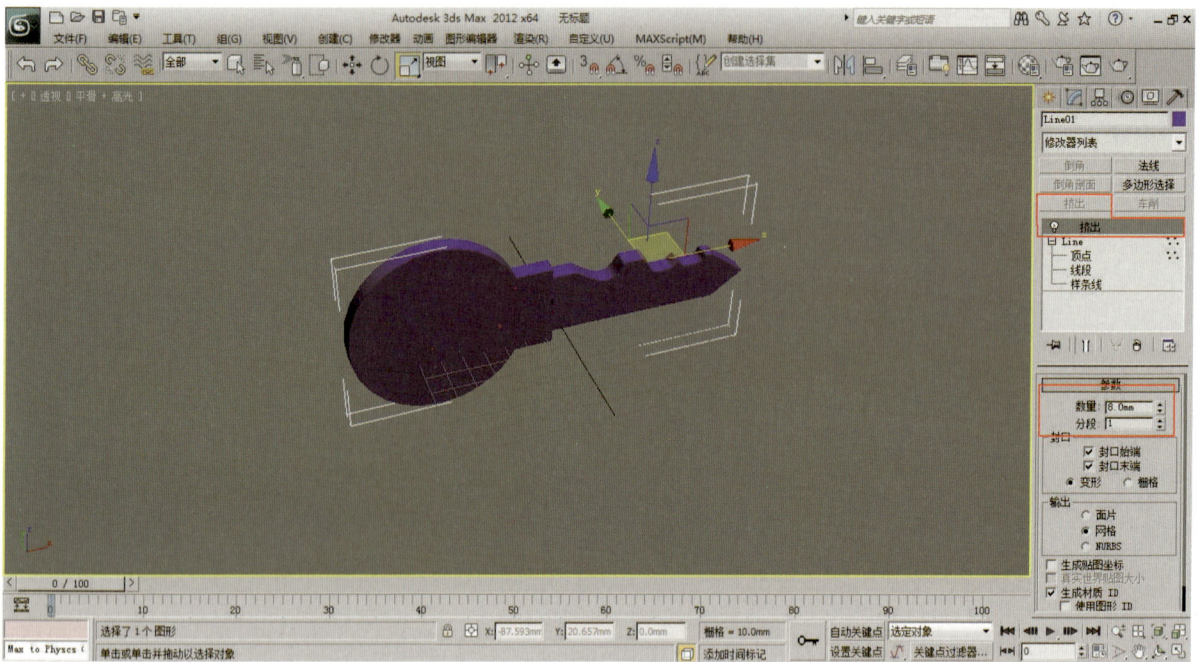

图 2-3-3

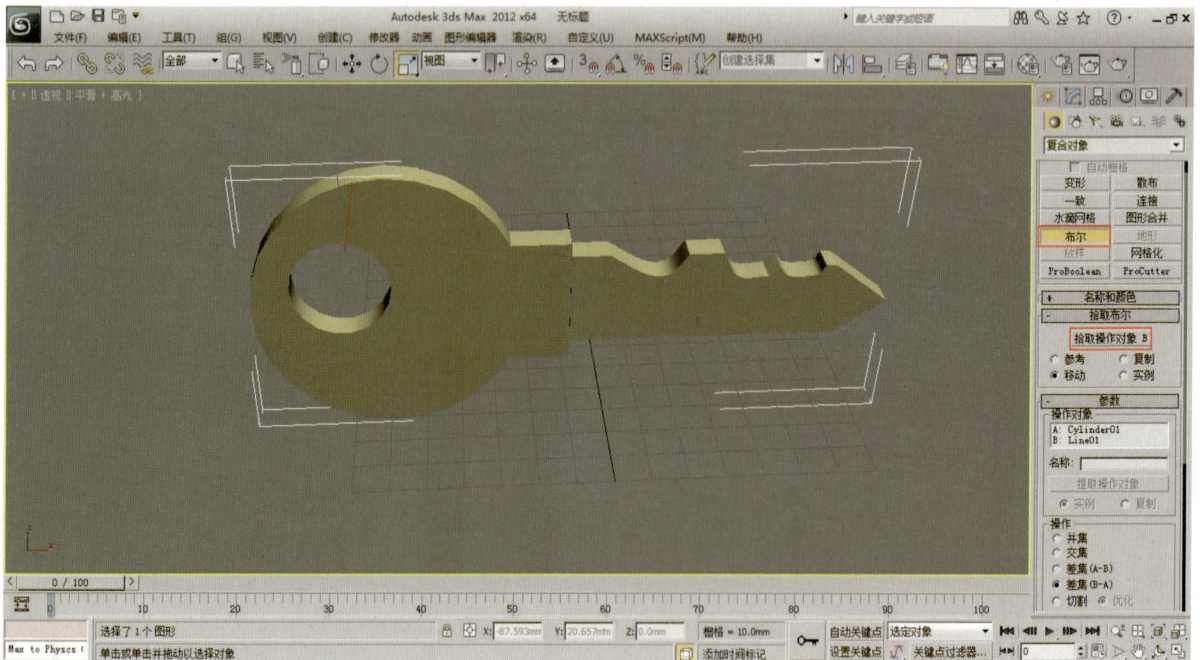

图 2-3-4

钥匙的凹槽基本步骤同上，如图2-3-5所示。

通过【挤出】修改器和布尔运算，一个简单的钥匙模型就这样完成了。

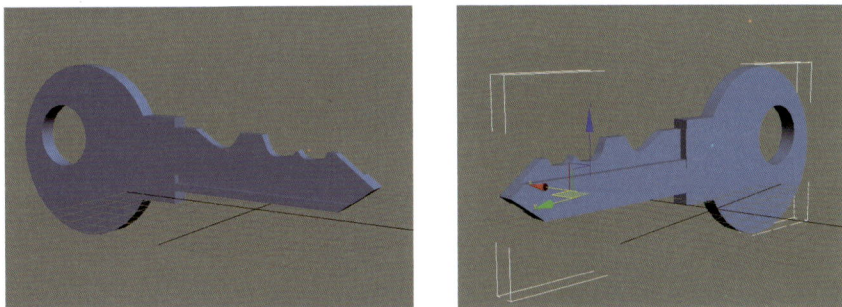

图 2-3-5

2.3.2 放样

【放样】是一种通过物体的剖面形态和路径结合产生模型的工具，它非常实用，可以轻松地创建很多特殊的模型。下面来看一下放样的使用。

首先在顶视图上绘制一个窗帘的截面图，注意要在创建方法下面的初始类型中点去平滑，再在前视图中画一条直线，如图2-3-6所示。

然后，选择窗帘横截面，选择【复合物体】中的【放样】，因为选择的是要作为图形的窗帘横截面，因此，我们选择【获取路径】按钮，拾取直线，得到一个简单的敞开式窗帘模型，如图2-3-7所示。

那么，【获取图形】命令应该怎么使用呢？【获取图形】和【获取路径】的区别，只是在于操作者选择的是路径还是图形，如果是图形，那么就要使用【获取路径】命令，如果是路径的话，那就恰恰相反。

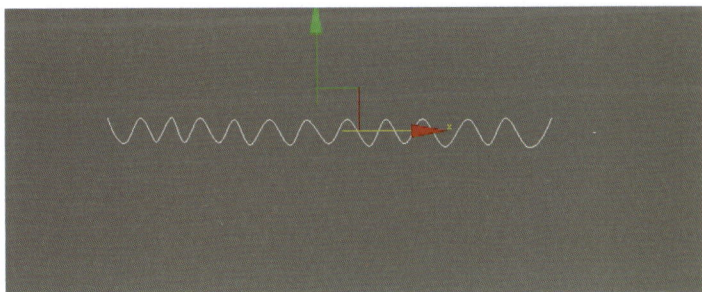

图 2-3-6

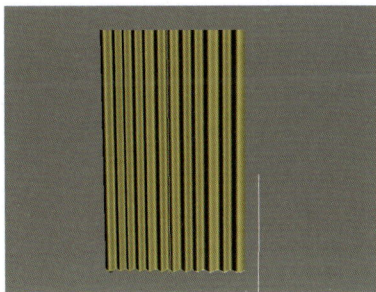

图 2-3-7

下面我们就来制作一个下端收起的窗帘模型，前面步骤大体如上。绘制好窗帘横截面和线条后，可以看到十字光标在窗帘横截面的中间，要制作出收起的窗帘，十字光标就必须在窗帘横截面的一侧，这要用到【层次】面板中的【仅影响轴】命令。这样就可以把十字光标移动到窗帘横截面的一边了，如图2-3-8所示。

位置调整好了以后，就要对它进行编辑，选中线条，选择【复合物体】中的【放样】，因为选择的是要作为路径的样条线，因此，选择【获取图形】按钮，拾取窗帘横截面，得到如图2-3-7的窗帘。接下来点击【修改】面板下面的变形命令，就会跳出缩放、扭曲、倾斜、倒角、拟合命令。选择缩放，会出现缩放变形（X）修改栏，如图2-3-9所示。

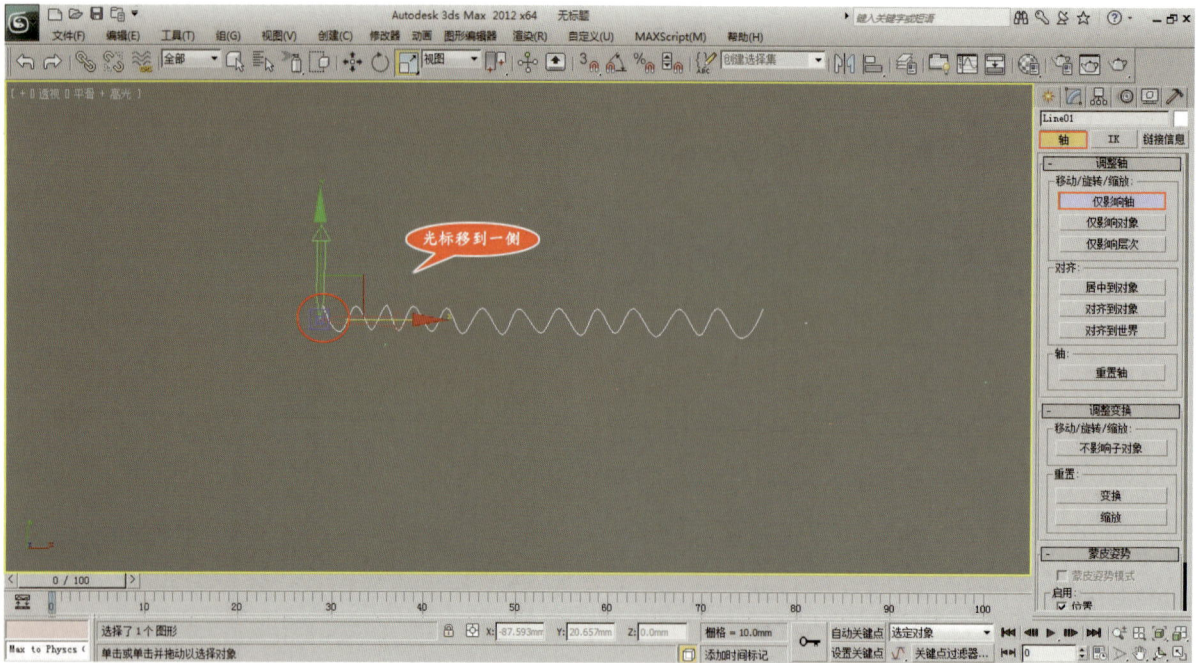

图 2-3-8

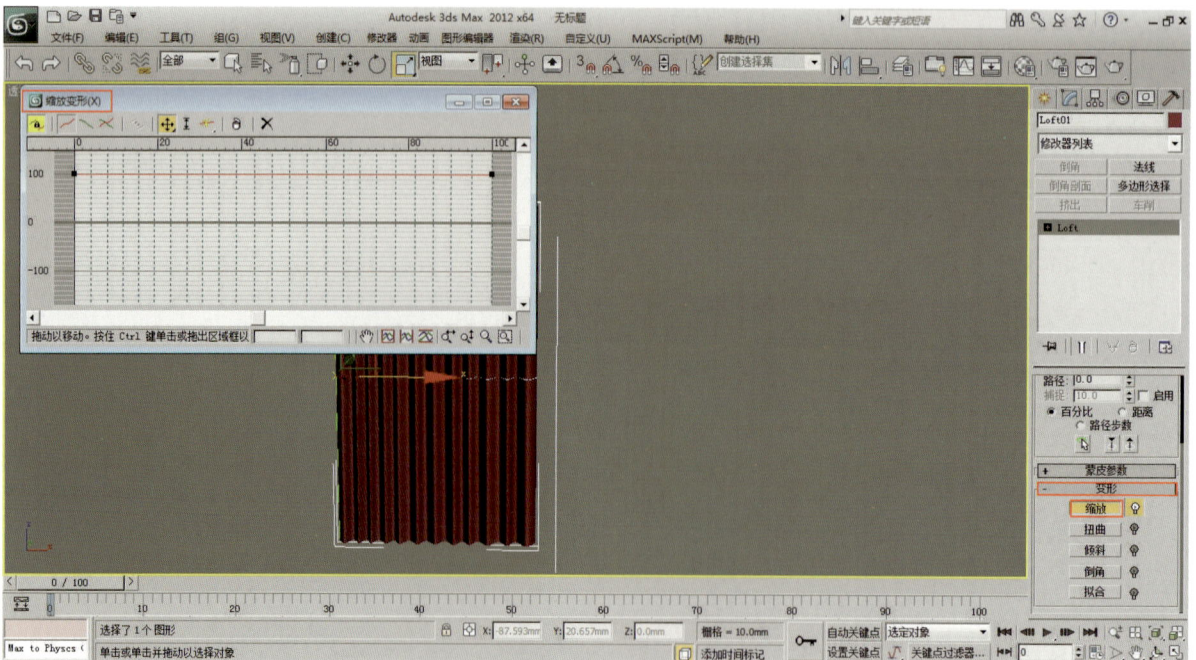

图 2-3-9

　　修改栏出来后运用里面的插入角点命令，插入两个点，然后利用移动控制点命令移动到相应的位置，如图2-3-10所示。

　　这样一个下端收起的窗帘模型就做好了，为了更逼真，可以利用镜像工具来复制另一边的窗帘。这样一扇完整的窗帘就完成了，如图2-3-11所示。

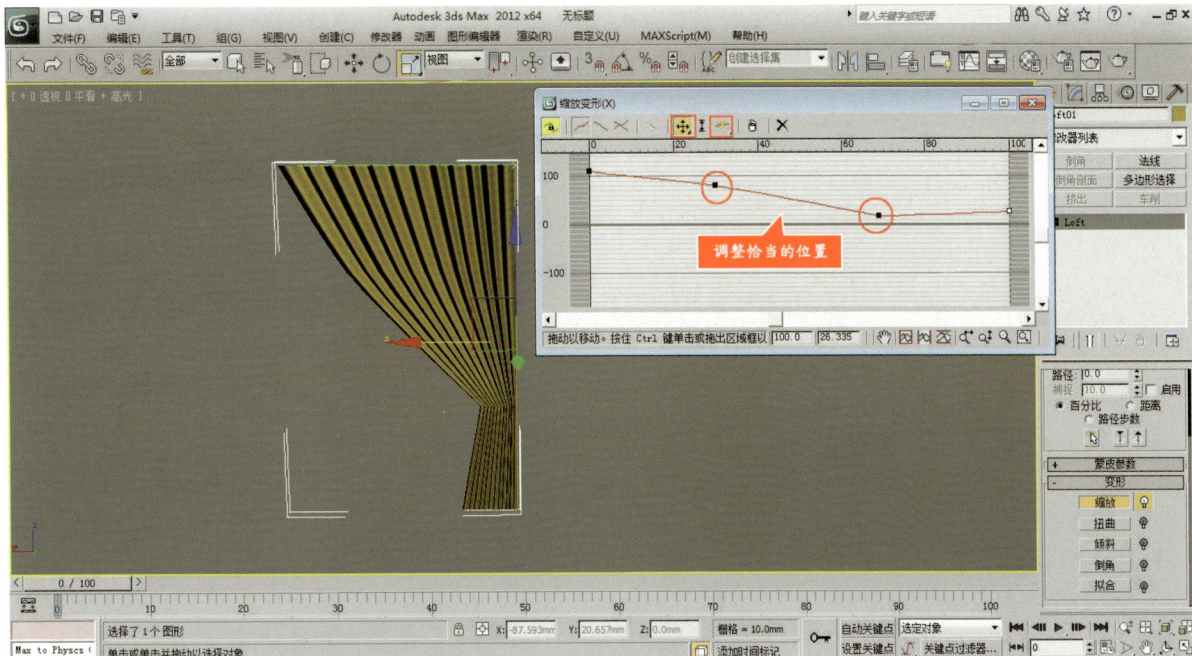

图 2-3-10

图 2-3-11

2.4　多边形的使用与建模

多边形建模是3ds Max中最常用的建模手法，它灵活高效，几乎所有的模型都能用它完成，没有任何限制。这一小节我们就来学习一下多边形的使用与建模的方法。

2.4.1　编辑多边形的初识

在编辑模型之前，首先要有一个基础造型，然后将基础造型转换为多边形，方法有两种。方法一：选择需要转换的基础造型，右击鼠标，在弹出的快捷菜单中选择【转换为可编辑的多边形】命令。方法二：选择需要转换的基础造型，进入修改命令面板，在编辑修改器列表中选择【编辑多边形】修改器，如图2-4-1所示。

在编辑多边形的时候，注意要使用边面显示，这样我们可以清晰地看到模型的点、边、边界、面等信息。下面我们就来认识一下它们的运用方法。

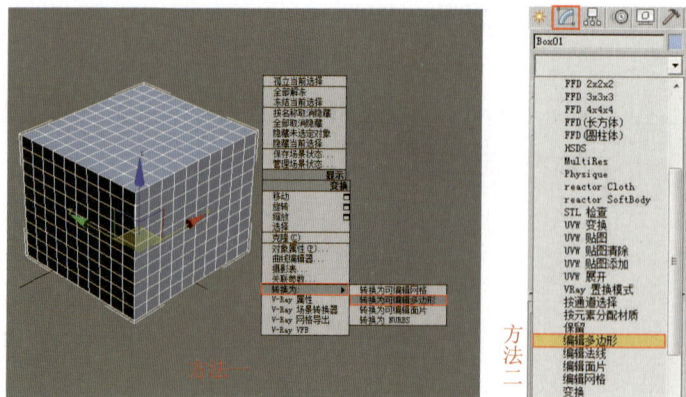

图 2-4-1

（1）多边形编辑

把一个物体转换成可编辑的多边形后，会拥有五个层级，分别是：顶点、边、边界、多边形、元素。

① 顶点层级。

在这个层级，可以针对多边形的顶点进行编辑，快捷键是1，如图2-4-2所示。

② 边层级。

在这个层级，可以针对多边形的边进行编辑，快捷键是2，如图2-4-3所示。

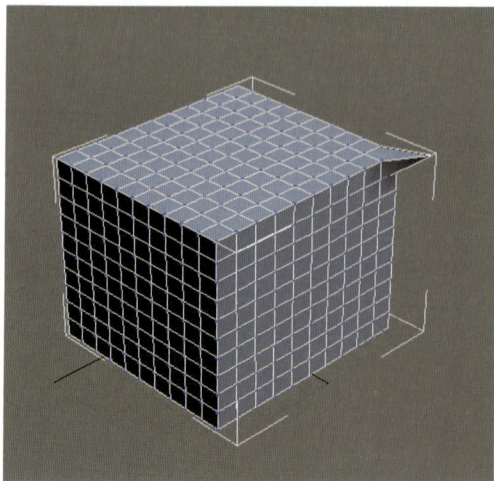

图 2-4-2

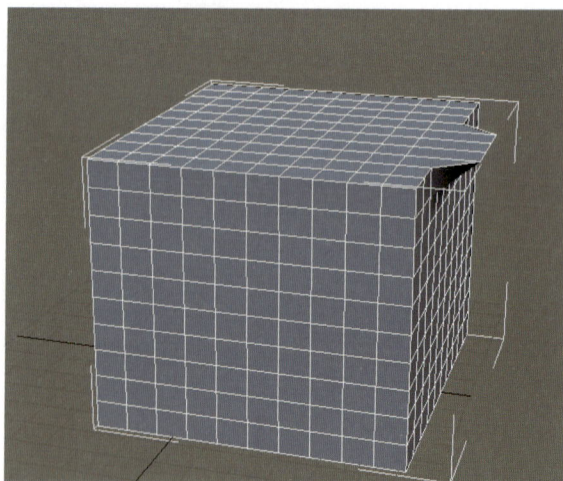

图 2-4-3

③ 边界层级。

这个层级比较特殊，我们会发现在一个完整的模型上是选择不到的。如果在球体上删除一些顶点、边或者面的话，模型上就会有缺口，这时出现的缺口边缘就是边界了。快捷键是3，如图2-4-4所示。

④ 多边形层级。

多边形层级其实就是我们所说的面，我们可以针对多边形的面进行编辑。快捷键是4，如图2-4-5所示。

⑤ 元素层级。

元素层级也是一个特殊的层级，它是指一个多边形内部没有相连的对象的选择，如图2-4-6所示。

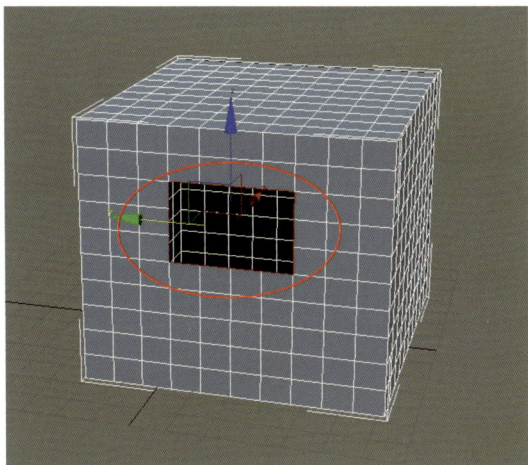

图 2-4-4

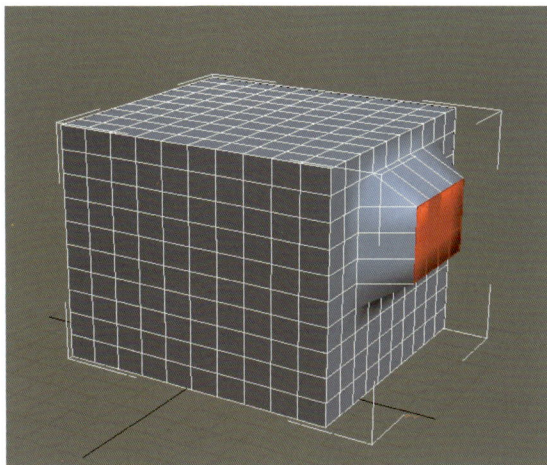

图 2-4-5

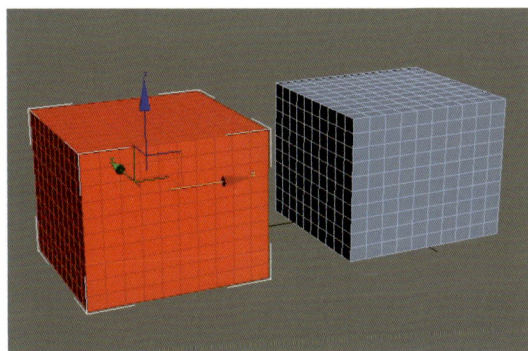

图 2-4-6

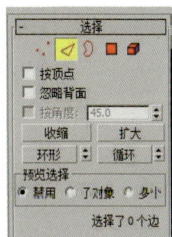

图 2-4-7

（2）多边形常用编辑命令

可编辑多边形包含五个子层级，每个层级都有其特有的编辑命令，并且相同命令的用法也不一样，因此在这里将它们分为子层级讲解。由于这一部分的编辑命令太多，下面只会对每个卷展栏中常用的命令进行讲解。

①【选择】卷展栏。

我们先来学习一下【选择】卷展栏，因为它相对来说使用方法统一一些，如图2-4-7所示。

A【忽略背面】这个功能非常实用，尤其是在编辑复杂的模型时，勾选了它，能让我们只选择到法线朝向用户的点、边和面，背面的点、边和面就选择不到了。

B【按角度】这个功能只有在面的层级才有，它能让我们设定一定的面与面之间的角度数值，当选择一个面时，与它连续的面只要成角在设定的数值范围内的面都能被选择，这样可以大大提高选择的效率。

C【收缩】和【扩大】两个命令的功能是相反的，当选择了一个点或者边或者面的时候，点击【扩大】，选择范围会向周围的点或边或面扩大一圈，即将其相邻的点或边或面一同选择；而【收缩】则相反，点击【收缩】，选择范围会向内收缩一圈，当然，如果只选一个点或边或面的情况，点击【收缩】是无效的，这里就只显示【扩大】命令了，如图2-4-8所示。

D【环形】是一个针对边和边界层级的命令，因为边界其实就是边的组合，所以也可以理解为是针对边层级的命令，它可以让我们快速地选择到一条边的所有环形边，如图2-4-9所示。

E【循环】同样是一个针对边的命令，它可以让我们快速地选择到一条边所相连的一圈边，如图2-4-10所示。

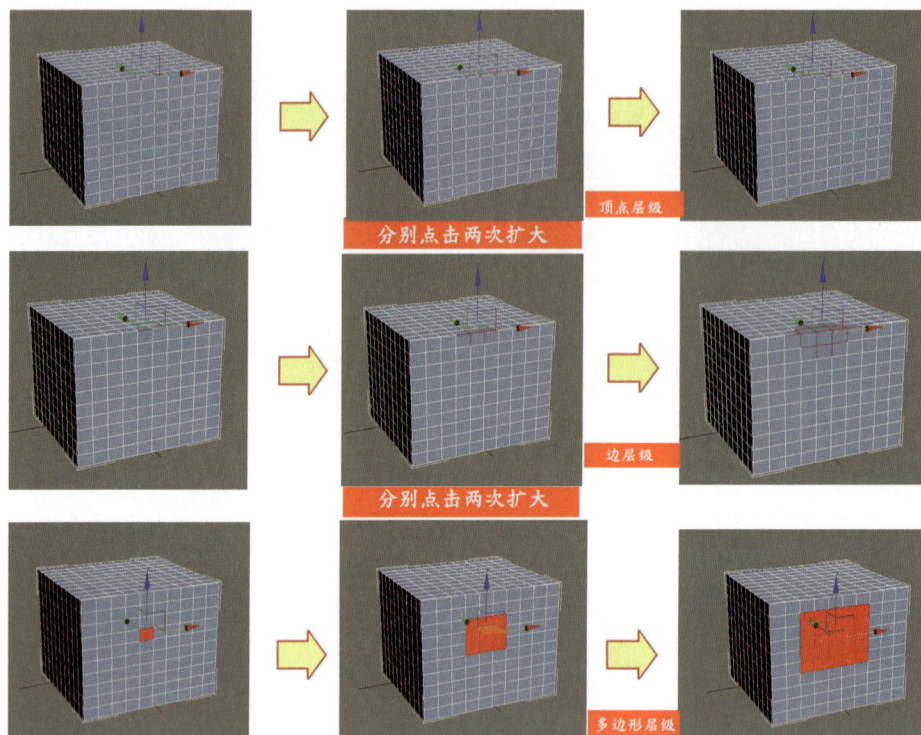

图 2-4-8

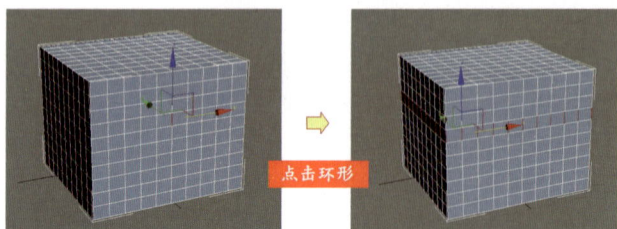

图 2-4-9

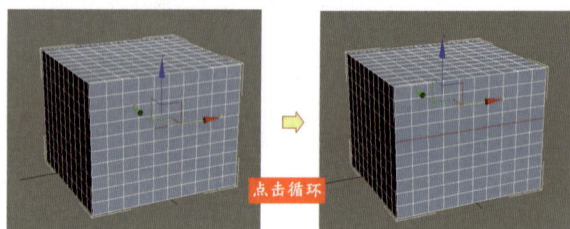

图 2-4-10

②【软选择】卷展栏。

【软选择】卷展栏里的所有参数都是用来控制被选择的点、边和面对相邻点、边和面的影响衰减，通过调节参数来改变影响范围和衰减大小。它的主要命令有：【使用软选择】勾选之后即开始使用软选择功能。【衰减】控制所选择的点、边或面对其相邻的点、边或面影响的能力。【收缩】在【衰减】数值上进行收缩微调，可以更精准地控制对周围点、边或面的影响能力。【膨胀】在【衰减】数值上进行增强微调，可以更精准地控制对周围点、边或面的影响能力。

③【编辑顶点】卷展栏。

【编辑顶点】卷展栏是在顶点层级时才出现的一个专门用于编辑顶点的卷展栏，如图2-4-11所示。

A【移除】用于移除顶点，如图2-4-12所示。

B【断开】用于将顶点断开。

C【挤出】用于挤出顶点，这是一个非常常用的命令，点击右侧的▢对话框按钮，会弹出【挤出顶点】对话框，如图2-4-13所示。

图 2-4-11

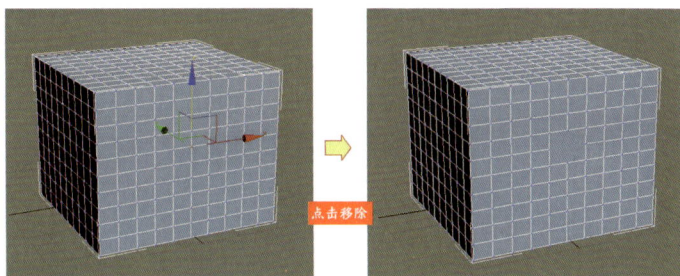
图 2-4-12

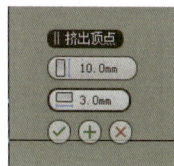
图 2-4-13

a 挤出高度：控制顶点挤出的高度。

b 挤出基面宽度：控制基面的大小。

效果如图2-4-14所示。

D【焊接】用于将顶点与顶点焊接。点击右侧的■对话框按钮，会弹出【焊接顶点】对话框，如图2-4-15所示。焊接阈值：这个值决定顶点与顶点之间的焊接距离，就是说当顶点之间的距离小于这个数值时，点击应用顶点即可焊接，当顶点与顶点之间的距离大于这个数值时，需要加大该数值，让该数值超过顶点与顶点的距离，这样才能焊接。

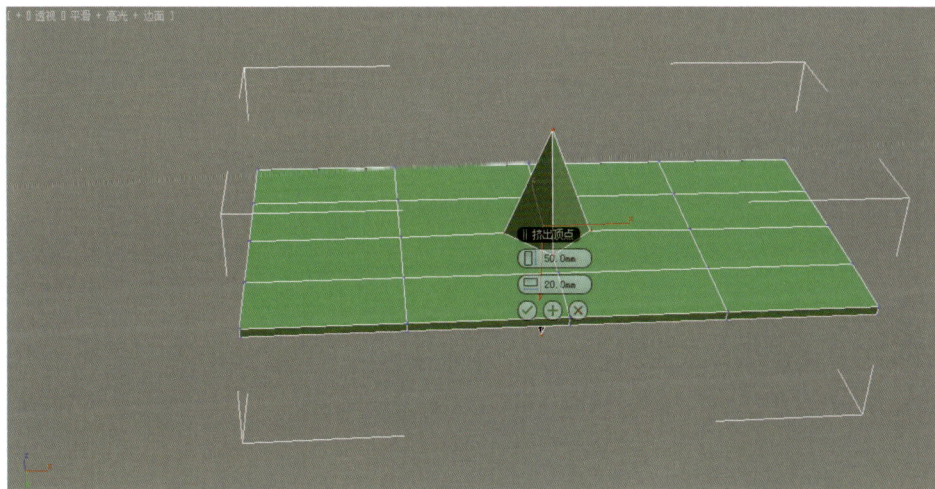
图 2-4-14

图 2-4-15

E【切角】用于使顶点产生切角效果。点击右侧的■对话框按钮，会弹出【切角】对话框，如图2-4-16所示。

a 顶点切角量：决定切角的大小。

b 打开：勾选它会使切角部分呈打开状态。

效果如图2-4-17所示。

F【目标焊接】能直接将顶点与顶点焊接，是非常实用的功能，如图2-4-18所示。

④【编辑边】卷展栏。

【编辑边】卷展栏是在边层级时才出现的一个专门用于编辑边的卷展栏。

A【插入顶点】用于在边上插入新的顶点。

B【移除】用于对边的移除，效果如图2-4-19所示。

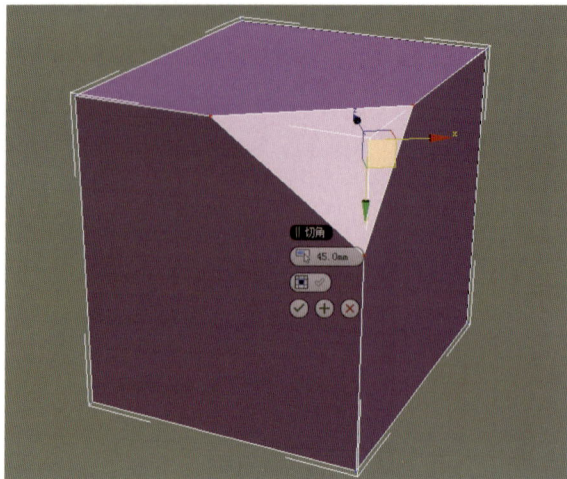

图 2-4-16 　　　　　　　　　　　　　　　　图 2-4-17

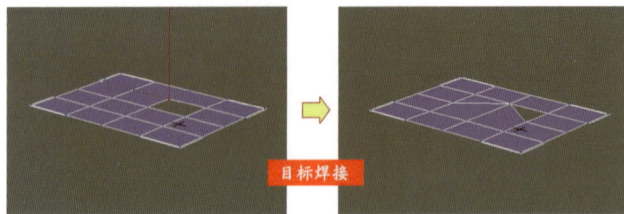

图 2-4-18

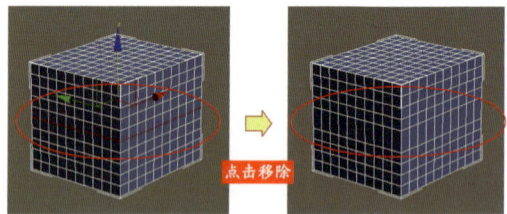

图 2-4-19

C【分割】用于将边分割，如图2-4-20所示。

D【挤出】用于对边的挤出，使用方法和顶点挤出一样，效果如图2-4-21所示。

E【焊接】用于边与边的焊接，不常用。

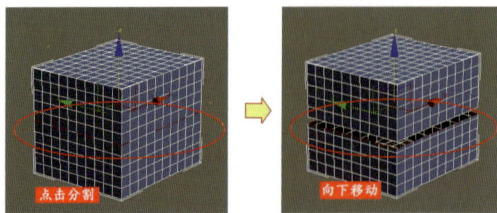

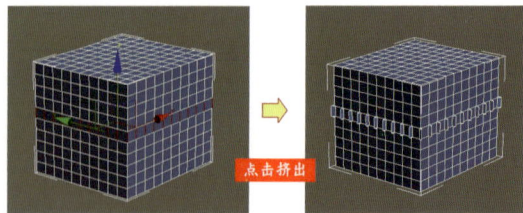

图 2-4-20 　　　　　　　　　　　　　　　　图 2-4-21

F【切角】用于对选择的边进行切角，功能非常强大，点击右侧的▣对话框按钮，会弹出【切角边】对话框，如图2-4-22所示。

a 切角量：决定切角的大小。

b 勾选它会使切角部分呈打开状态。

效果如图2-4-23所示。

G【桥接】用于使内部不相连的边桥接的命令，效果如图2-4-24所示。

H【连接】可以使两条或多条边的等分点连接出新的边。这是多边形编辑中最常用的细分方法，如图2-4-25所示。

a 分段：决定连接多少条边。

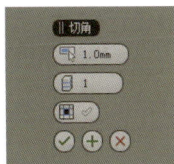
图2-4-22

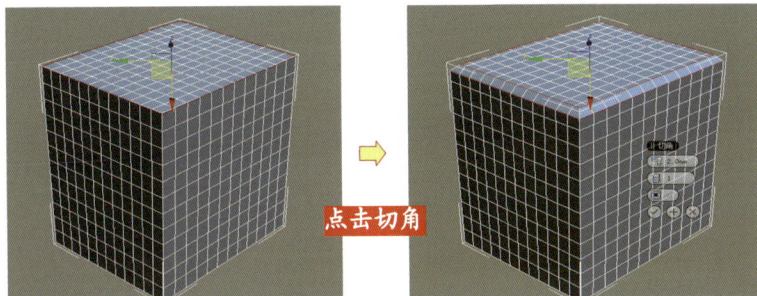
图2-4-23

点击切角

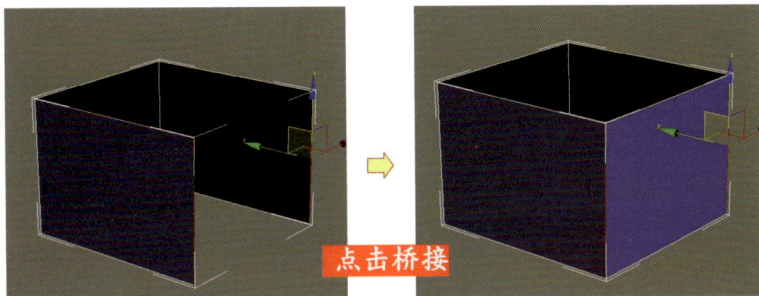
图2-4-24

点击桥接

图2-4-25

b 收缩：连接的边的收缩值。

c 块：决定连接的边滑动的数值。

效果如图2-4-26所示。

⑤【编辑边界】卷展栏。

【编辑边界】卷展栏里的命令使用几乎和【编辑边】卷展栏中一样，因为边界就是边的组合。这里需要介绍的就是【封口】命令。

【封口】可以使开口的边界闭合，效果如图2-4-27所示。

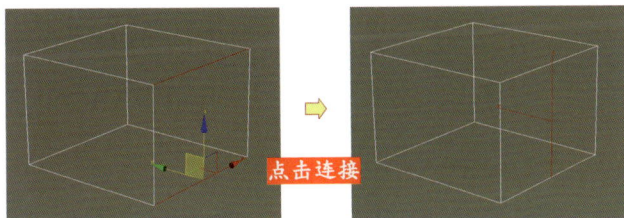
图2-4-26

点击连接

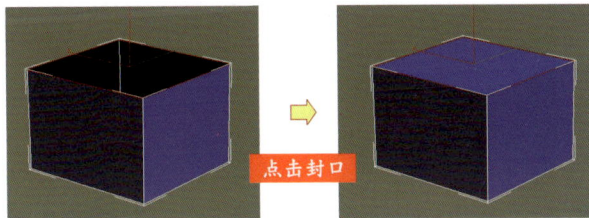
图2-4-27

点击封口

⑥【编辑多边形】卷展栏。

【编辑多边形】卷展栏是在多边形层级时才出现的一个专门用于编辑多边形的卷展栏。

【挤出】用于对面的基础。点击右侧的▢对话框按钮，会弹出【挤出多边形】对话框，如图2-4-28所示。

A 挤出类型。

a 组：以组为单位进行统一方向的挤出。

b 局部法线：以局部法线为方向整体挤出。

c 按多边形：对每个面独立按法线方向挤出。

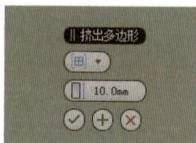

图2-4-28

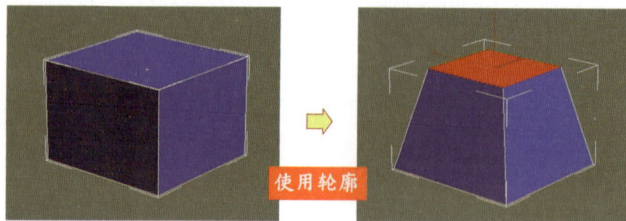

使用轮廓

图2-4-29

图2-4-30

B 挤出高度：决定挤出的高度。

a【轮廓】用于扩大或缩小一个面或一组面的轮廓。这是多边形层级特有的命令，效果如图2-4-29所示。

b【倒角】用于对面产生倒角效果。点击右侧的■对话框按钮，会弹出【倒角多边形】对话框。

倒角类型：这里的使用方法和【挤出】命令里的挤出类型一样。

高度：决定面的挤出高度。如图2-4-30所示。

轮廓量：决定挤出后的面的轮廓大小。

效果如图2-4-31所示。

c【插入】用于在一个面或一组面上插入一个或一组面，效果如图2-4-32所示。

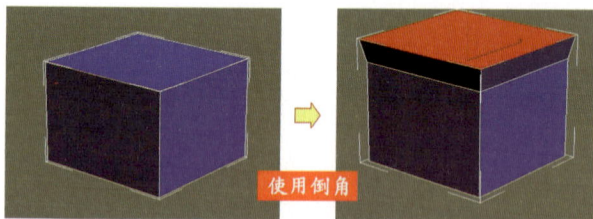

使用倒角

图2-4-31

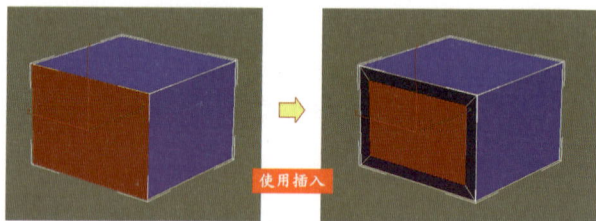

使用插入

图2-4-32

d【桥】用于无内部连接的面与面的桥接，如图2-4-33所示。

分段：决定桥接部分的分段数。

锥化：可以使桥接部分产生锥化效果。

偏移：偏移的数量。

平滑：桥接部分面的表面平滑数值。

⑦【元素】卷展栏。

【元素】卷展栏里的参数特别多，这里挑选几个常用的命令来讲解。

A【附加】用于将多边形结合。

B【分离】用于将当前选择的子对象分离成一个新的对象。点击后弹出对话框，如图2-4-34所示。

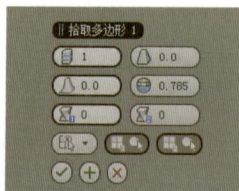

图2-4-33

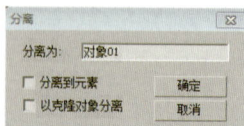

图2-4-34

a 分离到元素：分离后还是同一个物体，但分离的部分变成一个元素。

b 以克隆对象分离：分离后是独立的对象。

C【切片平面】用于将需要切片的面通过一个切片平面进行切片的工具。

D【快速切片】可以手动直接切片。

E【细化】对所选择的面进行细化处理。

F【平面化】将选择的点强制压成一个平面。

下面通过多边形建模实例来理解和掌握这些工具的用法。

2.4.2 多边形建模实例

通过上面的学习以后，我们已经对多边形编辑有所了解，下面通过做一个实例，使我们对它有更深一步的了解。这次要做的是一个电视机的背景墙，我们主要制作背景墙的中间部分，因为它符合本节学习的内容。

首先来观察一下要制作的电视机背景墙，我们可以看到它是由大理石做成的，如图2-4-35所示。

通过观察，不难发现其实柜子整体形状就像一个长方体，因此我们就从长方体入手。在进行建模之前，先设定一下单位，这样创建的模型就有准确的尺寸。

选择菜单【自定义】/【单位设置】，在弹出的【单位设置】对话框中点击【系统单位设置】按钮，将系统单位设置为毫米，如图2-4-36所示。

图 2-4-35

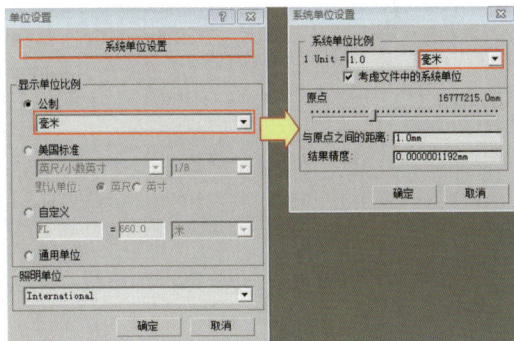

图 2-4-36

设置好单位后，就可以进行建模了。首先，在顶视图创建一个长方体作为大理石背景墙的整体形态，修改命令面板，设置长度为220mm，宽度为2600mm，高度为2700mm，按下F4键，打开边面显示。接下来对它的分段数进行修改，长度分段1，宽度分段1，高度分段4。右击鼠标，在弹出的快捷菜单中选择【转换为可编辑多边形】，如图2-4-37所示。

来到多边形层级，选择大理石背景墙所有的面，按住Ctrl键可以多选，如图2-4-38所示。

进入倒角的设置，高度设为10mm，轮廓量设为-10mm，倒角类型选择按多边形。就这样背景墙模型就做好了，如图2-4-39所示。

另外关于材质的效果等问题我们会在后面的章节提到。

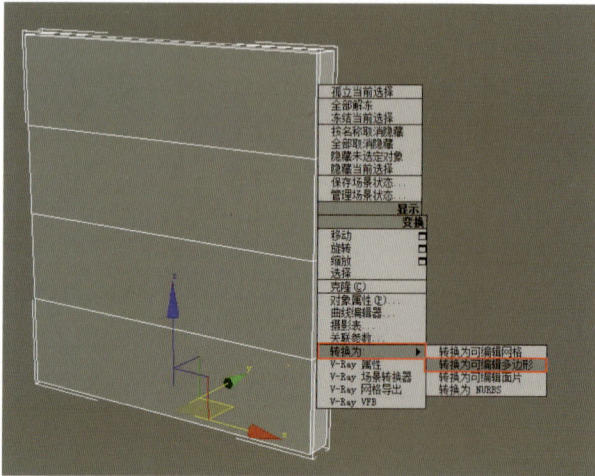

图 2-4-37

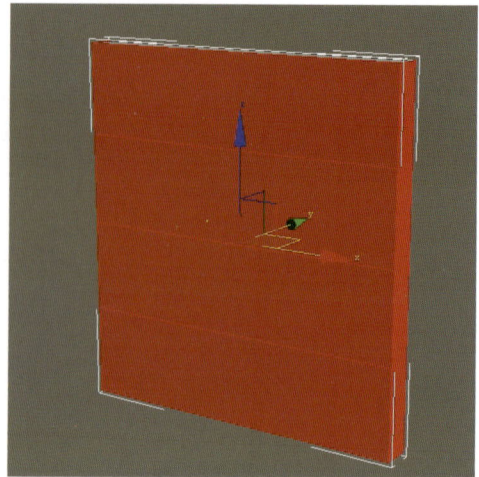

图 2-4-38

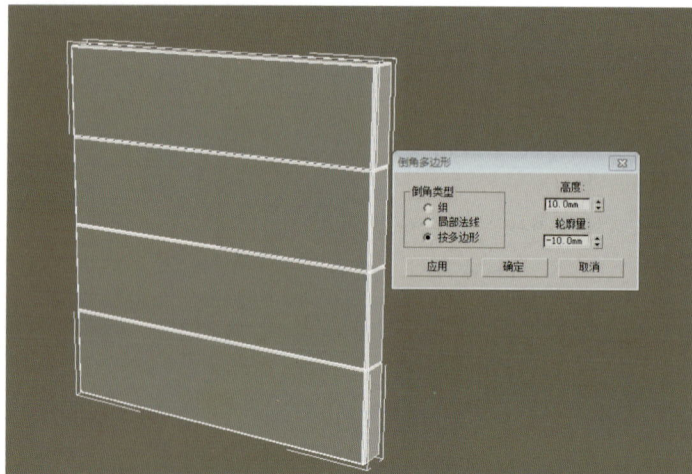

图 2-4-39

思考与练习

1. 如何使用放样命令和网格平滑命令创建一把椅子模型?

2. 如何使用布尔运算命令来创建一个异形模型?

3. 建模中编辑网格的多边形命令是如何使用的?

第3章　3ds Max 灯光及渲染基础

在3D的场景中，精美的模型、真实的材质、完美的动画，如果没有灯光照射，那么一切都是无用的，因此灯光的应用在场景的重演中是最重要的一步。另外灯光的应用不仅仅是在场景的某一位置添加照明，如果是那样，3ds Max提供的缺省灯光就够了。灯光的作用远不止于此，恰如其分的灯光不仅使场景充满生机，还会增加场景中的气氛，影响观察者的情绪，改变材质的效果，甚至会使场景中的模型产生感情色彩。本章将介绍3ds Max的默认灯光以及VRay渲染器的VRay 灯光。

3.1 默认灯光的初识与基本参数的设置

如图3-1-1所示，灯光由创建面板的灯光面板创建。默认灯光的类型主要有目标聚光灯、自由聚光灯、目标平行光、自由平行光、泛光灯五种类型。

3.1.1 目标聚光灯

目标聚光灯的创建方式与创建摄像机的方式非常类似。它除了有一个起始点以外还有一个目标点。起始点表明灯光所在位置，而目标点则指向希望得到照明的物体。用来模拟的典型例证是手电筒、灯罩为锥形的台灯、舞台上的追光灯、军队的探照灯、从窗外投入室内的光线等照明效果。我们可以在正交视图（即二维视图，如顶视图等）中分别移动起始点与目标点的位置来得到满意的效果。起始点与目标点的连线应该指向希望得到该灯光照明的物体。

检查照明效果的一个好办法就是把当前视图转化为灯光视图（对除了泛光灯之外的灯光都很实用）。右键点击当前视窗的标记，在弹出菜单中选择Views，找到想要的灯光名称即可。一旦当前视图变成灯光视图，则视窗导航系统上的图标也相应变成可以调整灯光的图标，如旋转灯光、平移灯光等。这对我们检查灯光照明效果有很大的帮助。灯光调整好了可以再切换回原来的视图，使用方法如图3-1-2所示。"聚光灯参数"卷展栏如图3-1-3所示。

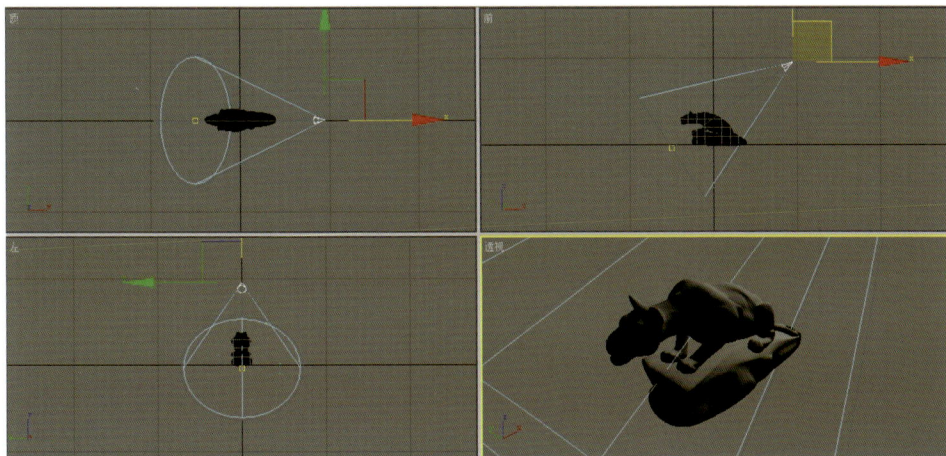

图 3-1-2

图 3-1-1

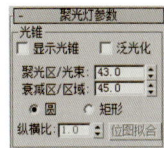

图 3-1-3

3.1.2 自由聚光灯

自由聚光灯与目标聚光灯不同，它没有目标对象，可以移动和旋转自由聚光灯以使其指向任何方向。

3.1.3 目标平行光

起始点代表灯光的位置，而目标点指向所需照亮的物体。与聚光灯不同，目标平行光中的光线是平行的而不是呈圆锥形发散的，可以模拟日光或其他平行光，如图3-1-4所示。

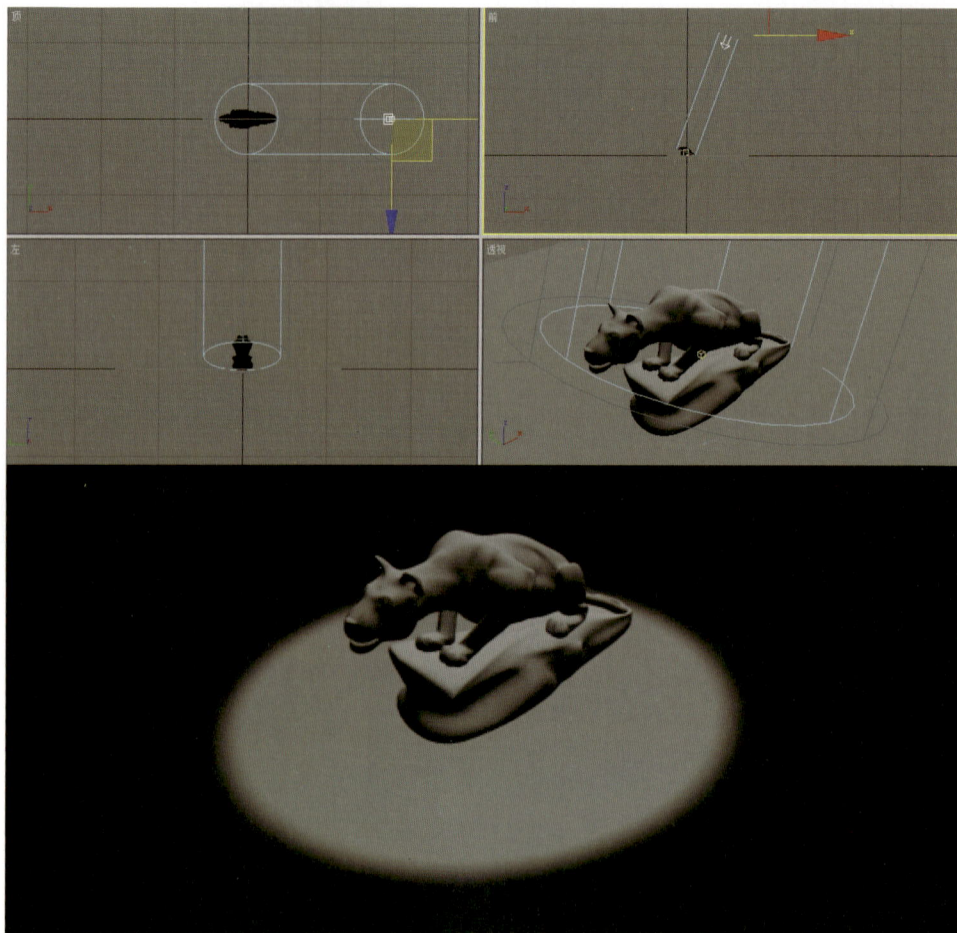

图 3-1-4

3.1.4 泛光灯

泛光灯属于点状光源，向四面八方投射光线，没有明确的目标。泛光灯的应用非常广泛。如果要照亮更多的物体，要把灯光位置调得更远。由于泛光灯不擅长于凸现主题，所以通常作为补光来模拟环境光的漫反射效果。

创建灯光之后有很多具体的灯光参数需要了解，以目标聚光灯为例，创建完聚光灯之后，进入修改命令面板，如图3-1-5所示。

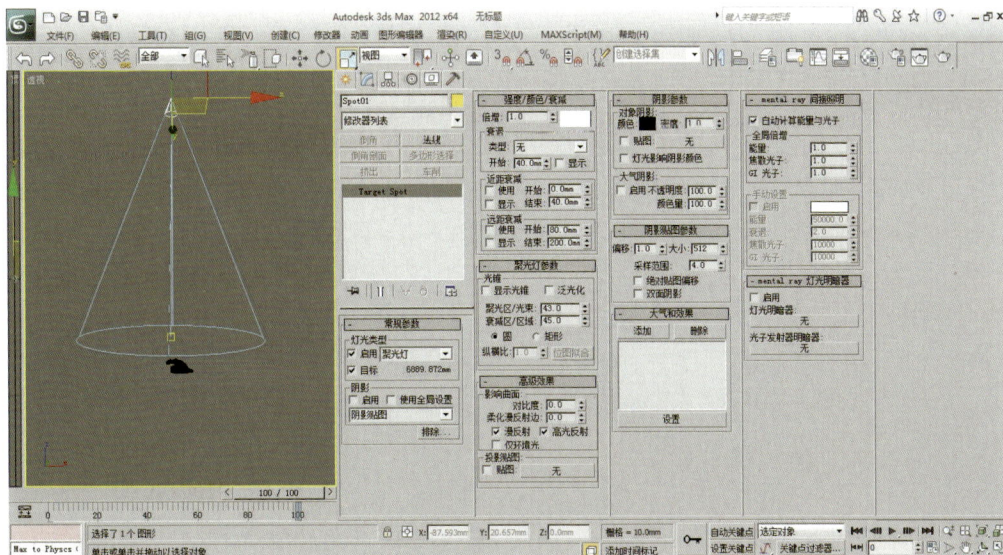

图 3-1-5

3.1.5　常规参数

（1）灯光类型

可以控制5种灯光类型之间的切换（目标聚光灯、自由聚光灯、目标平行光、自由平行光、泛光灯）。

（2）阴影

阴影即是否使用阴影。这个参数控制的是是否需要给当前灯光开启阴影选项。

（3）阴影贴图

阴影贴图即提供阴影贴图的类型，选择不同的阴影贴图类型，渲染的质量和速度也会不同。

TIPS：原理上，所有的光源都产生阴影，但阴影投射这个光源的特征可以打开或关闭。因为阴影投影也是一个可选的物体属性和着色技术。阴影的最后视觉外表不仅由阴影的属性决定，还由阴影投射物体的属性和采用的重演方法决定。阴影可由几个参数决定，包括阴影的颜色、半阴影的颜色和阴影边缘的模糊程度。所以阴影贴图类型是十分重要的。

（4）排除

排除可以有选择性地针对照射物体。排除使得灯光照射物体时可以选择是否照射、是否产生投影。

3.1.6　强度／颜色／衰减

（1）倍增

灯光的亮度倍增，它可以改变灯光的正常属性（强度与亮度）。它还具有一种神奇的特性，就是"负光效应"。如果把它设置为一个负值，就可以把灯光色变成它的相反色（例如白色光变成黑色光）。在室内效果图中有时会利用负值的倍增器来"吸"光，例如人为地把某个区域（如某个墙角）变暗。

（2）颜色

倍增旁边的色块就是灯光颜色，默认的灯光颜色为白色。灯光颜色的明度会影响灯光的亮度，明度高的灯光就亮，明度低的灯光就黯淡。另外灯光的色相也是十分重要的，例如阳光是暖色的，环境光就是冷色的。

（3）衰退

光是会有衰减的，如果不是激光，那么灯光的散射越大，亮度就越低。

（4）近距衰减

人为控制衰减的范围，在近距衰减的范围值内灯光将不起作用，在开始与结束两个范围之间灯光呈衰减状态。

（5）远距衰减

人为控制衰减的范围，在远距衰减的范围值内灯光将不起作用。在开始与结束两个范围之间灯光呈衰减状态，两个冷色椭圆为近距衰减，两个暖色椭圆为远距衰减。冷色椭圆的左侧灯光不发生照明作用，暖色椭圆的右侧灯光不发生照明作用。两个冷色椭圆之间灯光为衰减状，两个暖色椭圆之间灯光为衰减状。

3.1.7 聚光灯参数

（1）显示光锥

这是一个复选框，用来显示 / 关闭视窗中的圆锥形图标。如果聚光灯已经被选中，则勾选此项没有意义，只有在灯光没有被选中的时候才能看到结果。如果要在灯光没选中的情况下想看清聚光灯的光照范围，可以勾选此项。

（2）泛光化

这也是一个复选框，如果勾选则聚光灯像泛光灯一样向四面八方投射光线。但是这时跟泛光灯还是有点区别的，那就是只有在灯光圆锥形衰减范围内的物体才能投下阴影。这个属性在制作建筑效果图时特别有用，一盏聚光灯就可以照亮大部分场景，从而减少场景中的灯光数量，简便工作任务并加快渲染。

（3）聚光区

聚光区可以调整圆锥形高亮区的半径夹角的大小，默认值为25度。

（4）衰减区

衰减区外灯光将不起作用，是聚光灯照射范围的极限。衰减区与聚光区之间，灯光的亮度以线形递减。聚光区与衰减区距离（其实是角度）越大，则灯光的衰减效果越柔和，反之则显得很生硬。值得注意的是衰减区的角度在默认情况下仅比高亮区大两度，而且显得比较生硬。

（5）圆/ 矩形

圆/ 矩形用来调整聚光灯投影面的形状。选中圆则投影面是圆形的，选中矩形则投影面为矩形的。

（6）位图拟合

位图长宽比，通过该按钮可以使纵横比匹配特定的位图。当投影平面选择矩形时，可以用它来调整矩形的长宽比。例如把默认的正方形变成16：9的电影屏幕的比例。

3.1.8 高级效果

投影位图：只有产生阴影的灯光勾选此项才有意义。可以选择一张位图或一个动画作为投影画面，其实该功能相当于把聚光灯变成一架投影机。有时利用它可以达到意想不到的效果，因此不可轻视。如果是模拟阴影（例如阳光穿过树枝叶中的缝隙在地面上形成的阴影或窗户栅栏的投影），由于阴影一般都是黑色的，所以最好选黑白位图作为投影图片。投影效果如出现锯齿现象则应该提高图片的分辨率。在室内效果图中，也可以利用这个投影功能把墙壁变得有的地方亮点，有的地方暗点，从而增强现实感。投影的图片可以在Photoshop中完成。在制作投影图片的时候要注意图片黑色的部分将成为阴影，而亮白色的区域将是"透明"的。

TIPS：在效果图中投影位图有两个重要作用，为模拟的阳光添加黑白树影贴图可以模拟户外阳光穿越树木进入室内的效果；为投影仪或电影幕布添加影像可以逼真模拟投影效果，不过需要在上一个菜单的圆 / 矩形中选择矩形。

3.1.9 阴影参数

（1）颜色

被照射投影的颜色，默认为黑色，只有在确认灯光使用阴影时才发生作用。

（2）密度

灯光投影的密度，默认值为1。

（3）贴图

可以在灯光的投影上添加位图格式的投影。

3.1.10 阴影贴图参数

（1）偏移

灯光对物体照射产生阴影偏移，默认值为1。

（2）大小

阴影边缘的锐化程度。

（3）采样

阴影的细分程度。

TIPS：在效果图中的阵列灯光通常需要阴影贴图参数，阵列灯光是广泛被运用到效果图中的一种布光方式，有快速而精致的效果。

3.2　VRay 灯光的初识与基本参数的设置

3.2.1 VRay 灯光的初识

VRay渲染器是由Chaosgroup和Asgvis公司出品，在中国由曼恒公司负责推广的一款高质量渲染软件。VRay是目前业界最受欢迎的渲染引擎。基于V-Ray内核开发的有VRay for 3ds Max、Maya、Sketchup、Rhino等诸多版本，为不同领域的优秀3D建模软件提供了高质量的图片和动画渲染。除此之外，VRay也可以提供单独的渲染程序，方便使用者渲染各种图片。VRay渲染器提供了一种特殊的材质——VRayMtl。在场景中使用该材质能够获得更加准确的物理照明（光能分布）、更快的渲染，反射和折射参数调节更方便。因为其速度、质量的优势性比，所以被广泛地运用到效果图的绘制之中，如图3-2-1所示。

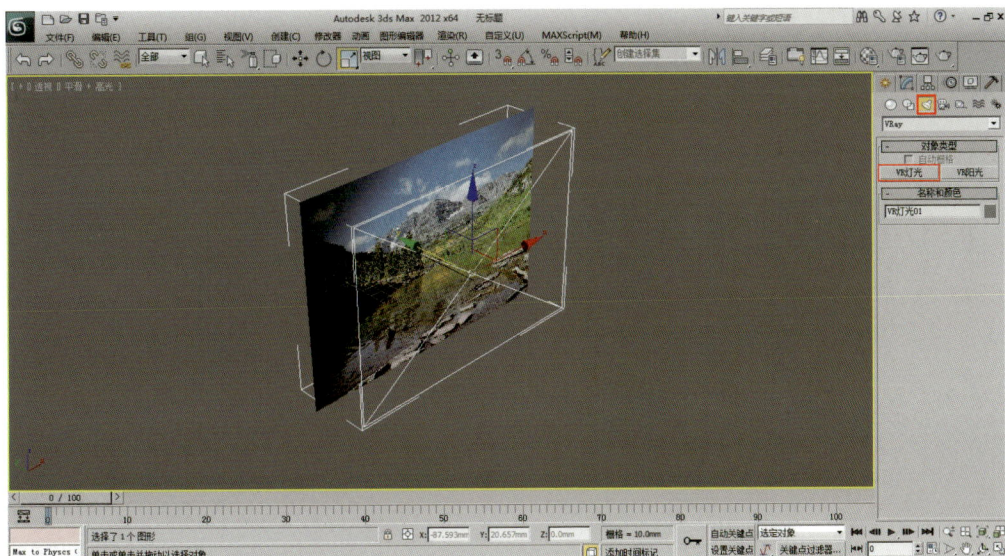

图 3-2-1

　　如图3-2-1所示，VRay灯光由创建面板的灯光面板创建。默认灯光的类型有VR灯光、VR阳光两种类型。在效果图中VR灯光是最被广泛运用的灯光。下面是其基本参数介绍，首先是VR灯光参数面板部分参数，如图3-2-2、图3-2-3所示。

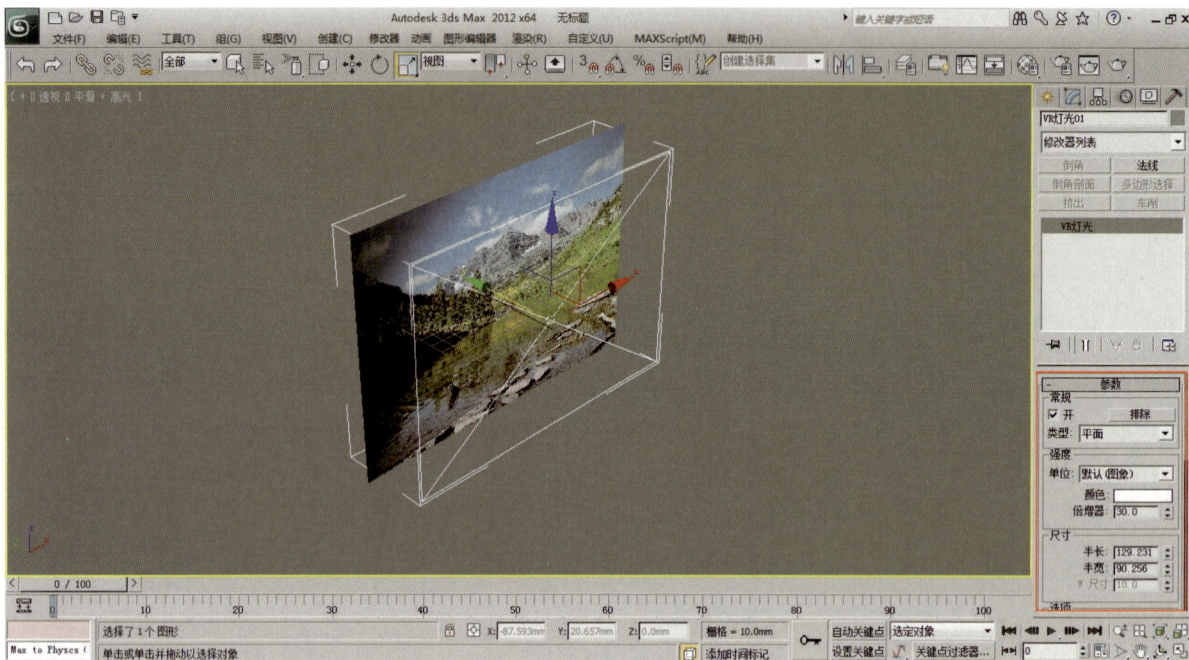

图 3-2-2

图 3-2-3

3.2.2 参数的设置

① 类型分为三类，主要有平面、穹顶、球体。

② 强度：颜色主要为了调整冷光和暖光。倍增器主要调节VR灯光的亮度。

③ 尺寸：分为半长和半宽，主要调节灯光的面域大小。

④ 选项：选项里面的参数主要调节灯光是否会挡住摄像机。

3.3 室内灯光的基本综合练习

下面就来利用V-Ray灯光和默认灯光的结合来做一次综合性的基础练习。首先我们可以打开配套资料，模型如图3-3-1所示。

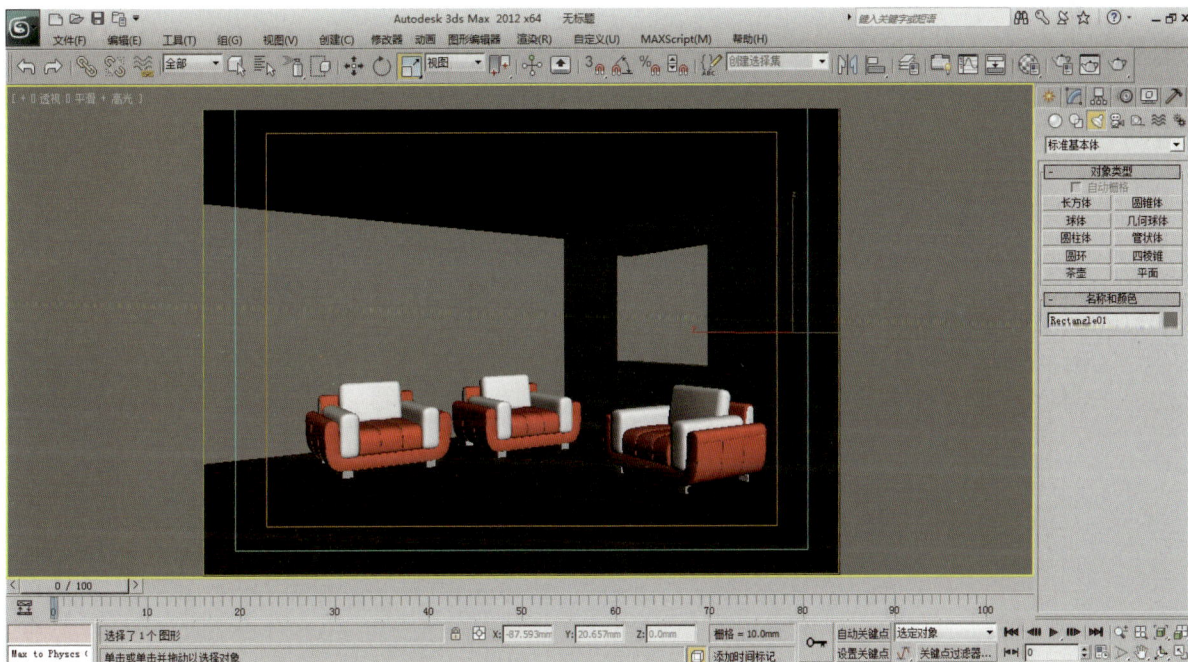

图 3-3-1

打开资料以后就可以打灯光了，回到左视图中创建一个VRay灯光，要选择平面，如图3-3-2所示。

接下来把灯光放到窗口的位置，并且要利用镜像工具把灯光的朝向转到室内，给它制造一种自然光从外面进来的感觉，并将参数选项里面的不可见勾选，灯光亮度调到3，如图3-3-3所示。

一盏灯的灯光肯定很暗，所以要再复制两盏VRay灯光，增加亮度。放置到室内合适的位置，起到缓冲的作用，如图3-3-4、图3-3-5所示。

到这一步之后，场景中的灯光就基本打好了，关于渲染器的知识我们在下面的章节会和大家一起来学习，现在就来看看灯光打好后最终渲染效果图是怎样的，如图3-3-6所示。

TIPS：本案例为室内空间的基本灯光布局，运用了 VRay Light 来布置灯光。学习中需要举一反三地思考，为什么需要三盏灯光完成效果。

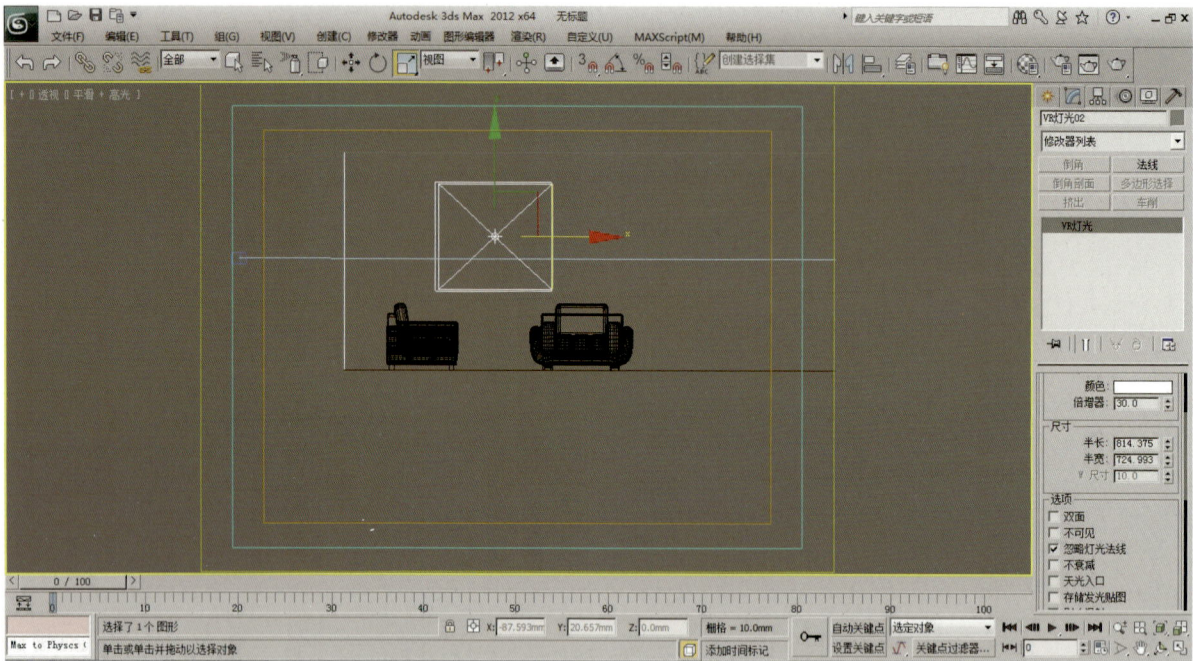

图 3-3-2

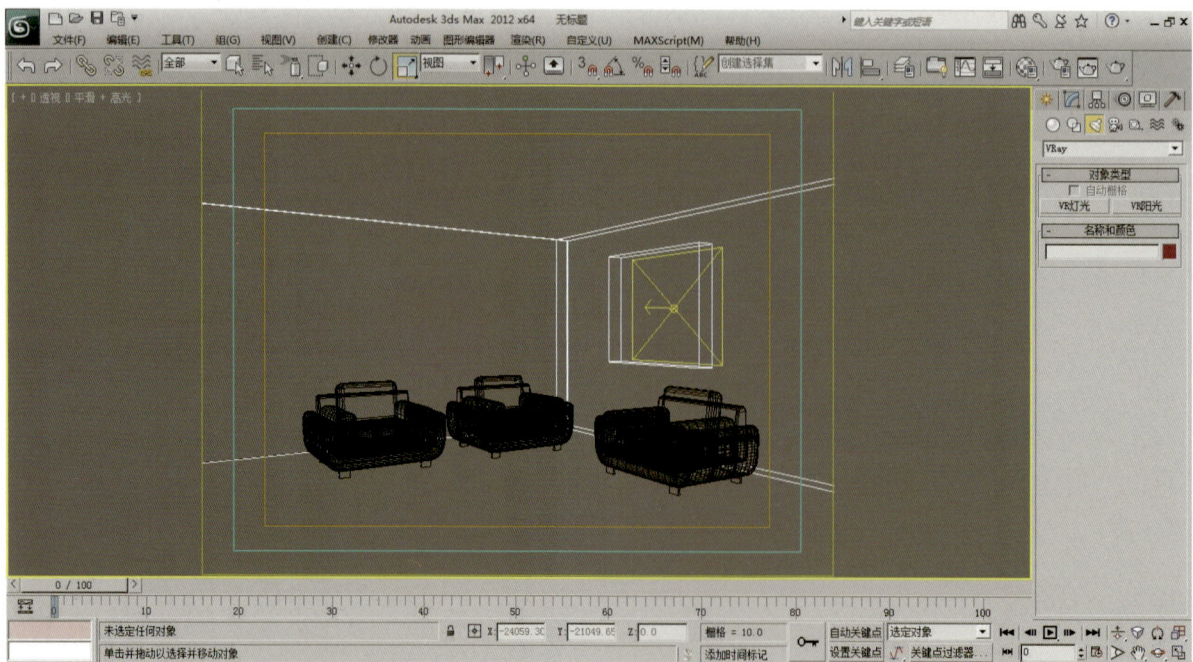

图 3-3-3

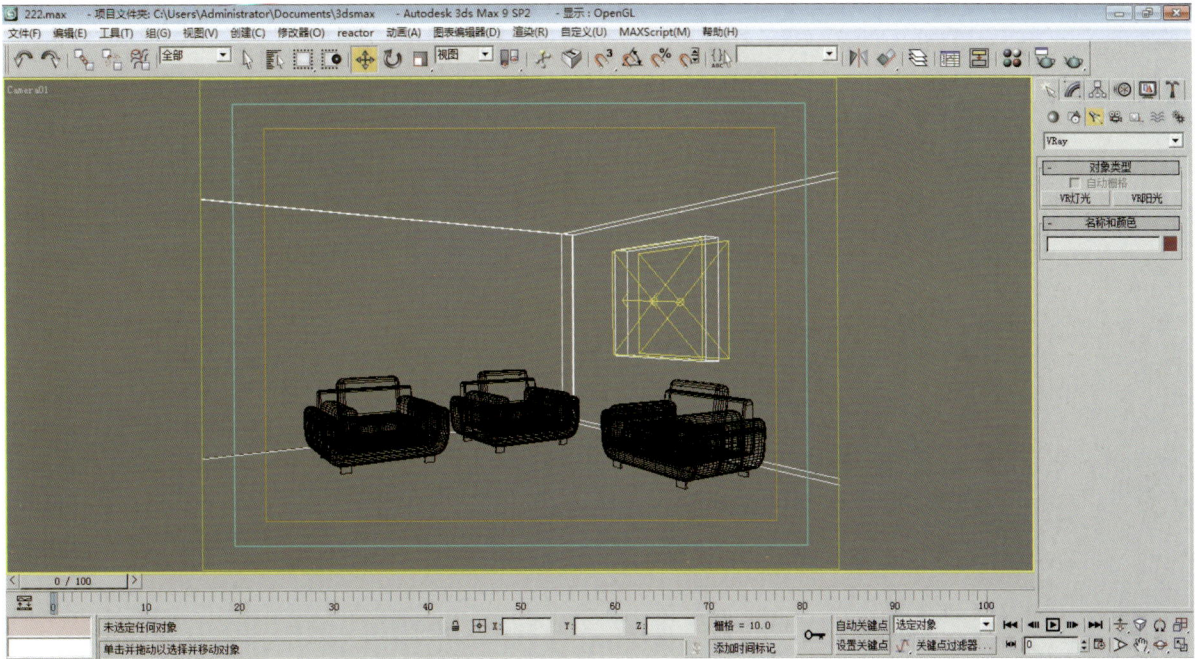

图 3-3-4

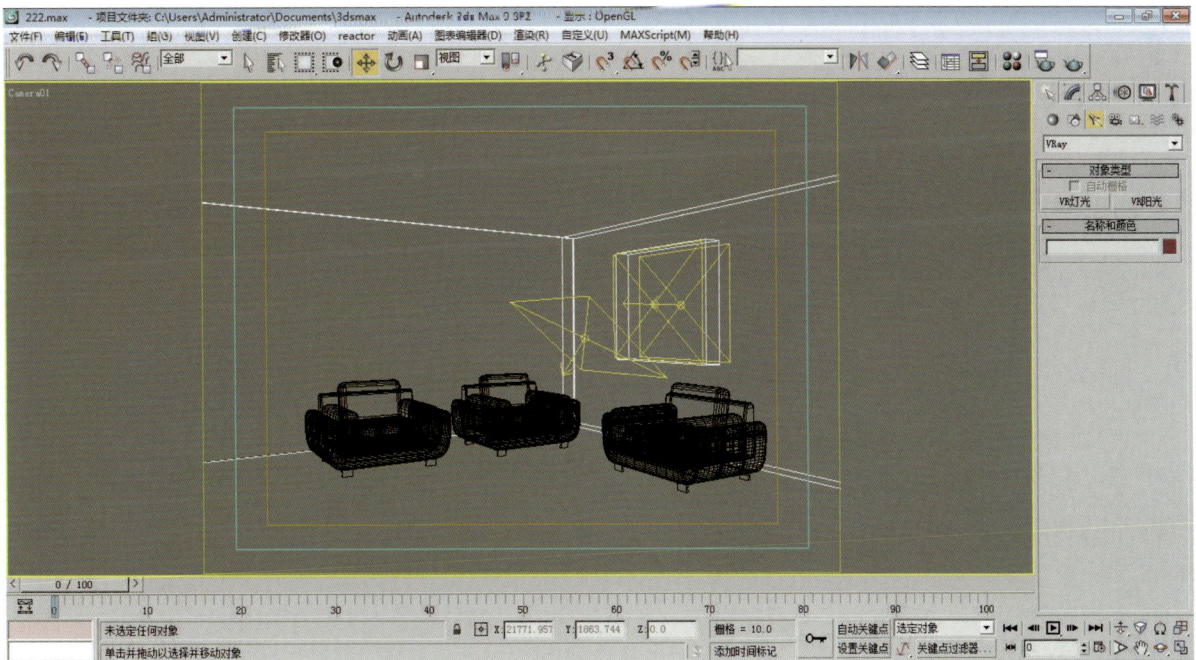

图 3-3-5

图 3-3-6

上面主要学习了VRay灯光的使用及效果，接下来我们就要利用默认灯光来模拟一下室外进来的太阳光。前面已经叙述过灯光可以模仿太阳光，那就是默认平行光。回到顶视图创建一盏默认平行光，如图3-3-7所示。

做到这步，肯定会发现该灯光的高度不够。再回到前视图，拉高灯光的高度，扩大照射的范围，如图3-3-8所示。这样就可以渲染效果图了，如图3-3-9所示。

有了太阳光的室内感觉更加的真实，如果加一个阴影就会更妙，在常规参数中勾选启用高级效果，在投影贴图那里勾选贴图，并赋予

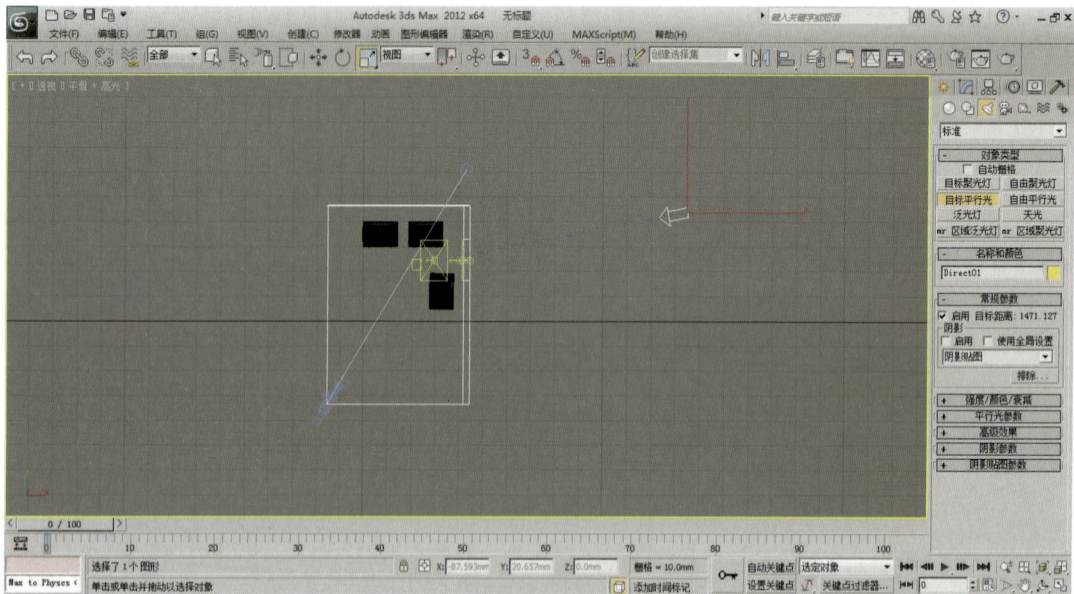

图 3-3-7

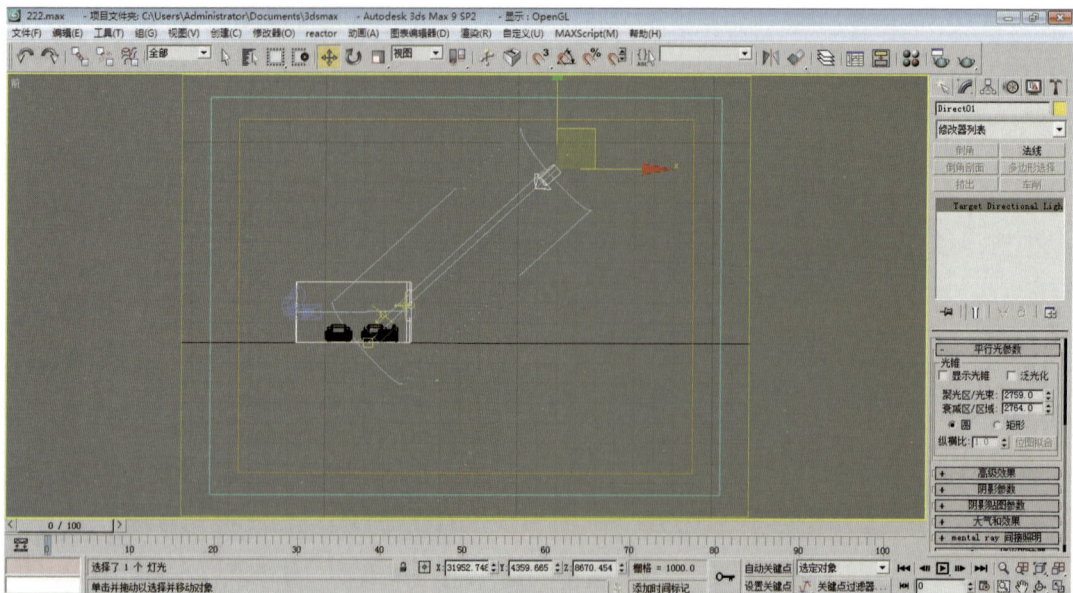

图 3-3-8

图 3-3-9

一张阴影贴图，如图3-3-10所示。

　　关于贴图阴影是按下快捷键"M"键，再将贴图旁的树影拖曳至一个空白的材质球之中。这时会弹出一个对话框，选择"实例"选项。这样这个材质球就和树影贴图关联了。此时树影已经可以渲染了，为了达到更好的效果，需要细微的调节。

　　将关联的材质球的瓷砖改为"2"，再单击"查看图像"，激活图像，部分选取图像内容，接着勾选"查看图像"旁的"应用"选项，如图3-3-11所示。

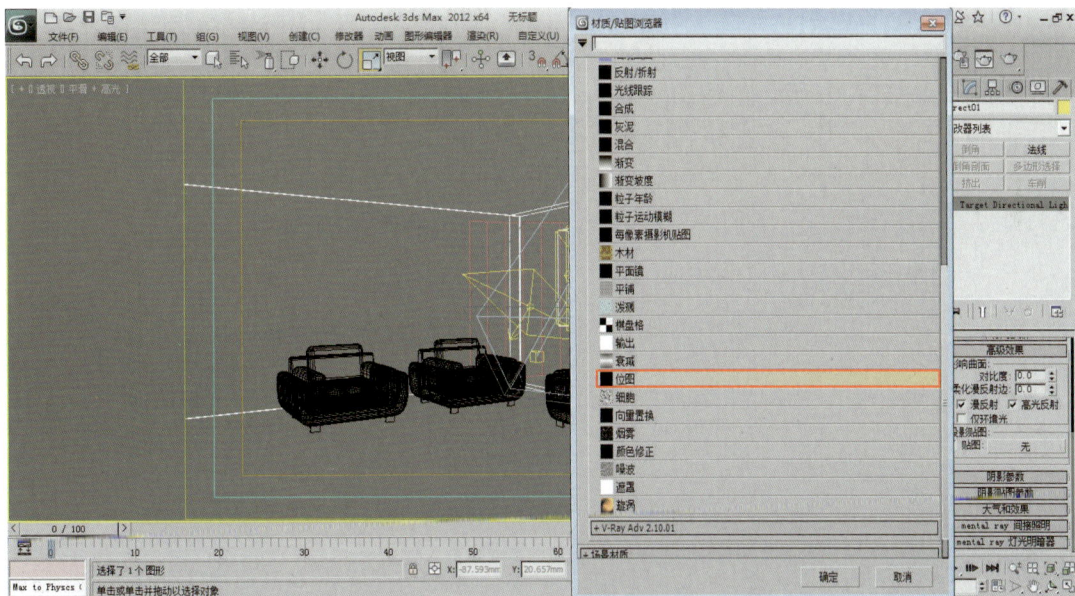

图 3-3-10

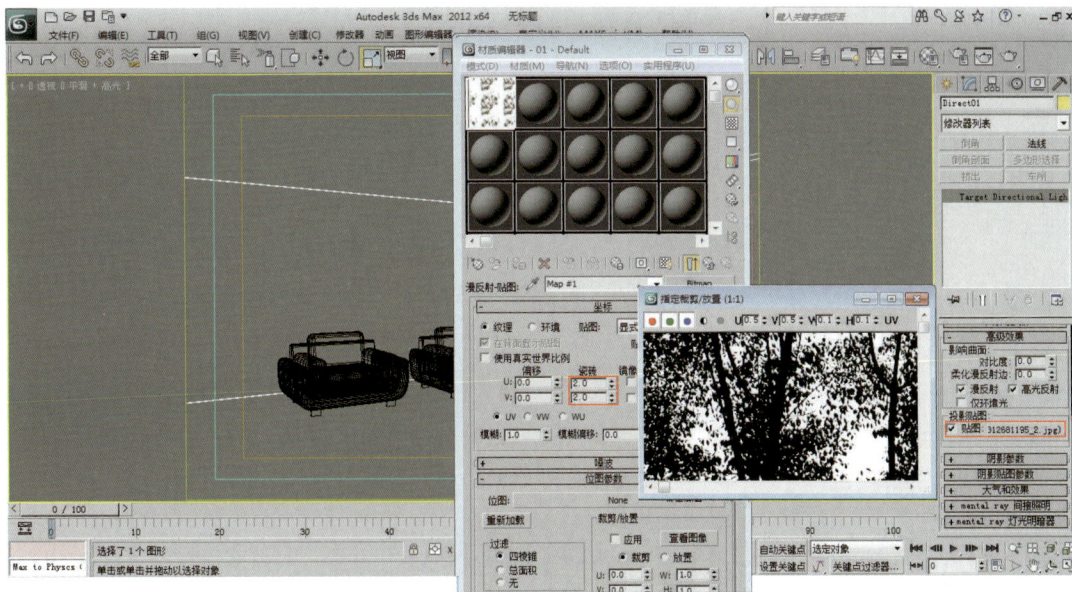

图 3-3-11

最后树影的基本操作已经完成了，最终效果图如图3-3-12所示。

到这里有关灯光的基本综合练习就结束了，下面就来讲讲场景中灯带和光域网的打法。

图3-3-12

3.4 室内灯光的灯带与光域网的打法

在我们的室内效果图中，灯带和光域网是必不可少的。它们在晚上和白天都起到了烘托室内场景效果和照明的作用，如图3-4-1所示。

注意看图3-4-1中，灯带的打法总是藏在吊顶或装饰墙的里面，而光域网就是所谓的筒灯或射灯在墙上打出的光斑，在图3-4-1中可以很直观地看出这两种灯的打法。

图3-4-1

3.4.1 室内灯带的打法

随着人们对居室设计要求的不断提高，各种室内装潢风格的出现，吊顶的体现也越来越复杂，有方形、圆形、椭圆形，同时灯带的打法也会随着它们形态的改变而变化。下面我们就以最常见的方形吊顶灯带的打法来给大家举例。

首先打开实例文件，这是一个模拟的天花板，如图3-4-2所示。

在顶视图绘制一个VRay的面光灯，在透视图中将它旋转至斜对着天花板，灯光亮度为3，颜色为黄色，如图3-4-3所示。

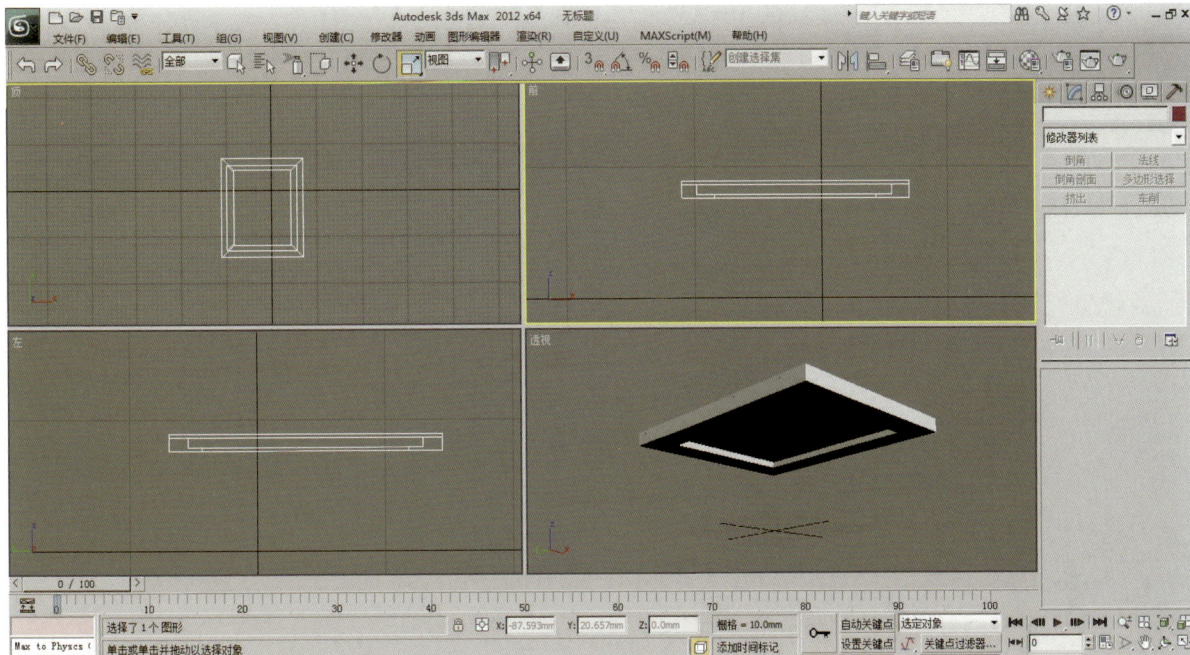

图 3-4-2

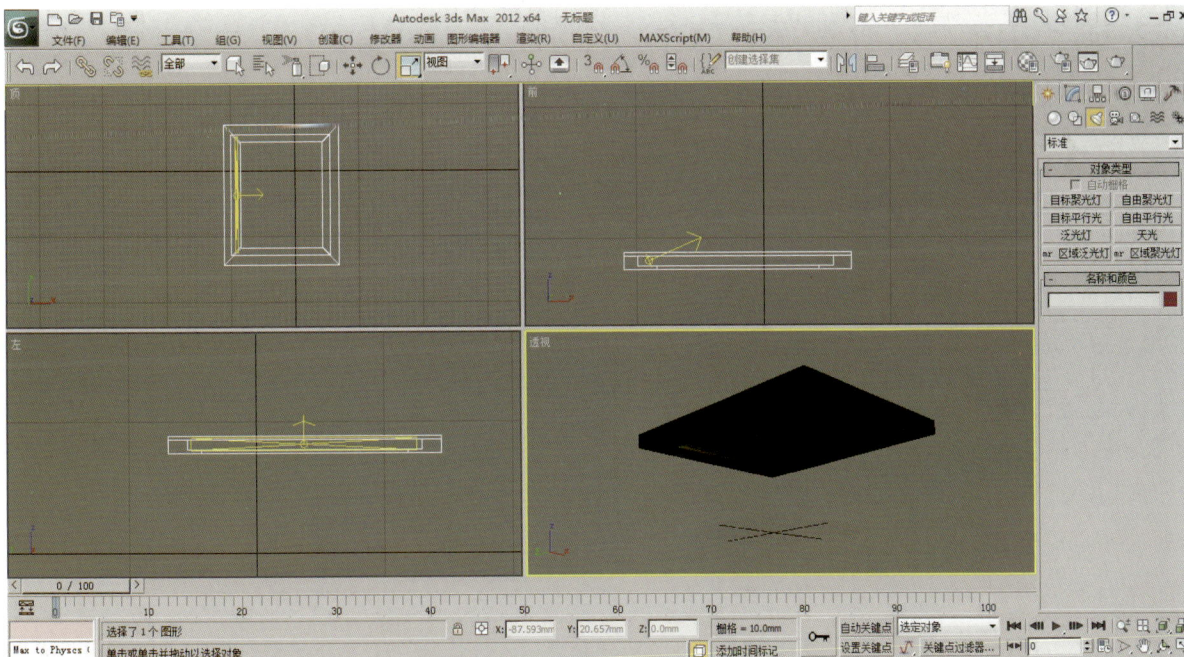

图 3-4-3

再在顶视图"关联复制"四盏灯光，如图3-4-4所示。

最终渲染效果如图3-4-5所示。

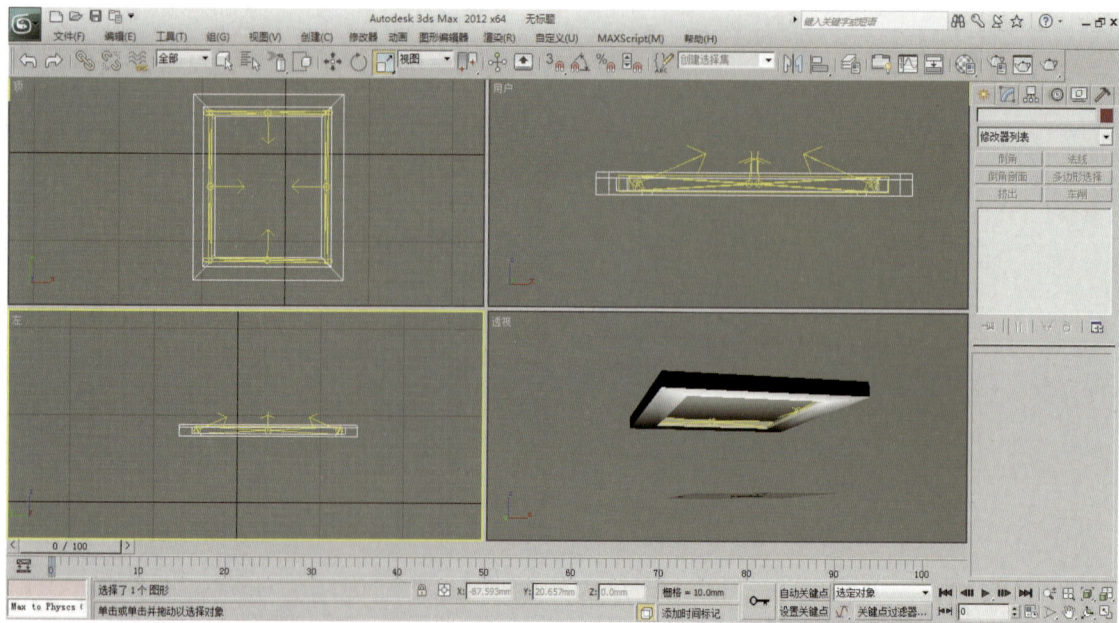

图 3-4-4

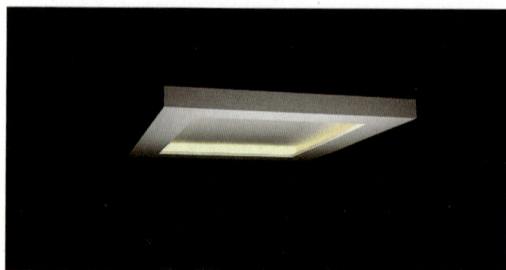

图 3-4-5

3.4.2 光域网的打法

关于光域网的打法，我们可以在原有的模型上面加亮，然后打上一盏目标点光源，如图3-4-6所示。

选择灯光，进入修改命令面板，光域网的参数并不多，再复制三个自由点光源，放置合适的位置，然后渲染出图，如图3-4-7、图3-4-8 所示。

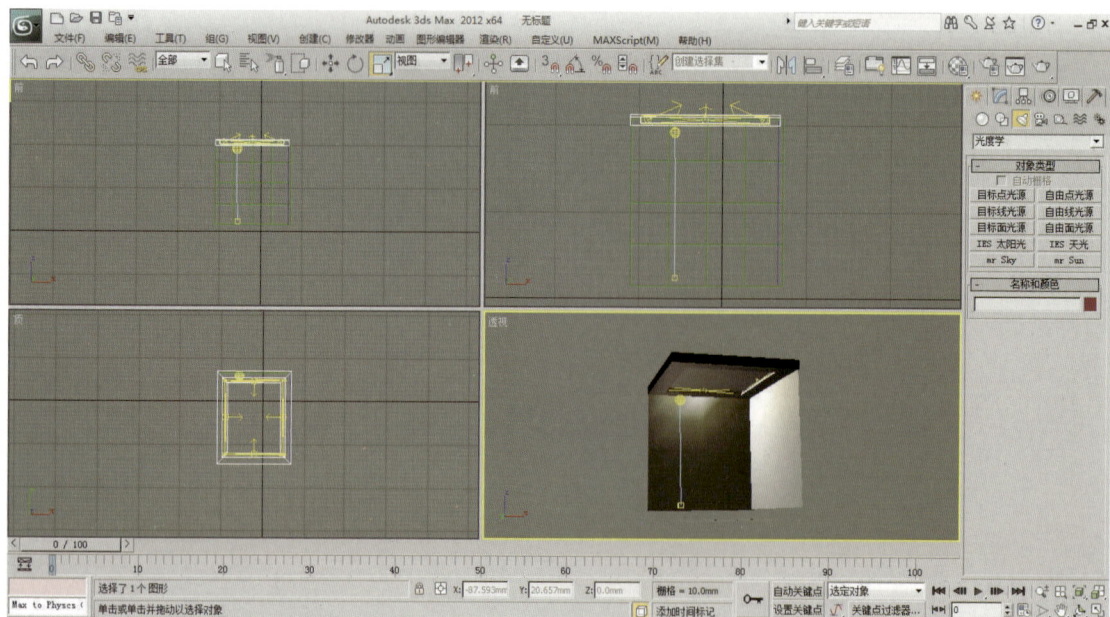

图 3-4-6

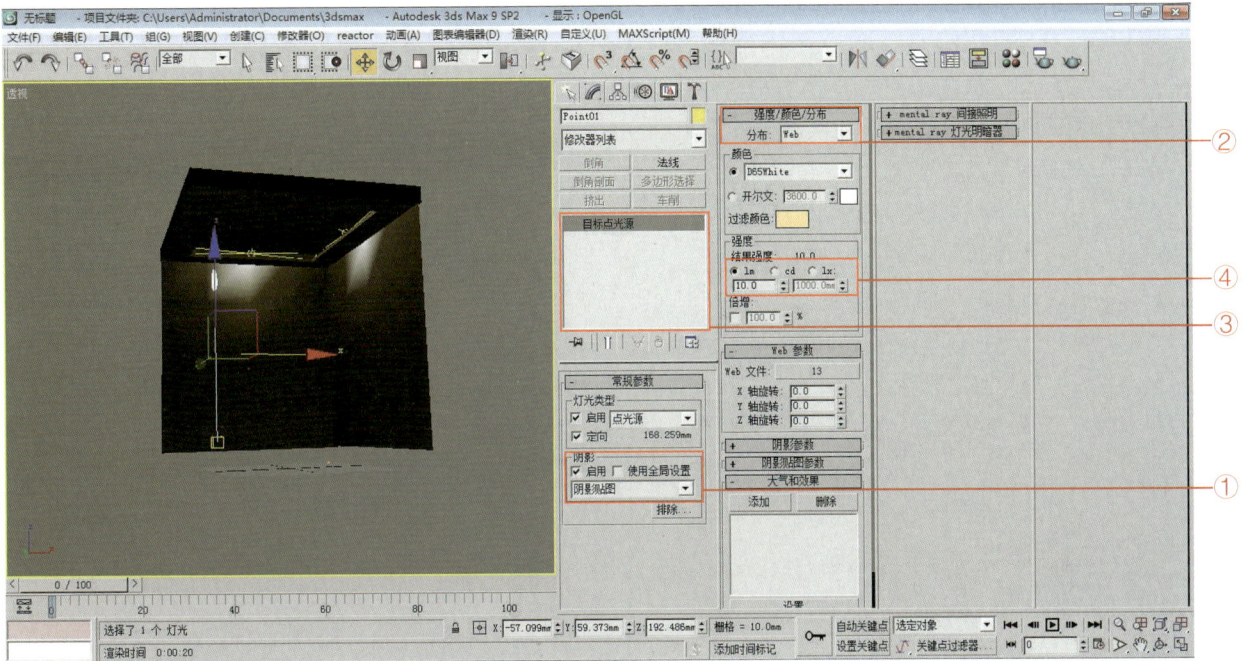

图 3-4-7

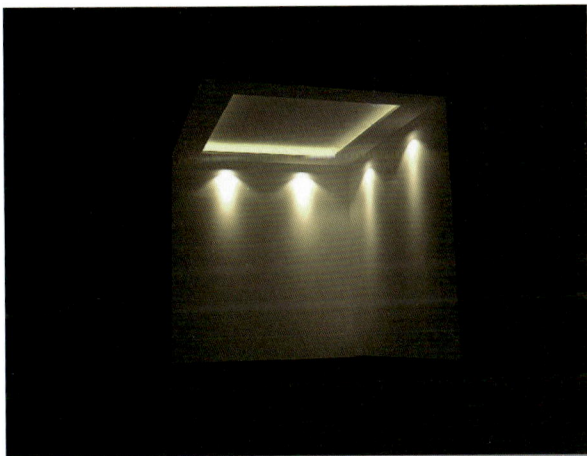

图 3-4-8

① 表示光度学灯光的阴影选项。

② 灯光分布类型必须选择光度学Web模式。

③（只有开启光度学Web模式此选项才被激活）在此选择光度学文件。

④ 灯光的强度：灯光的强度不仅和数值相关，也和灯光与墙面的距离相关。

要想把光域网调到最佳的效果，我们要多去尝试，多去运用与练习。

思考与练习

1. VRay灯光基本参数的设置方法。

2. 3ds Max中如何模拟室内灯光的灯带与光域网？

第4章 3ds Max / V-Ray 材质基础

我们创建的模型都需要添加材质，材质就好比是人们穿的衣服，人穿了衣服之后会有不同的风格，当然使用材质也是同样的目的，它可以给我们的模型进行装饰、着色和绘制，简单地说就是物体看起来是什么质地。材质可以看成是材料和质感的结合。在渲染程式中，它是表面各种可视属性的结合，这些可视属性是指表面的色彩、纹理、光滑度、透明度、反射率、折射率、发光度等。正是有了这些属性，才能让我们识别三维中的模型是由什么做成的，也正是有了这些属性，电脑中三维的虚拟世界才会和真实世界一样缤纷多彩。

4.1 3ds Max 默认材质编辑器的认识

首先来认识一下材质编辑器，按一下右上角的 █ 按钮，会弹出材质编辑器的材质面板，快捷键是M键，如图4-1-1所示。

下面就来对材质面板进行一个初步的认识，如图4-1-2所示。

我们把材质面板分成了四块，现在一一对它们来做一个讲解。

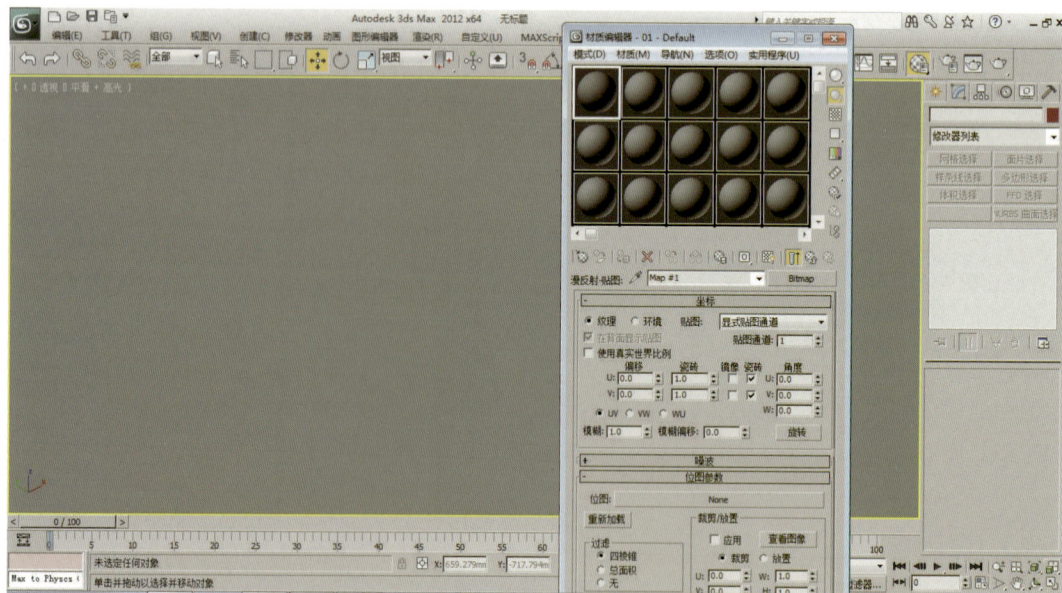

图 4-1-1

4.1.1 基础材质球面板

如图4-1-2所示，在这个面板之中有24个基础材质球，每一个材质球都可以独立地编辑一个材质，它的作用是预览我们所调节的材质效果。

4.1.2 主要材质工具条

下面我们来介绍一下材质工具条的使用方法。

（1）获取材质

获取材质的主要作用是从3ds Max默认的材质中获取材质，或自己制作好了材质通过这个命令获取。它是节约制图时间的必备工具。

（2）场景材质

场景材质即将材质赋予场景，用得很少。

（3）赋予材质

赋予材质即选择材质赋予给被选择的物体。赋予材质还可以拖曳材质球直接给予物体。

（4）删除材质

删除材质是指在材质不够用或调试错误的情况下，选择该材质可以将材质删除。

（5）复制材质

复制材质即将材质复制用于编辑。

（6）独立材质

独立材质是指在材质球被关联的情况下，可以使用这个命令取消材质球的关联。

（7）放置入库

放置入库和获取材质相对，是指将调试好的材质放置于材质库中。

（8）ID号

ID号即给予材质ID号码，不常使用。

（9）显示材质

显示材质即将材质显示到场景中。

（10）显示最终效果

显示最终效果是指材质有很多层，每层效果不同，所以按下可以显示最终效果。

（11）返回上一层

返回上一层工具条用得很多，材质的层级自下而上返回上一面板。

（12）平移一层

平移一层是指平移一个层级。

（13）吸管

吸管可以在场景中吸取一种材质。

（14）材质名称 Map #1

材质名称是指因材质名称不能重复，所以在制作并赋予每一个材质之前，重新命名一个材质名称。

4.1.3 Standard

Standard材质可以打开材质贴图浏览器，在这里可以选择多种特殊的材质球的模式，以达到不同的要求，如图4-1-3所示。

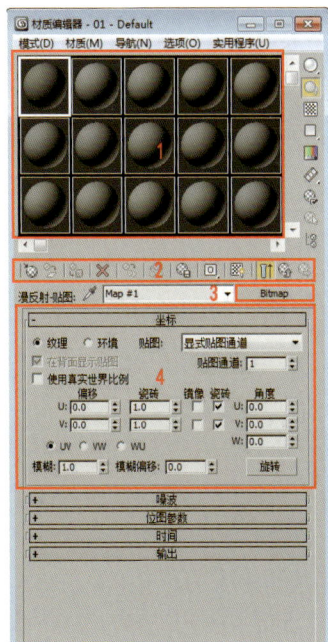

图 4-1-2

图 4-1-3

（1）高级照明覆盖材质

这个材质一般是配合光能传递使用的，渲染时能很好地控制光能传递和物体之间的反射度。

（2）混合材质

混合材质是指将两个不同材质融合在一起，根据融合度的不同，控制两种材质的显示程度，可以利用这种特性制作材质变形动画。另外也可指定一张图像作为融合的Mask遮罩，利用它本身的灰度值来决定两种材质的融合程度，经常用来制作一些质感要求较高的物体，如打磨的大理石、破墙、脏地板等。

（3）合成材质

合成材质的功能是将多个不同材质叠加在一起，包括一个基本材质和10个附加材质，通过添加、排除和混合能够创造出复杂多样的物体材质，常用来制作动物和人体皮肤、生锈的金属、复杂的岩石等物体材质。

（4）双面材质

双面材质可为物体内外或正反表面分别指定两种不同的材质，并且可以通过控制它们彼此间的透明度来产生特殊效果，经常用在一些需要物体双面显示不同材质动画中，如纸牌、杯子等。

（5）无光/投影材质

无光/投影材质的作用是隐藏场景中的物体，渲染时也看不到，不会对背景进行遮挡，但可对其他物体遮挡，还可产生自身投影和接受投影的效果，很多只看到投影却看不到物体的动画都可以用它来制作。

（6）变形器材质

变形器材质是配合变形器修改器使用，产生材质融合的变形动画。

（7）多维/子对象材质

多维子对象材质即可以设置多个材质ID，给物体设定区域或者多面的物体指定材质。

（8）标准材质

默认打开的材质球就是这个。

（9）光线跟踪材质

光线跟踪材质指建立真实的反射和折射效果，制作玻璃也是它的选择之一。支持雾、颜色浓度、半透明、荧光等效果。

（10）壳材质

壳材质专门配合渲染到贴图命令使用，它的作用是将渲染到贴图命令产生的贴图再贴回物体造型中，在复杂的场景渲染中可用光照计算占用的时间。

（11）虫漆材质

虫漆材质即模拟金属漆，地板漆等。

（12）顶/底材质

顶/底材质指为一个物体指定不同的材质，一个在顶端，一个在底端，中间交互处可产生过渡效果，并且两种材质的比例可调节。其中，在效果图中最常用的只有"标准"材质和"多维"材质。

4.1.4 明暗器基本参数

① 线框：在默认渲染器的渲染下显示线框渲染。

② 双面：三维物体都是单面的，勾选"双面"可以使两边都显示。

③ 面贴图：使每一个面都贴上一个被赋予的贴图。

④ 面状：锐化被赋予材质的物体，使其不圆滑。

⑤ 环境光：环境的颜色（被锁定）。

⑥ 漫反射：就是物体的固有色，点击旁边的方块，再选择位图可以从外部获取贴图。

⑦ 高光反射：高光的颜色。

⑧ 自发光：自身发光，例如，电视等发光体就需要选择。

⑨ 颜色：勾选的话，可以选择自发光的颜色。

⑩ 不透明度：物体的透明状态，从0～100为透明到不透明。

⑪ 反射高光：可以调试高光的状态。

除了物体基本材质属性以外，3ds Max的贴图还具有层的概念。被赋予材质以后就会进入到下一个层级，举例为证，如图4-1-4所示，单击颜色显示窗右侧的"无"■按钮，在打开的"材质/贴图浏览器"对话框中导入程序贴图和位图来代替漫反射颜色。

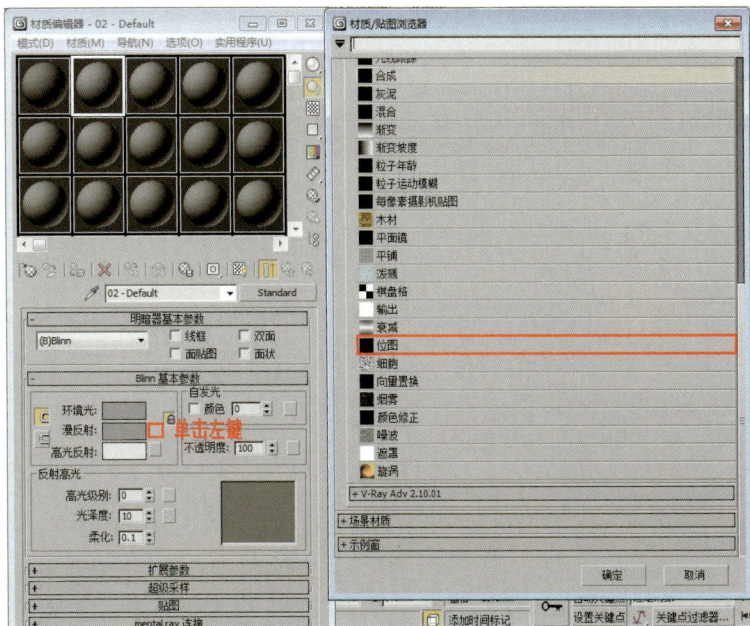

找一个大理石的图案（图案可以随意选择），可以发现材质面板发生变化了，

图 4-1-4

如图4-1-5所示。其实这是因为我们进入到了这个面板的下一层级。要想回到上一层级只需要按下返回键就可以了。如果需要再进入此层级，只需要按一下"漫反射"右边的方形"M"按钮。

（1）偏移与瓷砖

偏移是可以在U轴和V轴上随意地移动材质的位置。平铺是可以在U轴和V轴上随意地重复材质的重复数。

（2）W

W是一个轴向，相当于视图中的Z轴，调节这个参数可以旋转贴图。

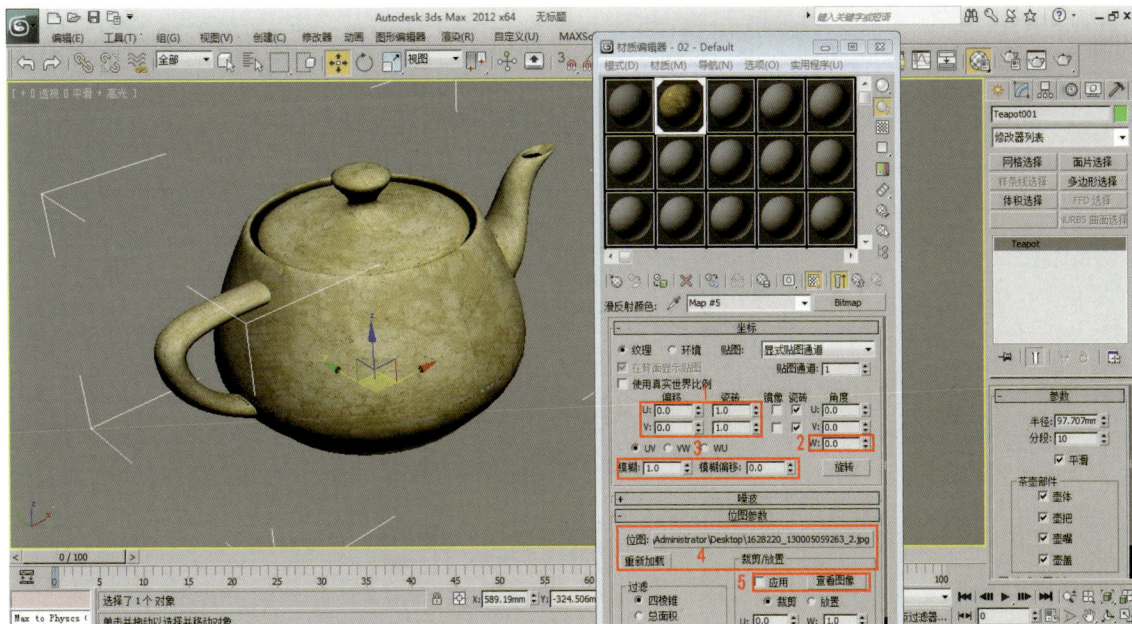

图 4-1-5

（3）模糊

有些效果是特殊的，不需要图片这么清晰，那么这个命令就可以模糊贴图。

（4）重新加载

对贴图不满意可以对其重新加载图像。

TIPS：U，V，W 是贴图世界的坐标，它对应的是三维世界的 X，Y，Z。这是软件设计者为了区分三维世界和贴图世界的坐标，其实它们的性质相同，即 U-X，V-Y，W-Z。

（5）查看图像

如图4-1-6所示，单击查看图像按钮，会弹出一个图像的对话框。

对话框里有一个范围框可以选择。如果选择了范围框，再勾选"查看图像"旁的"应用"，结果是贴图只会识别范围框内的图像。就像一把剪刀，裁剪了范围框内需要的内容。

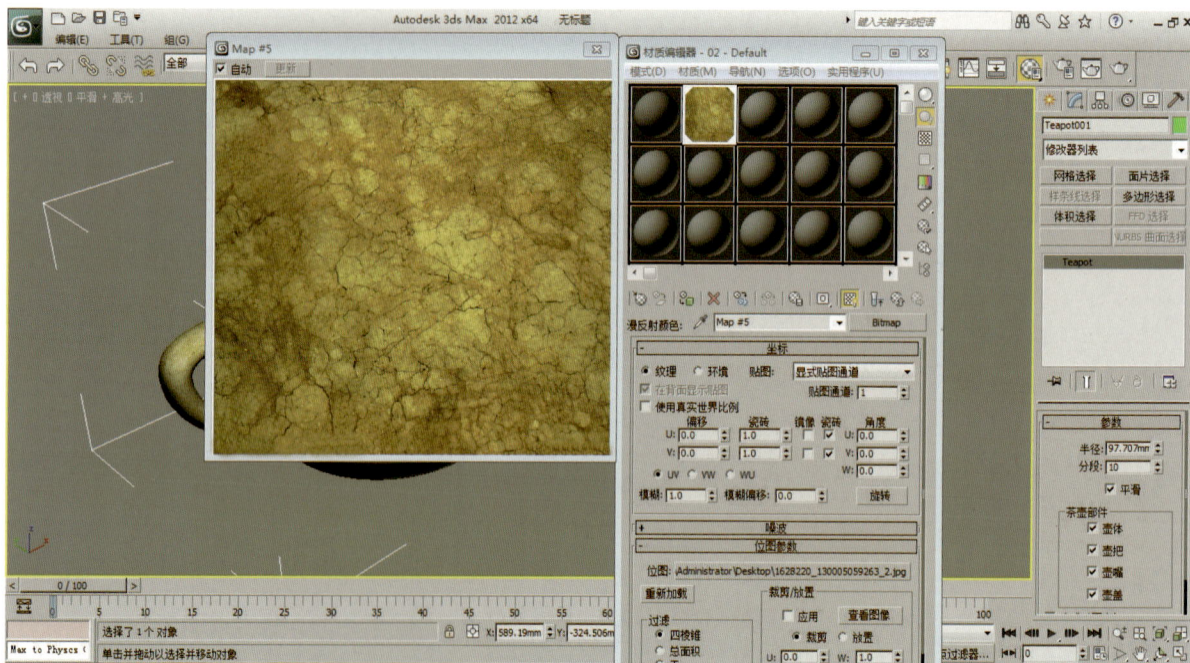

图 4-1-6

在上面的讲解中主要突出了材质编辑器的框架讲解，有一个材质/贴图浏览器需要详细介绍（图4-1-4）。下面是常用部分介绍。

① 位图：多用以调用贴图，从外部导入图片。

② 平铺：可以通过它设置砖墙和马赛克等。

③ 棋盘格：产生两色方格交错的图案，用于制作砖墙、地板砖等有序纹理。

④ Combustion（燃烧）：配合 Combustion 后期制作软件来使用。

⑤ 渐变：产生三色渐变效果，有直线形渐变和射线形渐变两种。

⑥ 渐变坡度：产生多色渐变效果，提供多达12种纹理类型，经常用于制作石头表面、天空、水面等材质。

⑦ 漩涡：产生两种颜色的漩涡图像，当然也可以是两种贴图，常用来模拟水中漩涡、星云等效果。

⑧ 细胞：除了细胞外常用来模拟石头砌墙、鹅卵石路面甚至是海面等物体的效果。

⑨ 凹痕：能产生一种风化和腐蚀的效果，常用于凹凸贴图，可制作出岩石、锈迹斑斑的金属等效果。

⑩ 衰减：产生两色过渡的效果（或两种贴图），经常配合 Opacity（镂空）贴图方式来用，产生透明衰减效果，用于制作水晶、太阳光、霓虹灯、眼球等物，还常用来配合 Mask（遮罩）和 Mix（混合）贴图，制作一些多个材质渐变融合或覆盖的效果。

⑪ 大理石：产生岩石断层的效果，还可用作木头纹理。

⑫ 燥波：通过两种颜色或贴图的随机混合，产生一种无序的杂点效果，使用较频繁，常用于制作石头、天空等。

⑬ 粒子年龄：专用于粒子系统，根据粒子所设定的时间段，分别为开始、中间、结束处的粒子指定三种不同颜色或贴图，类似颜色渐变，不过是真正的动态渐变，适合做彩色粒子流动的效果。

⑭ 粒子运动模糊：根据粒子速度进行模糊处理，常配合 Opacity 贴图使用。

⑮ 珍珠岩：通过两种颜色混合，产生类似珍珠岩纹理的效果。常用来制作大理石、星球等一些有不规则纹理的物体材质。

⑯ 行星：产生类似地球的纹理效果，根据颜色分为海洋和陆地，常用来制作行星、铁锈的效果。

⑰ 烟雾：产生丝状、雾状、絮状等无序的纹理，常用来做背景和不透明贴图使用，和 Bump 结合还可表现岩石等表面腐蚀的效果。

⑱ 斑点：产生两色杂斑纹理，常用来制作花岗岩、灰尘等。

⑲ 泼溅：产生类似油彩飞溅的效果，用来表现喷涂墙壁、腐蚀和破败的物体效果。

⑳ 泥灰：功能类似 Splat，用来表现腐蚀生锈的金属和物体破败的效果。

㉑ 波浪：产生三维和平面的水波纹理。

㉒ 木材：用来表现木头、木板、星球等效果。

4.2 3ds Max/V-Ray 材质编辑器的认识

V-Ray材质是V-Ray材质渲染器的材质，与V-Ray材质渲染器更加匹配。在调制V-Ray材质的时候必须先把渲染器调整过来，如图4-2-1、图4-2-2所示。

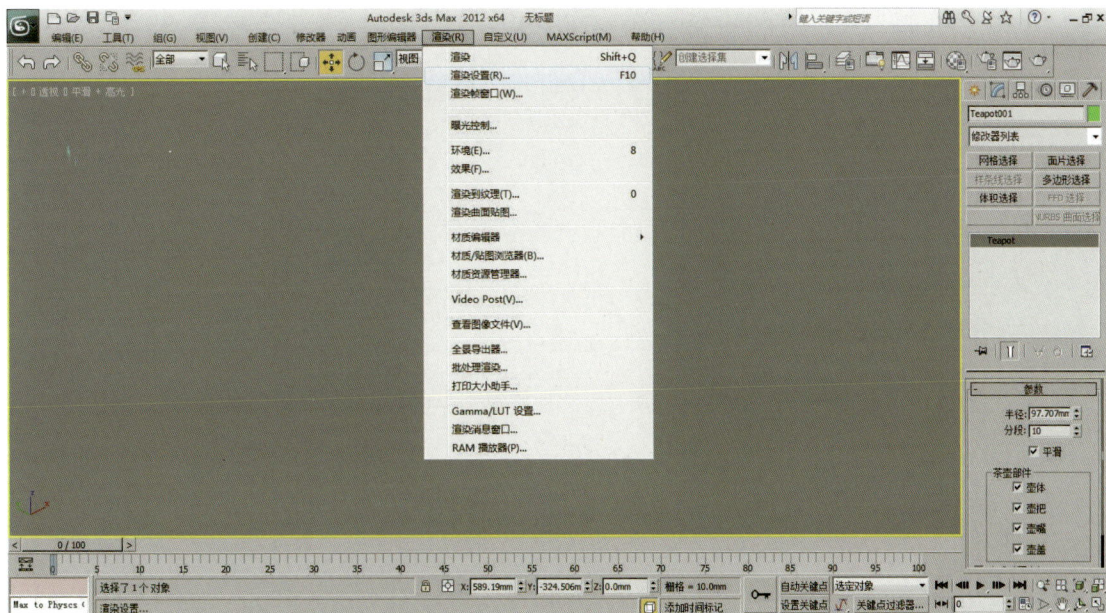

图 4-2-1

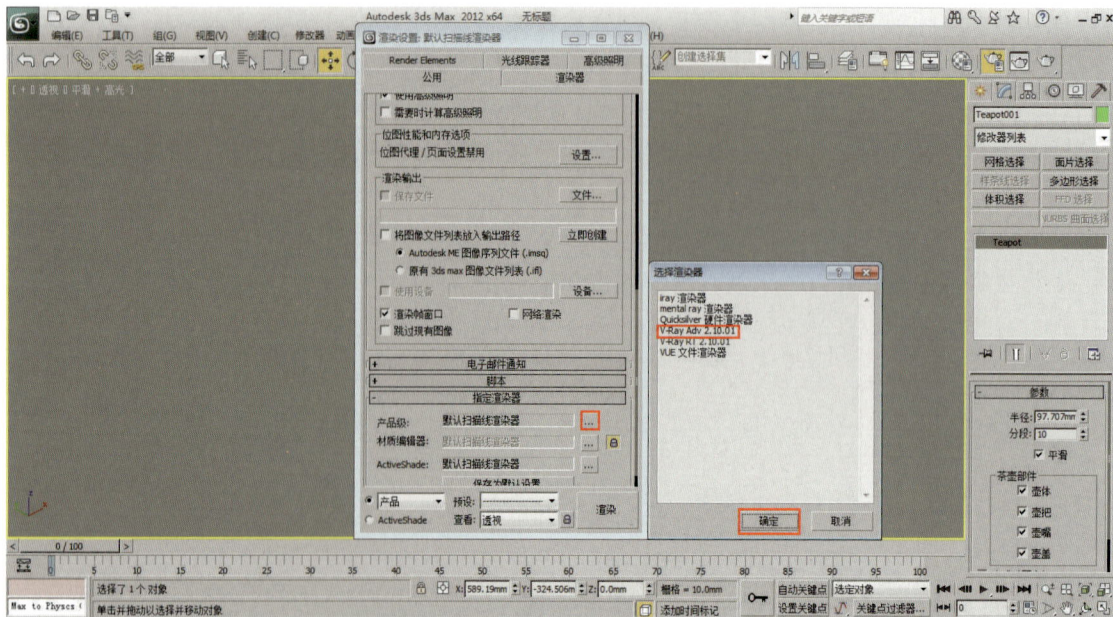

图 4-2-2

渲染器调整完以后，我们就来进行V-Ray材质面板的讲解。

在选择Standard之后会弹出材质/贴图浏览器面板，如图4-2-3所示。这里面包含常用的不同类型的V-Ray材质。在本书中介绍的是最常用V-Raymtl材质球。

单击选择V-Raymtl材质，进入V-Raymtl材质面板，如图4-2-4所示。

进入到V-Raymtl材质面板后会看到它里面包括最常用的漫反射、反射、高光光泽度、反射光泽度、细分这五个命令。

① 漫反射：物体的固有色以及自身的物体贴图，效果和默认材质的漫反射贴图是一样的。

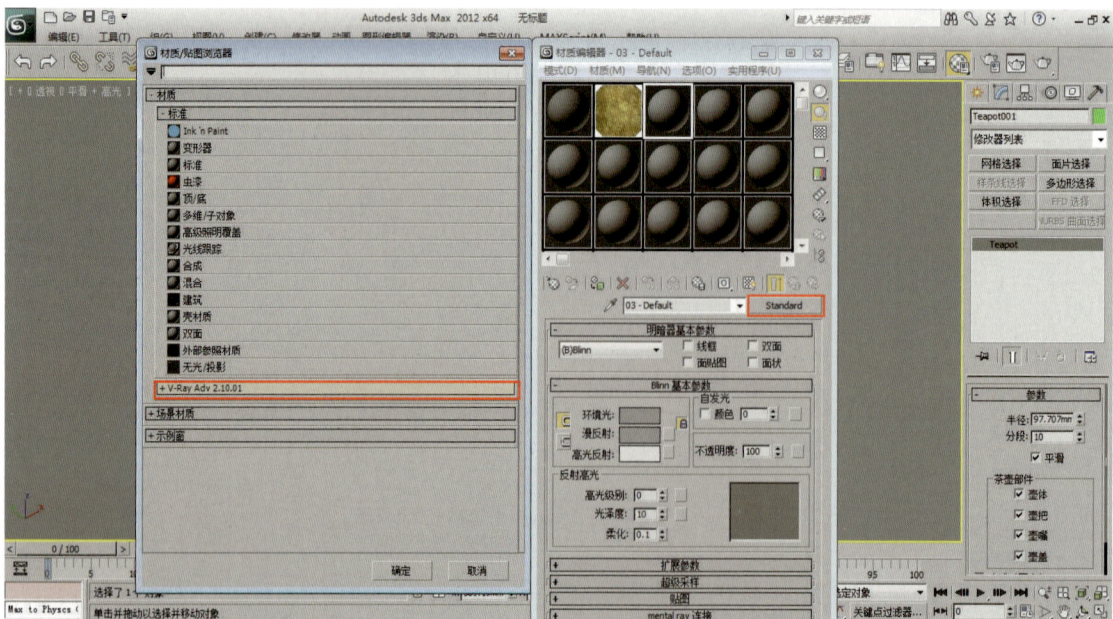

图 4-2-3

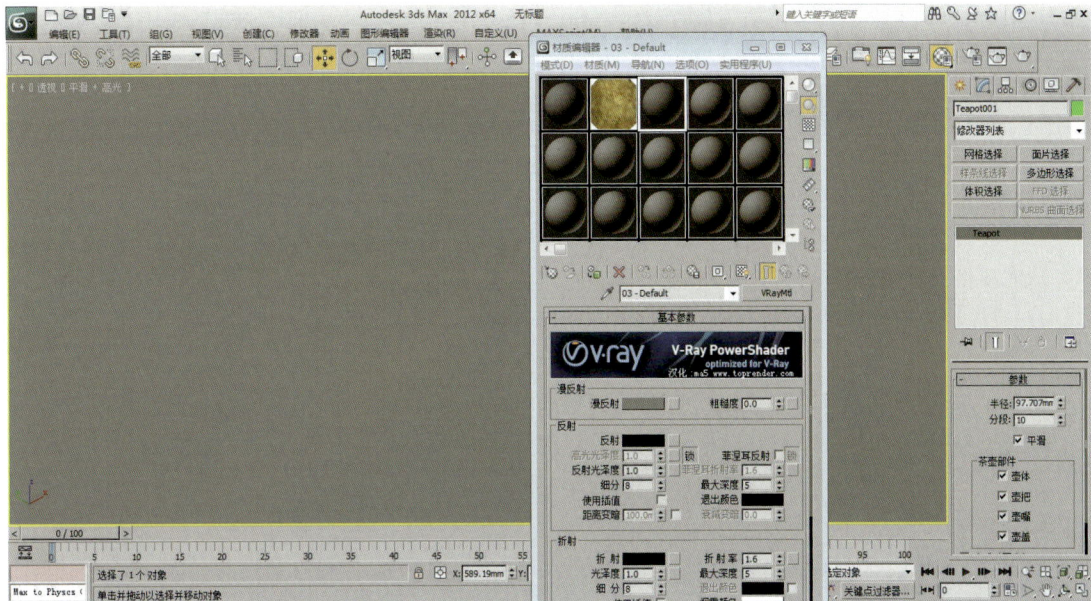

图 4-2-4

② 反射：反射度。V-Ray材质在这里十分人性化，颜色为黑色时没有反射，如果将颜色调亮时，反射强度加大，当颜色为白色时，反射强度为100%。

③ 高光光泽度：物体的高光模糊。

④ 反射光泽度：物体的反射模糊。

⑤ 细分：物体的反射细分。

最后介绍的是折射材质，其效果和反射类似，颜色为黑色时没有折射，随着亮度增加而加强，如图4-2-5所示。

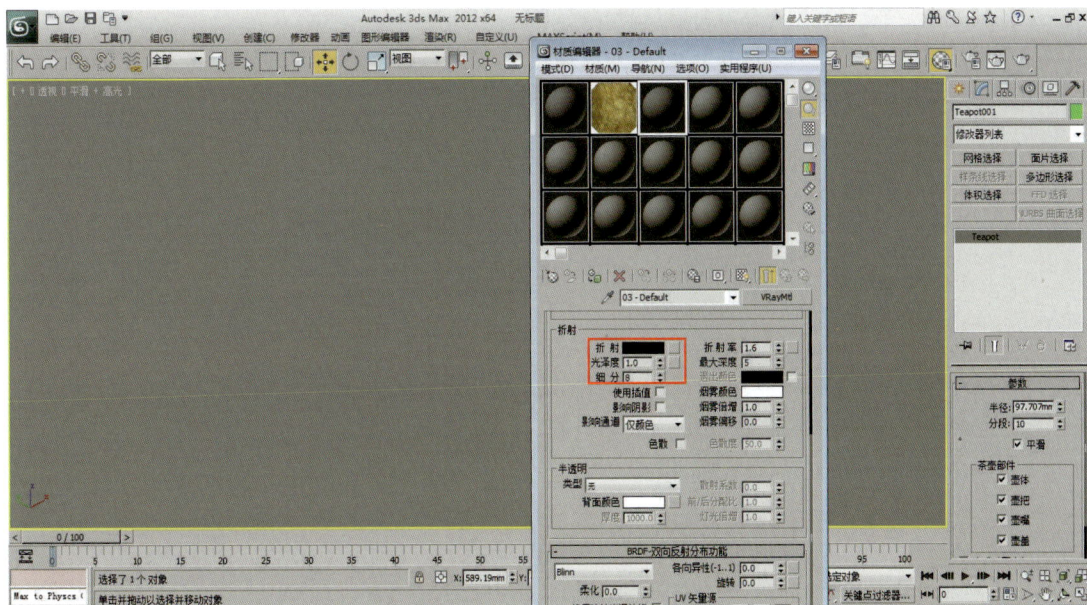

图 4-2-5

4.3 3ds Max 默认材质与 V-Ray 材质的调制

在前面两章我们已经对默认材质编辑器与V-Ray材质编辑器做了简单的讲解。下面就以实例的方式来进行材质的调制，以便于大家能够更加深入地掌握这两个编辑器的用法。在这里3ds Max提供了数十种不同类型的贴图，每一种贴图都有其不同的用法及功能。在效果图的表现中用到的不过几种，下面对这几种贴图以实例的方式进行讲解。

4.3.1 默认材质的调制

首先在视口中画几个茶壶，如图4-3-1所示。进入默认材质编辑器的材质面板，如图4-3-2所示。

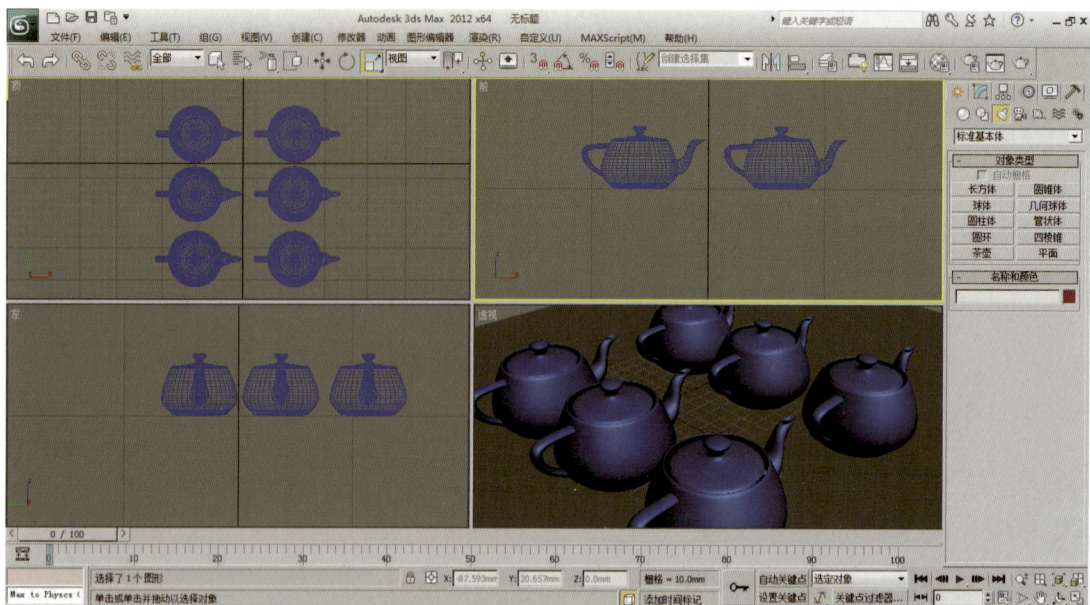

图 4-3-1

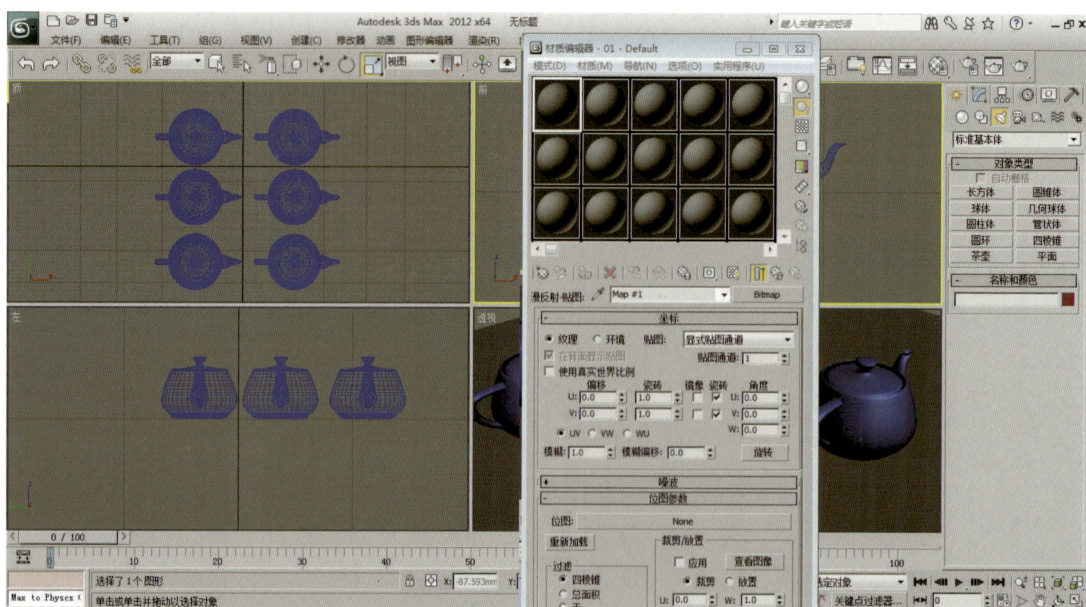

图 4-3-2

（1）木饰面的调制

单击"漫反射"显示窗，在打开的"颜色选择器"对话框中设置漫反射的颜色。也可以单击颜色显示窗右侧的"无"▇按钮，在打开的"材质/贴图浏览器"对话框中导入程序贴图和位图来代替漫反射颜色，如图4-3-3所示。

在反射高光中调节物体高光，渲染后的物体就会出现高光反射。基本参数的调节，如图4-3-4所示。

（2）凹凸材质的调制

并非所有的纸张都是平整光滑的，像皱纹纸、餐巾纸、素描纸等纸张表面会有凹凸纹理，使用建模方法来实现这样的凹凸效果几乎是一项不可能完成的任务，但使用设置凹凸贴图的方式，可以很容易实现凹凸效果，并且可以随时对其进行编辑。"凹凸"贴图通道可以在对象表面创建一个凹凸或者不规则的效果。该通道的贴图是以灰度计

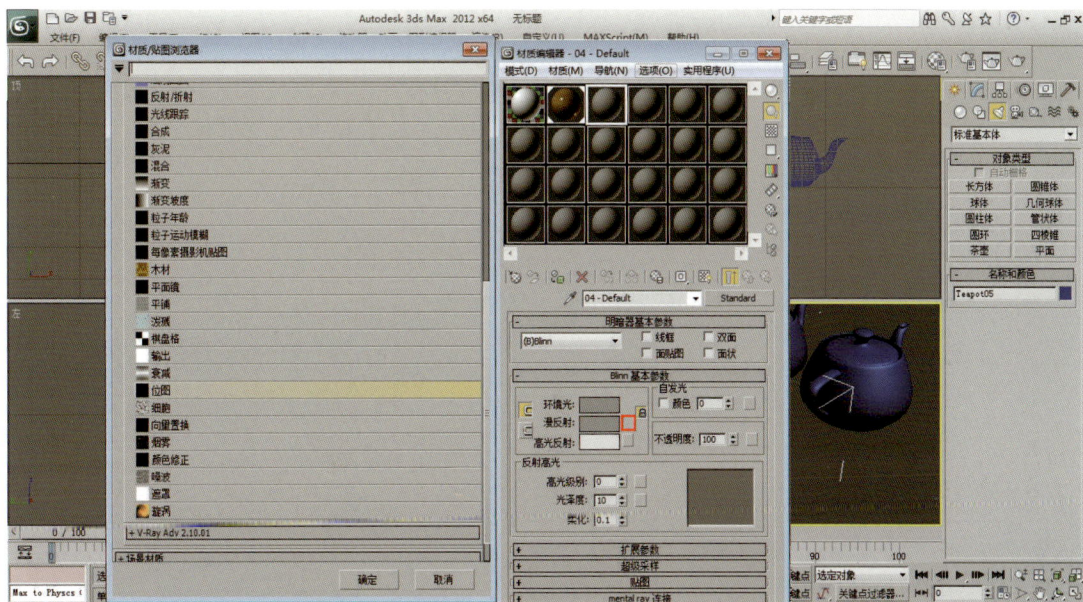

图 4-3-3

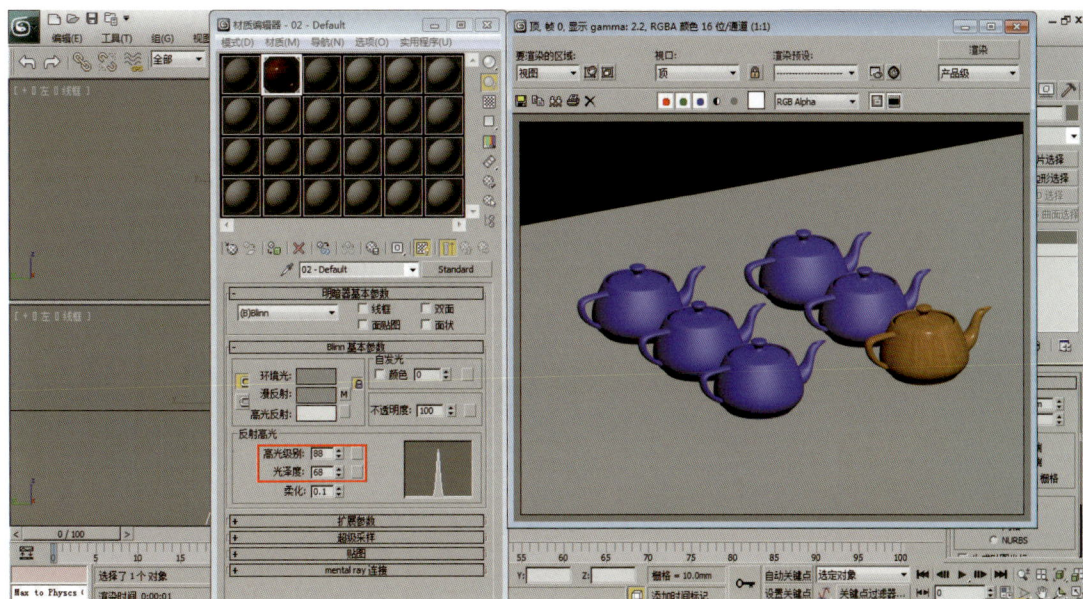

图 4-3-4

算的，贴图中白色的区域将会出现凸起效果，黑色区域将会出现凹陷效果，中间的灰度层级将传递一定程度的凹凸效果。使用"凹凸"贴图通道的材质不影响对象本身，在对象表面产生凹凸效果只是一种视觉的幻像，所以凹凸效果在视图窗口中是看不见的，必须渲染场景后才能观察到凹凸效果。

在本实例中，将为大家讲解凹凸贴图通道相关知识。

如图4-3-5所示，将一个默认的材质球赋予到场景中的一个茶壶模型中。

如图4-3-6所示，找到材质编辑器"贴图"中的凹凸选项。单击"凹凸"旁边的"None"选项，这时会弹出材质贴图编辑器，选择"棋盘格"选项，单击【确定】。

将平铺瓷砖改成2，显示材质，再回到上一层级。这时再将凹凸数量修改成100，如图4-3-7所示。

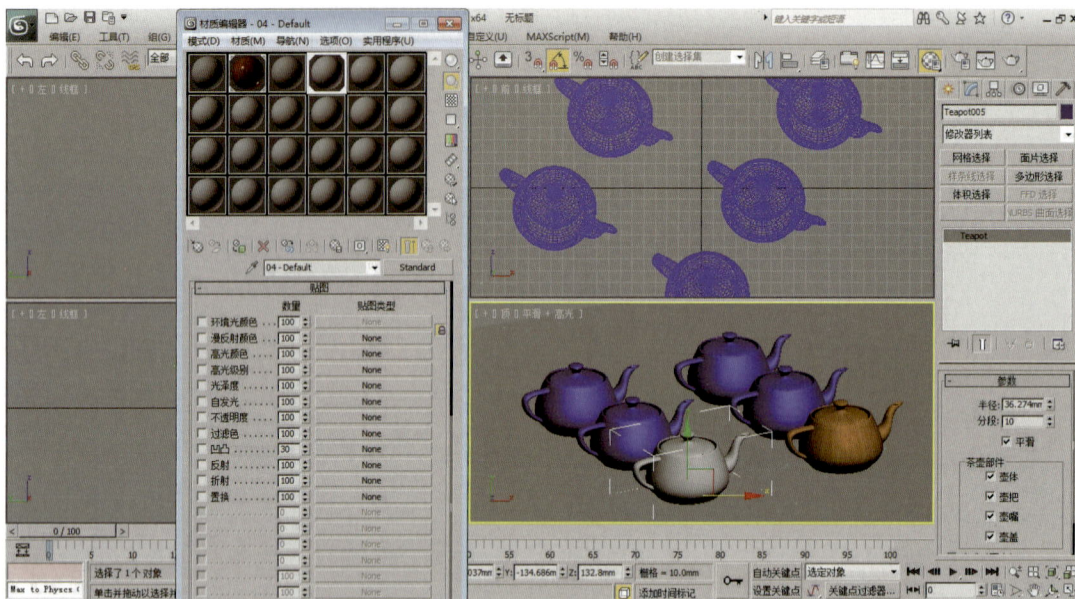

图 4-3-5

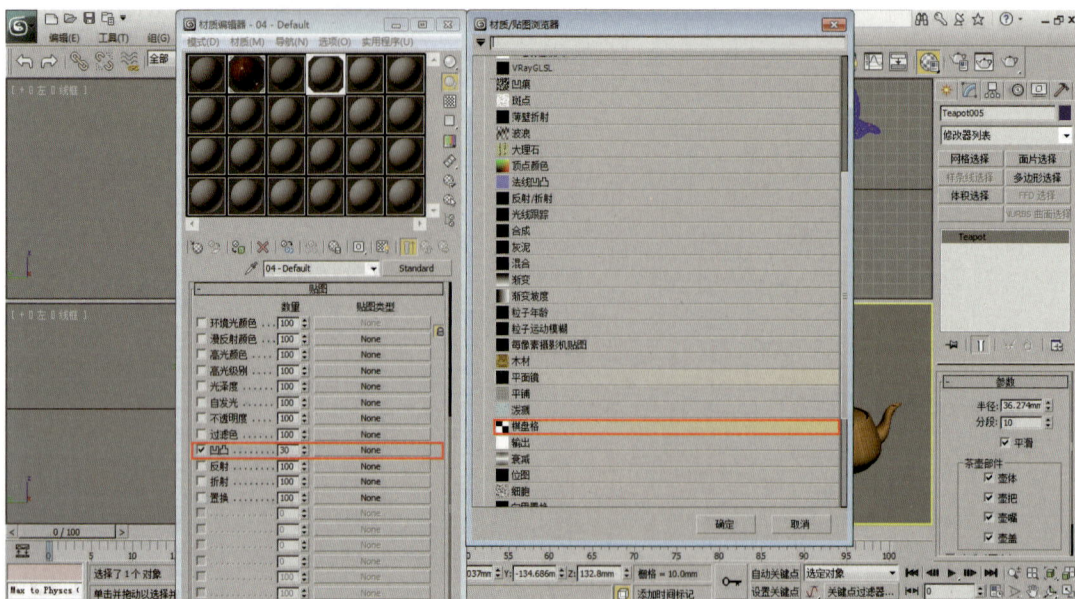

图 4-3-6

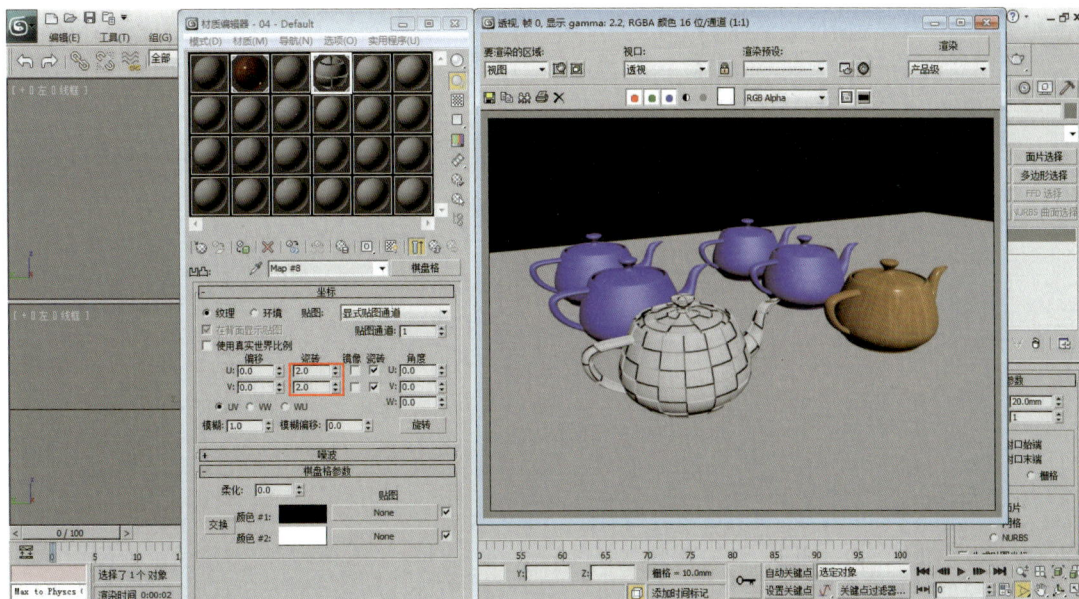

图 4-3-7

（3）透明材质的调制

透明材质可以在效果图中制作镂空效果、花草的贴图效果等，作用很大。在3ds Max中，可以通过"材质编辑器"中的"不透明度"数值来进行透明材质的制作，如图4-3-8所示，将一个默认的材质球赋予到场景中的一个茶壶模型中。

如图4-3-9找到Standard材质，把它转化成光线跟踪材质。

对光线跟踪材质的基本参数进行设置，如图4-3-10所示。

渲染出图，如图4-3-11所示。

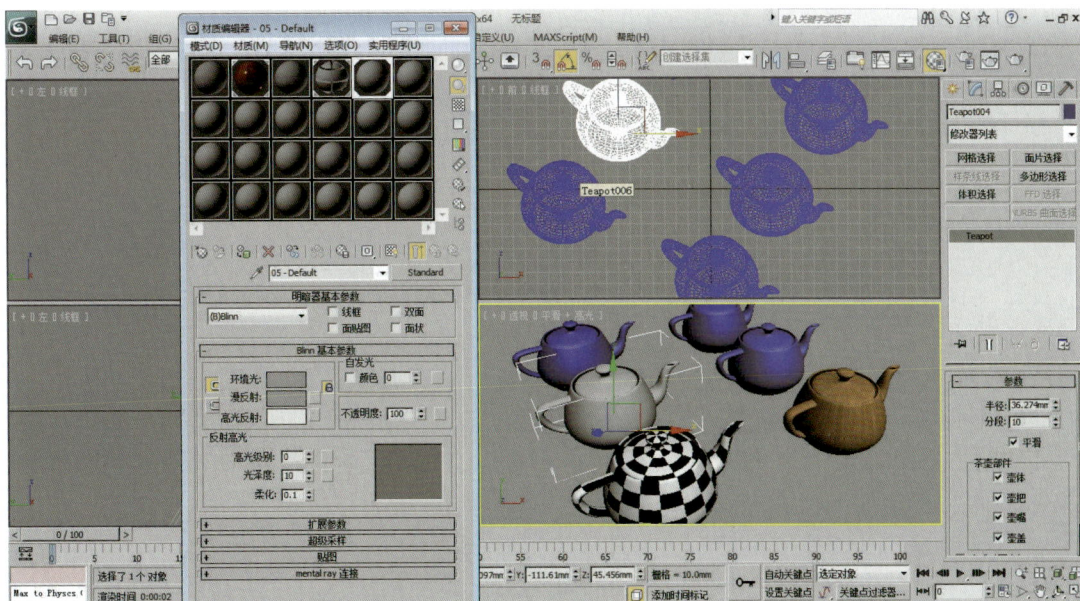

图 4-3-8

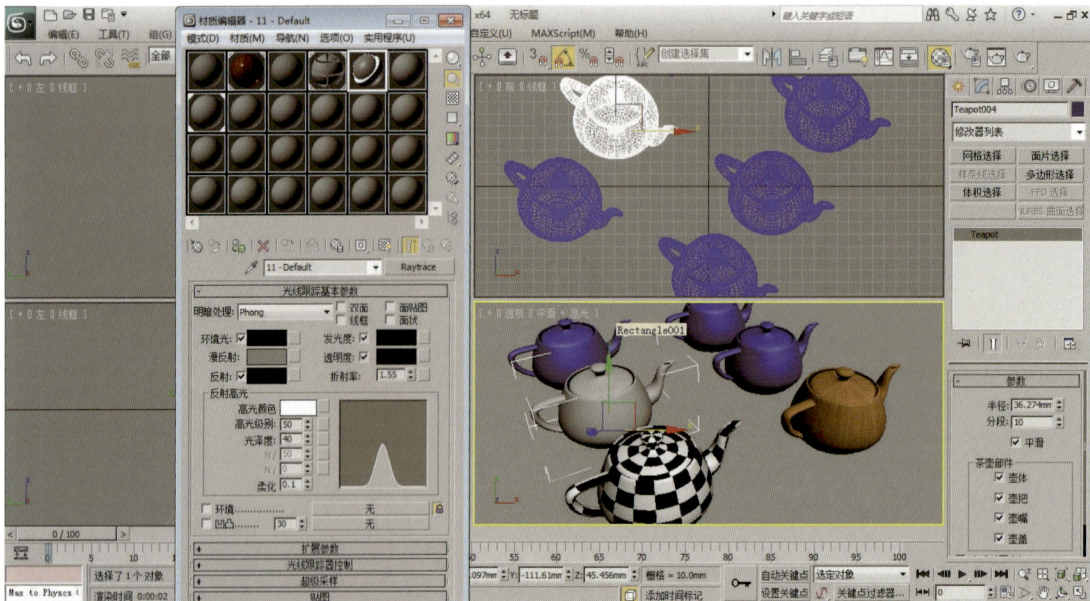

图 4-3-9

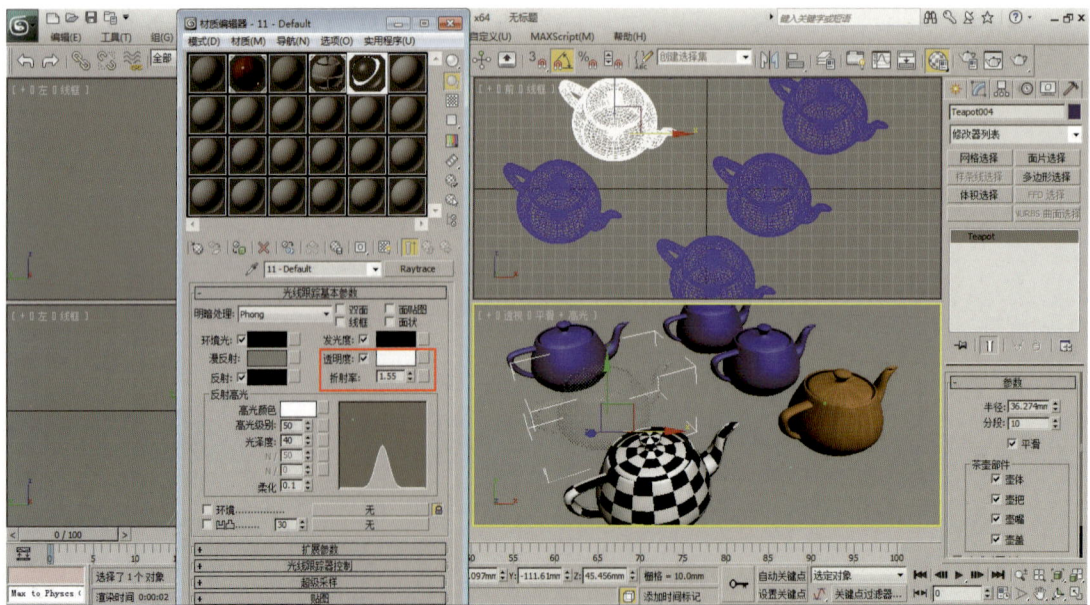

图 4-3-10

图 4-3-11

（4）金属材质的调制

同上，如图4-3-12所示，将一个默认的材质球赋予到场景中的一个茶壶模型中。

反射调为100，增加光线跟踪，光线跟踪参数保持默认。其余参数设置如图4-3-13所示。

渲染出图，如图4-3-14所示。

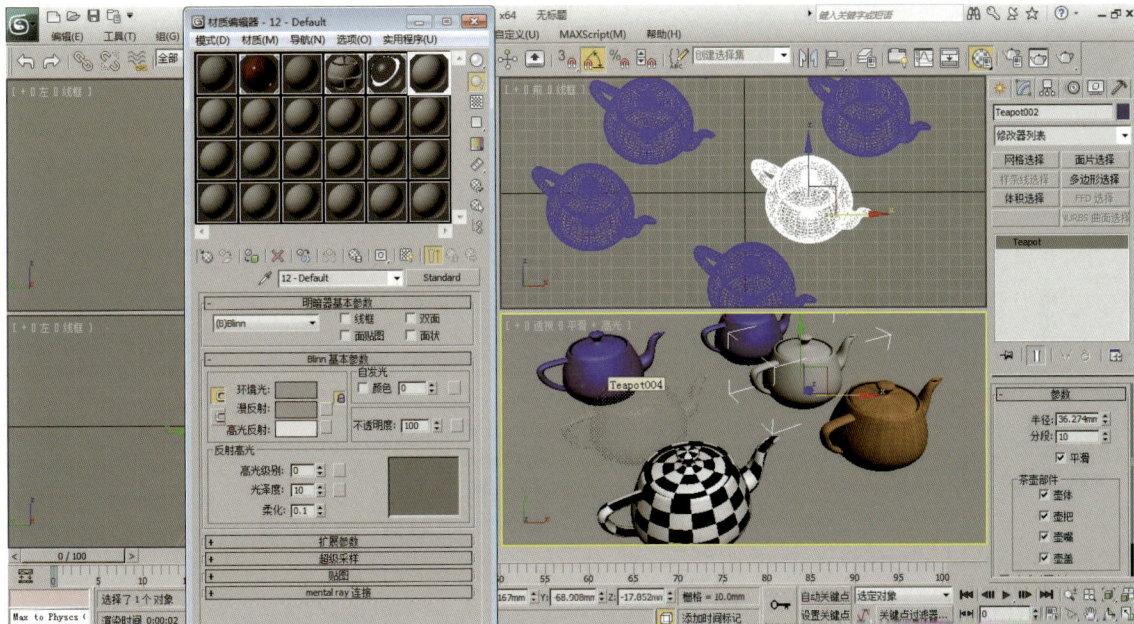

图 4-3-12

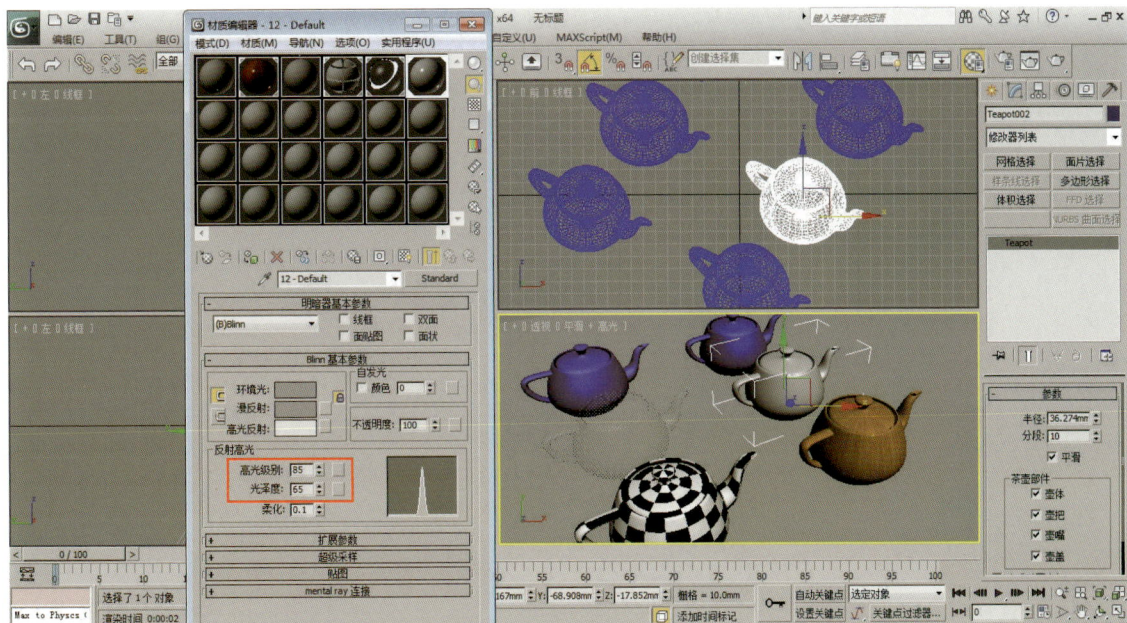

图 4-3-13

图 4-3-14

（5）大理石与马赛克的调制

所涉及的方法同上面一样，首先将一个默认的材质球赋予到场景中的一个茶壶模型中。然后再漫反射给它们大理石和马赛克的贴图（贴图随意选择），并调节相应的高光级别与光泽度参数，如图4-3-15、图4-3-16所示。

渲染出图，如图4-3-17所示。

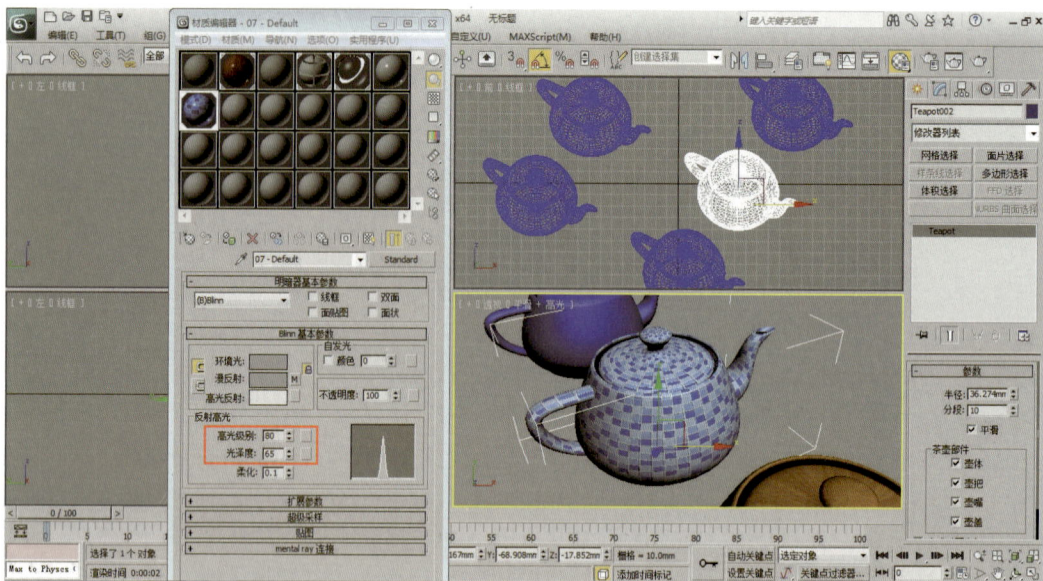

图 4-3-15

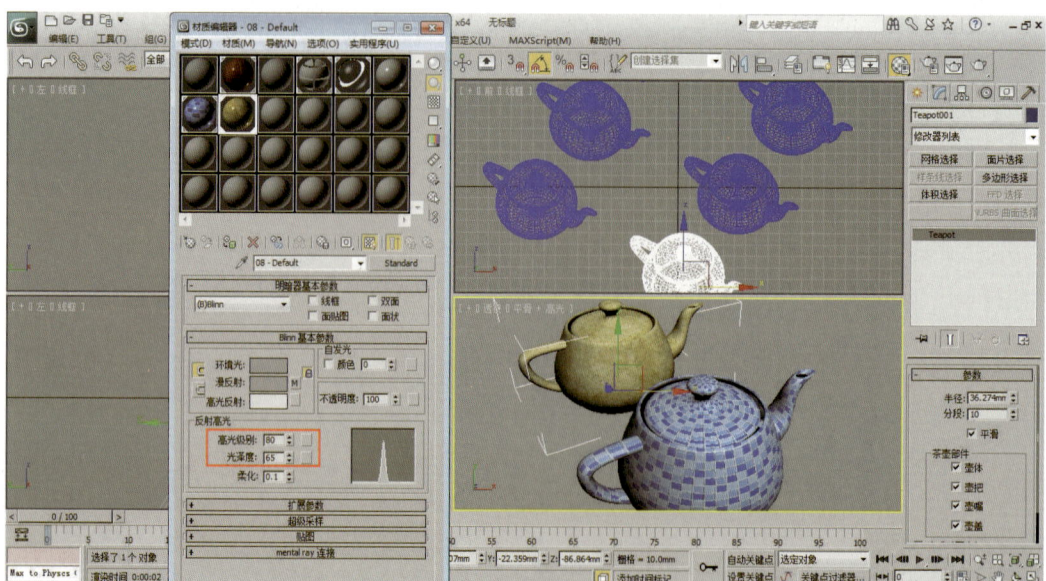

图 4-3-16

图 4-3-17

4.3.2 V-Ray 材质的调制

　　上面我们已经对默认材质的调制做了详细地讲解，但是在3ds Max中我们用得最多的还是V-Ray材质。接下来我们就几种常用的V-Ray材质进行讲解。V-Ray材质的调制相对于默认材质的调制来讲要容易一些，但是效果则更加逼真、真实。同样，先在视口中创建几个茶壶模型，如图4-3-18所示。

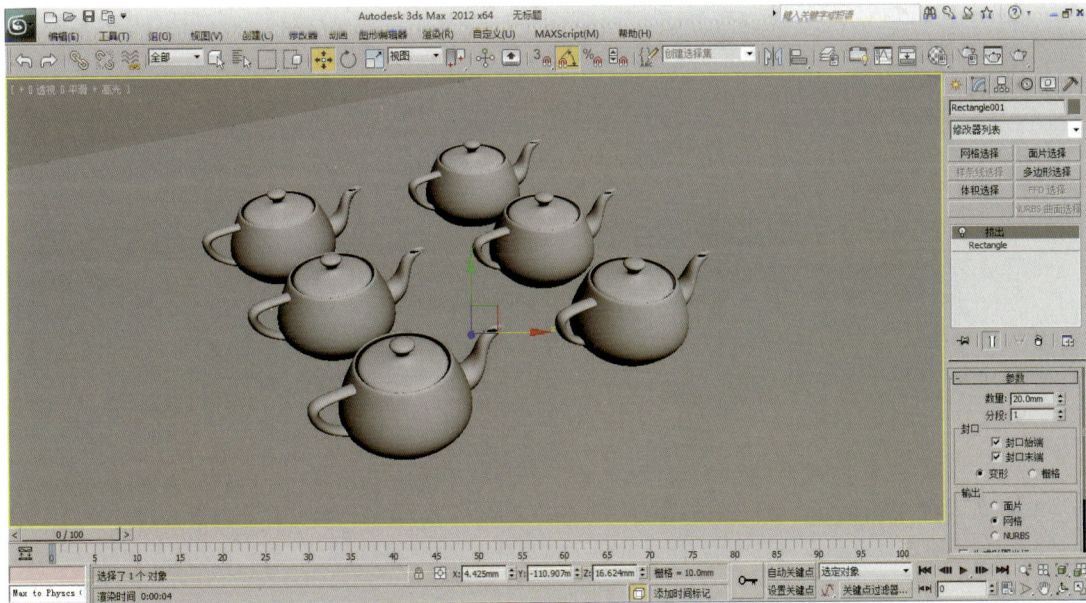

图 4-3-18

（1）乳胶漆的调制

　　首先将一个默认的材质球赋予到场景中的一个茶壶模型中。点击材质面板，将标准材质转化为V-Ray材质，然后设置参数。漫射颜色的RGB值为225、225、225，反射的RGB值为3、3、3，如图4-3-19所示。

　　这样乳胶漆就完成了，渲染出图，如图4-3-20所示。

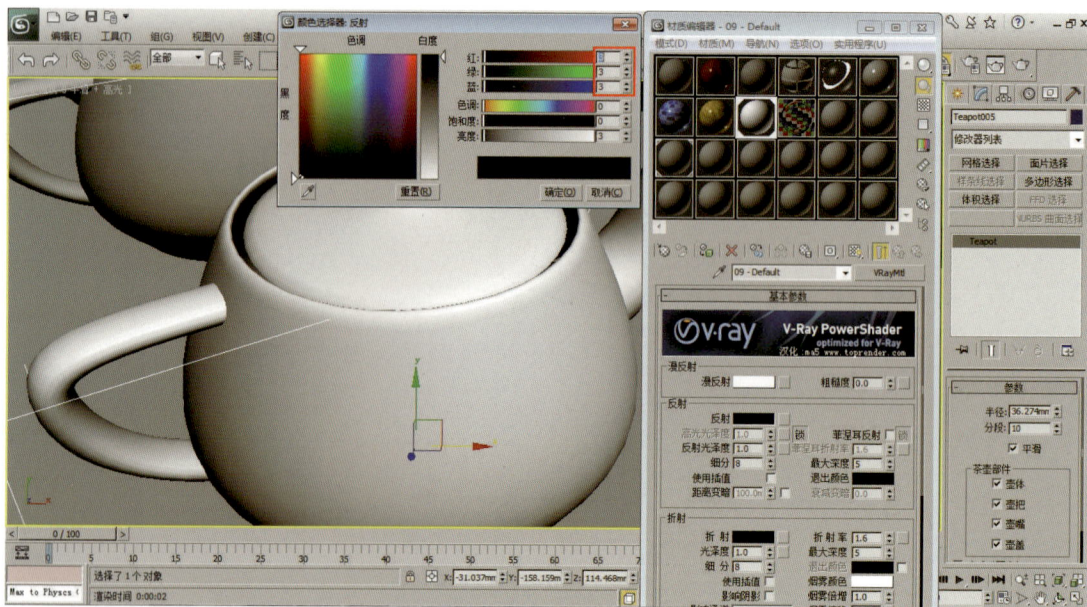

图 4-3-19

图 4-3-20

（2）不锈钢的调制

方法同上，只是设置的参数有所区别。调制不锈钢漫射颜色的RGB值为0、0、0，反射的RGB值为225、225、225，如图4-3-21所示。

渲染出图，如图4-3-22所示。

（3）清玻璃的调制

同上，漫射不用改变，反射的RGB值为225、225、225，折射的RGB值也是225、225、225，这里还涉及到了折射率，玻璃的折射率在1.5到2之间。这里设置为1.5即可，菲涅耳反射勾选，如图4-3-23所示。

渲染出图，如图4-3-24所示。

图 4-3-21

图 4-3-22

图 4-3-24

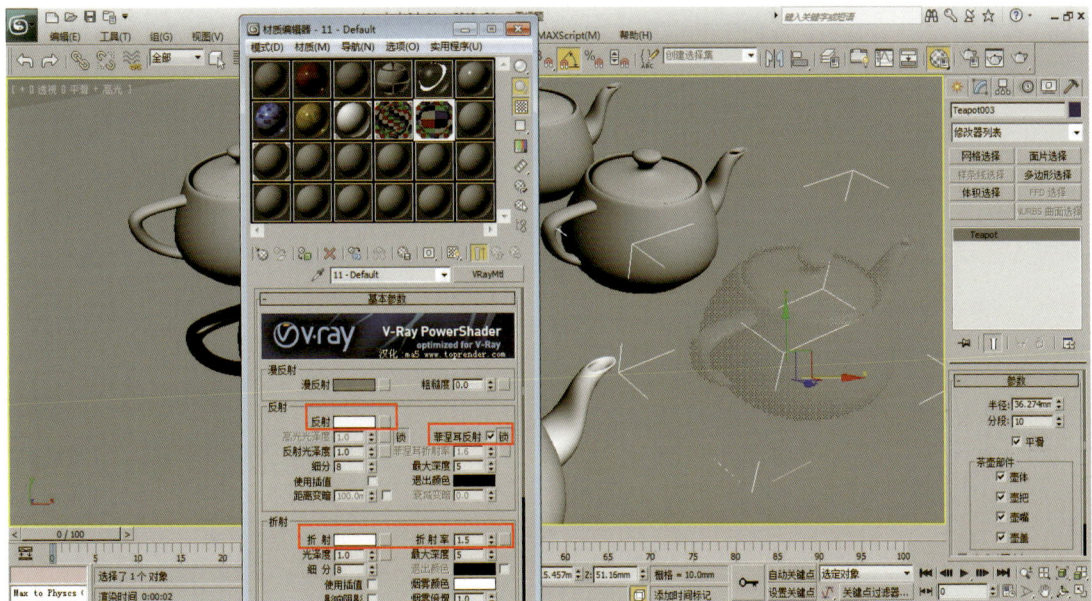

图 4-3-23

（4）陶瓷材质的调制

陶瓷材质漫射RGB值为225、225、225，反射RGB值为225、225、225，菲涅耳反射勾选即可，如图4-3-25所示。渲染出图，如图4-3-26所示。

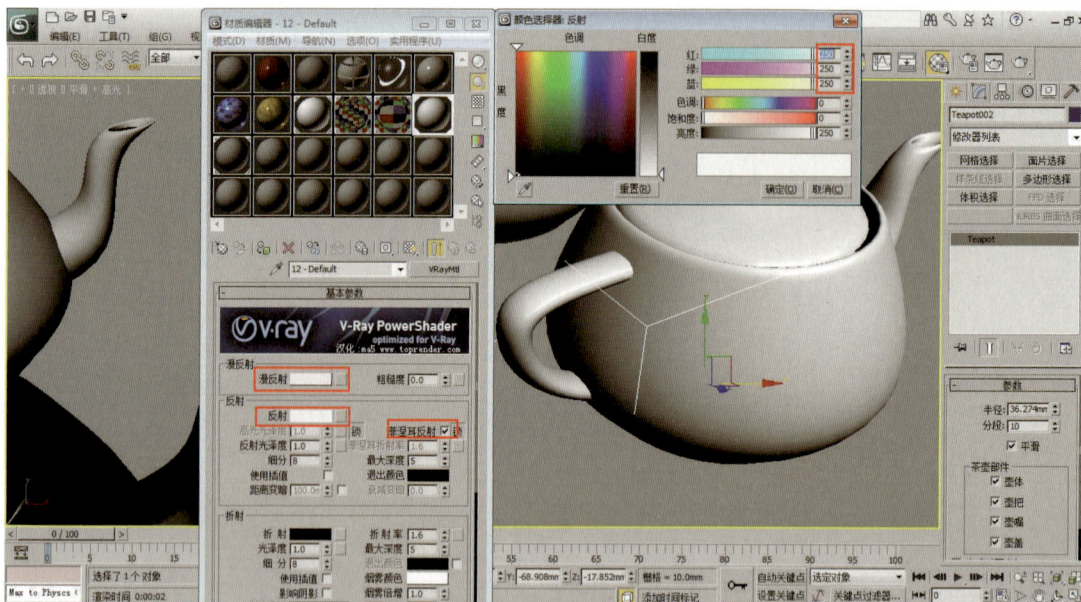

图 4-3-25

图 4-3-26

4.4 材质的基本 UV 调整

材质被赋予之后，经常会出现变形的情况，UVW贴图可以解决基本的变形状况。在视口中创建几个基本几何体，如图4-4-1所示。这是最常见的几何体，在效果图中常常被用于与其结构类似的形体。

选择一张地球贴图赋予其所有的材质，如图4-4-2所示。这样基本的贴图就完成了，只是不能随意地修改，并且有拉扯与变形的状况。

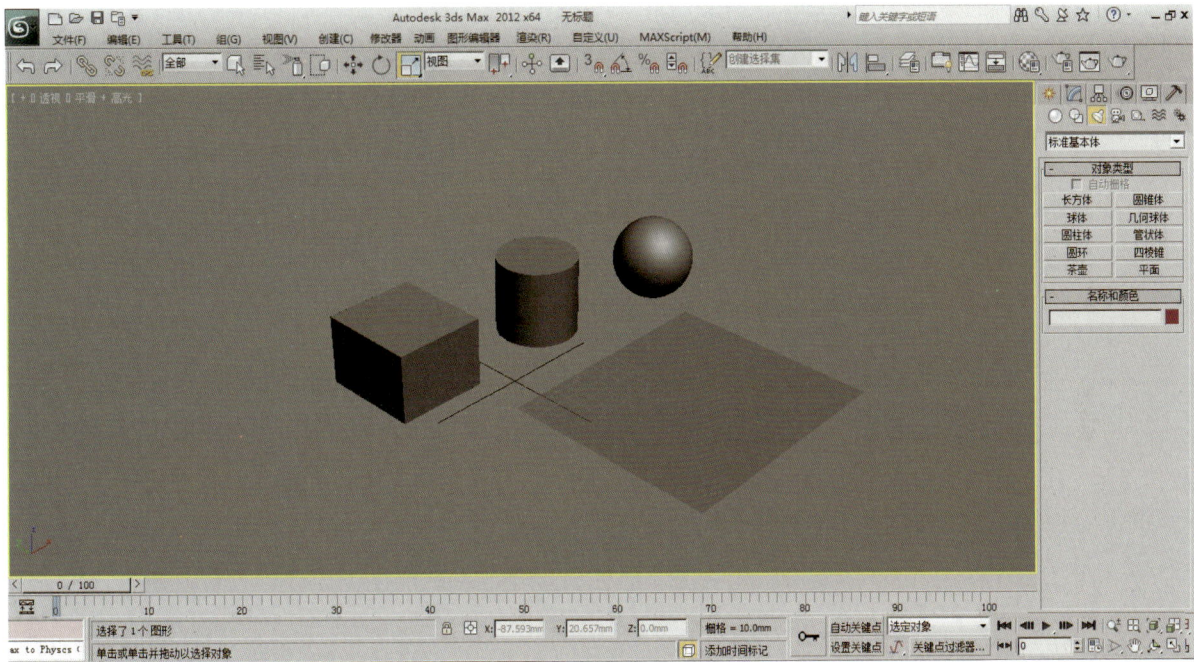

图 4-4-1

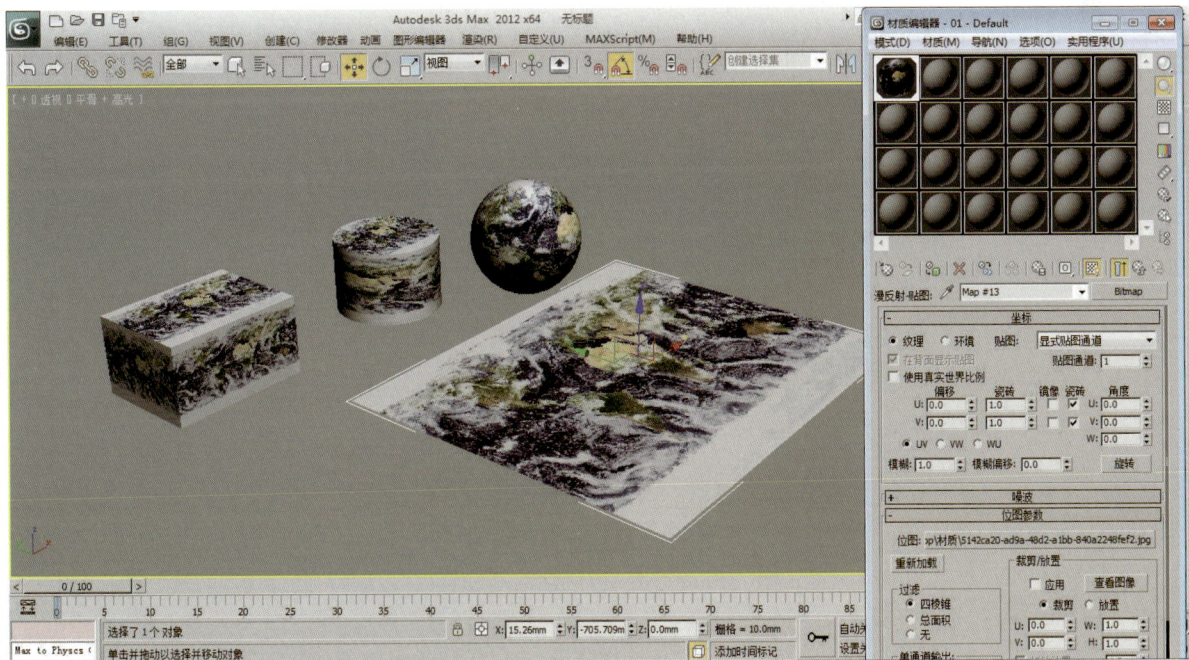

图 4-4-2

给长方体一个UVW贴图修改器，如图4-4-3所示。

在修改器的贴图选项有各种形状，如图4-4-4所示。

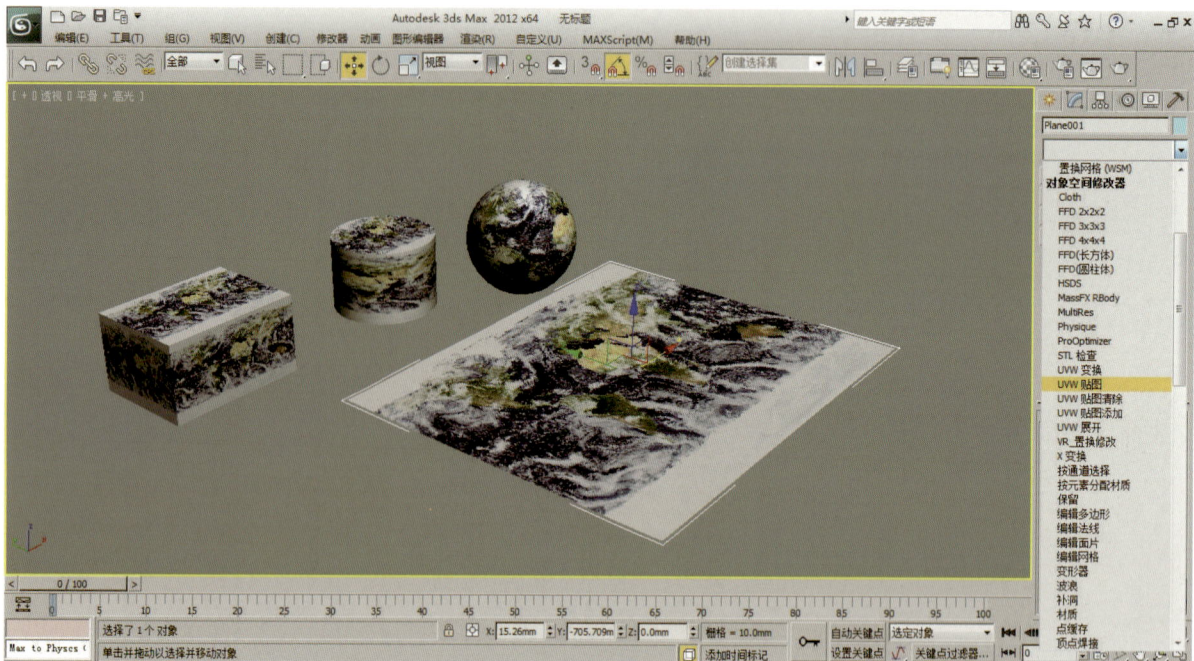

图 4-4-3

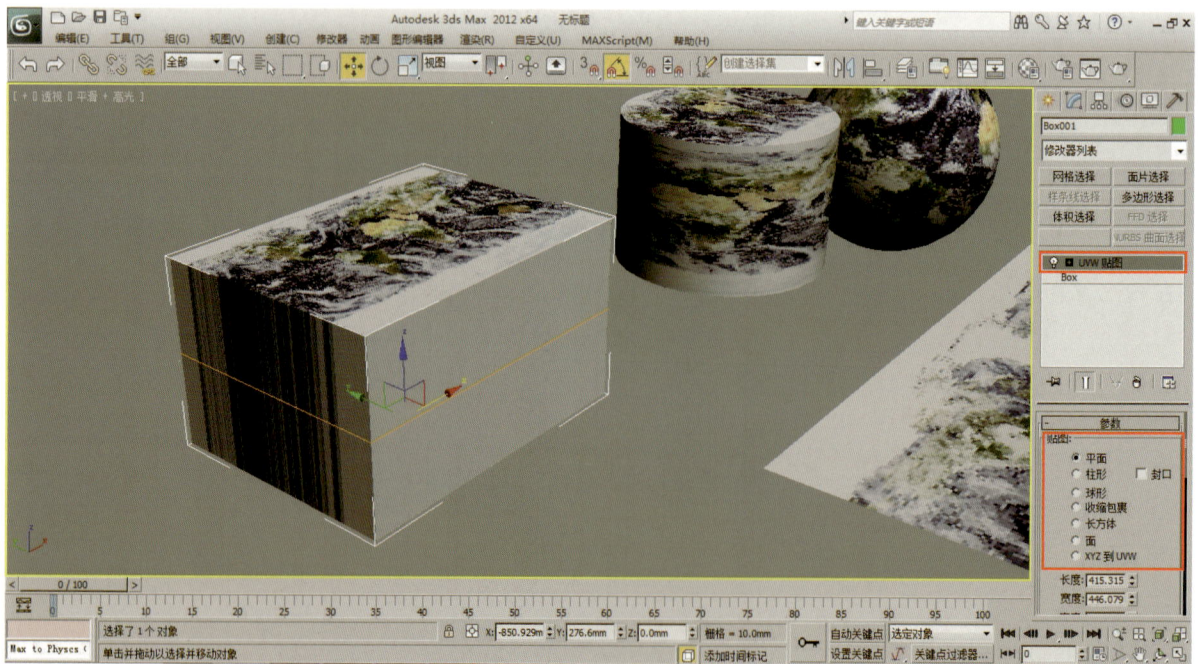

图 4-4-4

选择长方体选项，如图4-4-5所示，贴图恢复正常。

同理，球体选择球形，如图4-4-6所示。

圆柱体选择柱形，并且封口，如图4-4-7所示。

平面选择平面修改器，此时所有物体的贴图大小是可以修改的，如图4-4-8所示。

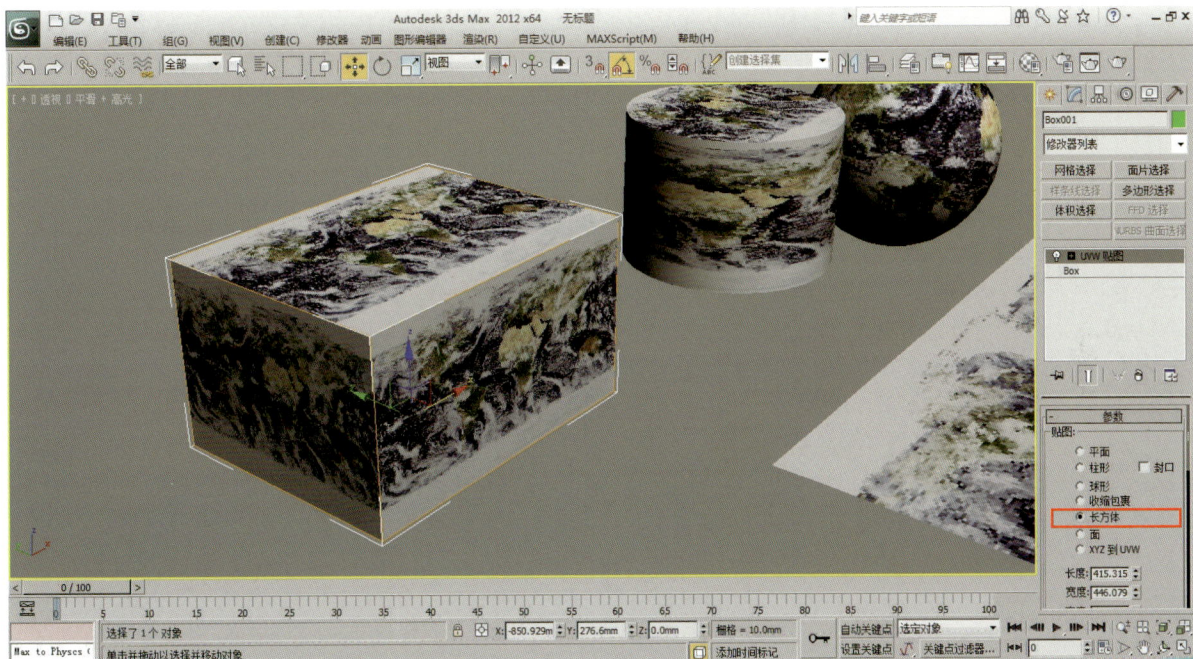

图 4-4-5

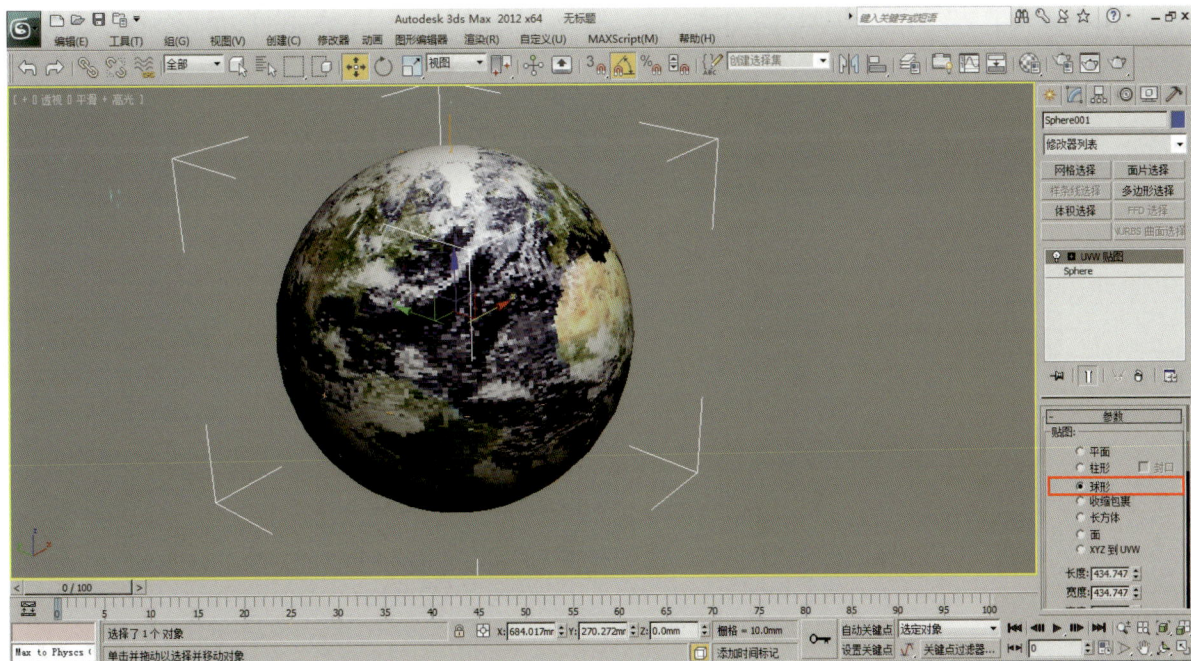

图 4-4-6

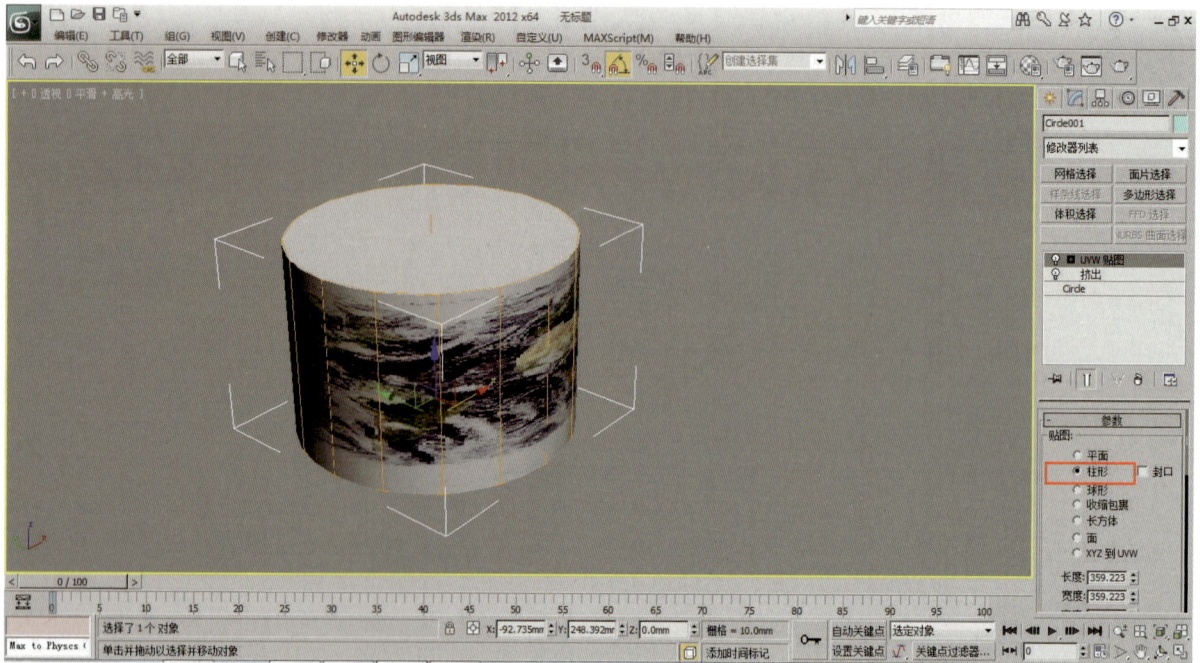

图 4-4-7

图 4-4-8

思考与练习

1. V-Ray材质中水、冰块、水晶的调制方法中最大的区别在哪儿?

2. 表面贴图纹理错乱该使用哪些命令调整?

第5章 V-Ray 渲染设置技术解析

前面几章我们已经对3ds Max的界面、创建方法、灯光、材质做了非常详细的讲解。如果把界面和模型比作是一个人，灯光比作她戴的装饰品，材质则是她的衣服，那么最后她即将华丽的出场。所以本章要讲的就是V-Ray渲染器的认识与设置方法。没有它的出现，即使前面做得再好，那也只是出现一个很平庸的人。从某种意义上来说，V-Ray渲染器关系到作品的成败。

5.1 V-Ray 渲染器面板的初识

3ds Max分为默认扫描线渲染器和V-Ray渲染器两种。我们经常用到的就是V-Ray渲染器。调出V-Ray渲染器的方法是按键盘上的【F10】键或者工具栏中的 按钮，调出【渲染场景】设置面板，在【公用】选项卡中单击【指定渲染器】卷展栏中【产品级】后面的空白按钮，在弹出的对话框中选择V-Ray渲染器并单击确定，如图5-1-1所示。

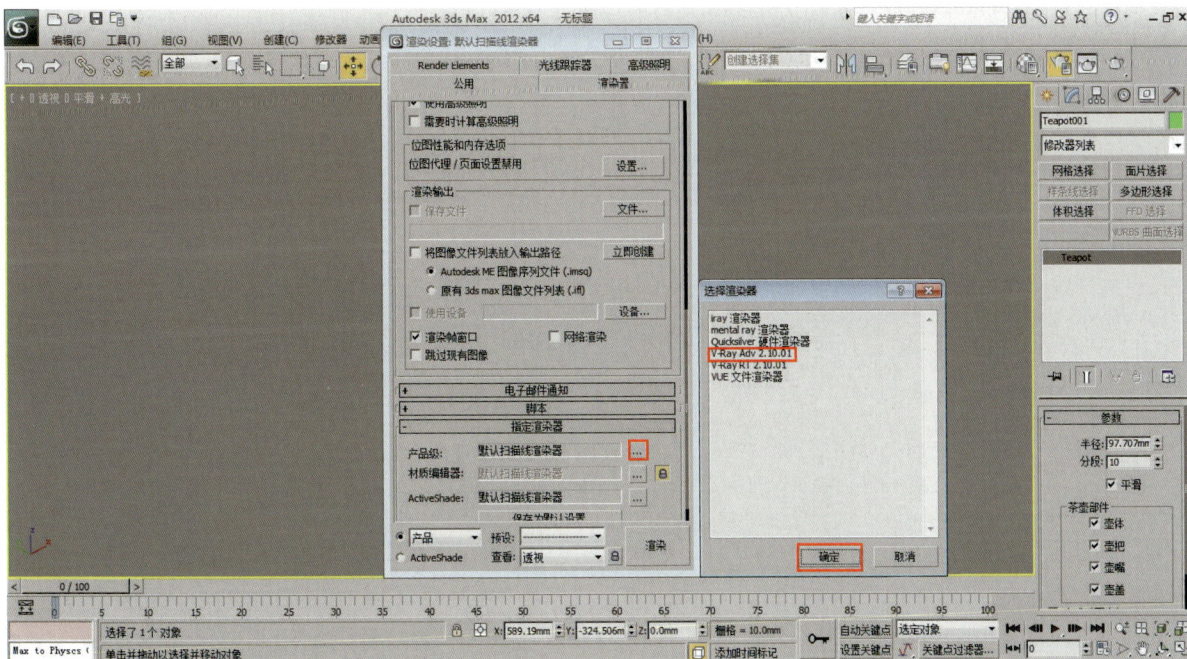

图 5-1-1

设置完以后就会弹出V-Ray渲染器，现在就来认识一下它，首先是V-Ray渲染器的公用面板，如图5-1-2所示。
单击左键点击VR_基项，弹出V-Ray渲染器设置面板，如图5-1-3所示。
到这一步我们基本已经知道V-Ray渲染器设置面板是怎么使用的了，那么我们就要进入下一节的学习。

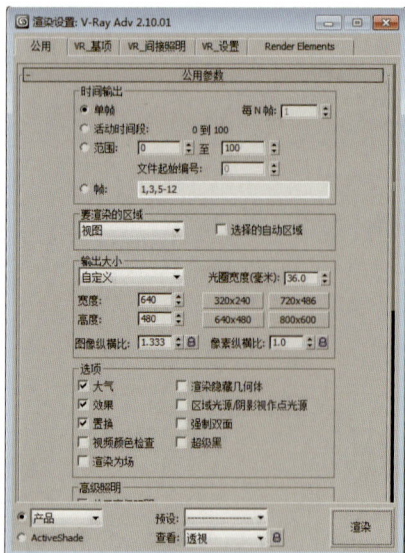

图 5-1-2

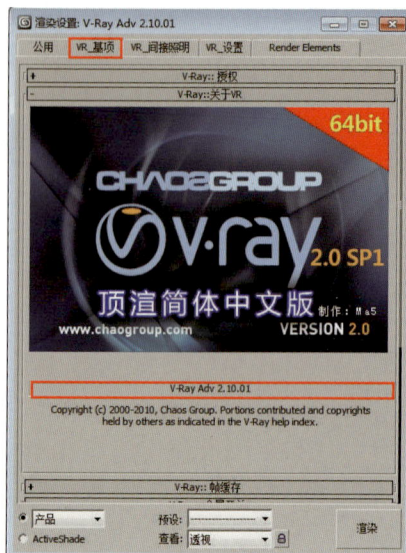

图 5-1-3

5.2 V-Ray 渲染器基本参数设置

前面我们已经初步地了解了V-Ray渲染器的设置面板，本章就来讲一讲V-Ray测试渲染的设置和V-Ray成图渲染参数的设置。

5.2.1 渲染测试阶段

在作图的过程中，我们不可能每次查看效果都渲染最终效果图，这既浪费时间也没必要。因而测试阶段参数的设置十分重要。那么该如何设置呢？首先按【F10】键，进入V-Ray渲染器的设置面板，然后设置渲染图片的大小，如图5-2-1所示。

进入【间接照明】设置修改面板，如图5-2-2所示。

间接照明设置完后进入【发光贴图】设置面板，设置参数如图5-2-3所示。

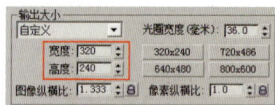

图 5-2-1

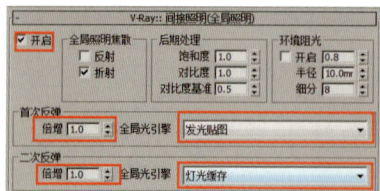

图 5-2-2

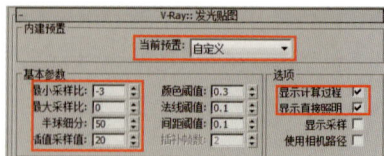

图 5-2-3

设置【灯光缓冲】卷展栏的参数，如图5-2-4所示。

对【全局开关】也要进行设置，如图5-2-5所示。

然后进入V-Ray【图像采样（反锯齿）】卷展栏的参数设置，如图5-2-6所示。

在室内灯光不充足的情况下可以设置【环境】卷展栏的参数来调节室内的亮度，如图5-2-7所示。

【颜色映射】在渲染中的作用也是十分重要的，参数设置如图5-2-8所示。

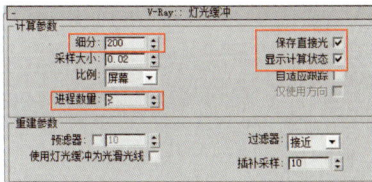
图 5-2-4

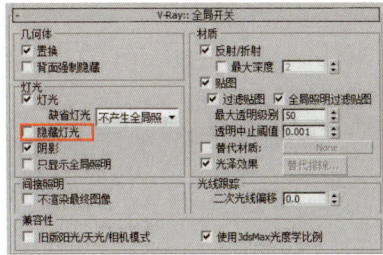
图 5-2-5

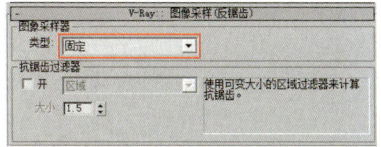
图 5-2-6

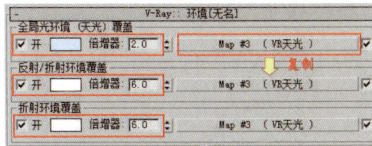
图 5-2-7

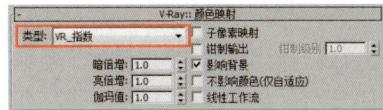
图 5-2-8

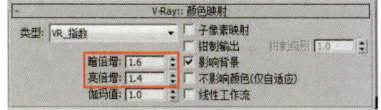
图 5-2-9

　　最后我们将以实例渲染的方式展现给大家看，在所有的参数都设置完成了以后，如果发现场景过暗或过亮，可以根据需要再对颜色映射进行一次参数的调整，参数如图5-2-9所示。

　　渲染出图，如图5-2-10所示。

　　测试渲染图片如图5-2-10所示，观察渲染好的图片，发现其光感质感都已经基本达到要求，只是质量非常低。这是因为在测试阶段所有参数都降低了，下面将讲解如何调高参数，渲染出高品质的效果图，这也是出图的最后关键。要渲染出高品质的效果图，只需要调节渲染图大小参数、发光贴图卷展栏的参数、灯光缓冲卷展栏的参数、图像采样（反锯齿）卷展栏的参数即可。

　　渲染图大小参数如图5-2-11所示。

　　接下来就发光贴图卷展栏的参数进行调整，如图5-2-12所示。

图 5-2-10

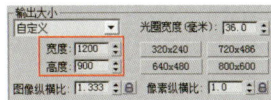
图 5-2-11

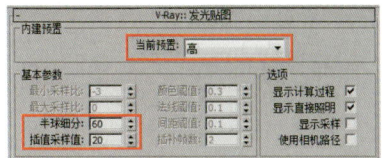
图 5-2-12

　　再是灯光缓冲卷展栏的参数调整，如图5-2-13所示。

　　最后是图像采样器（反锯齿）卷展栏的参数调整，如图5-2-14所示。

　　渲染出图阶段的参数已经设置完毕，有些参数与测试阶段的渲染参数是相同的，就不再重复说明了。

　　最终的渲染效果如图5-2-15所示。

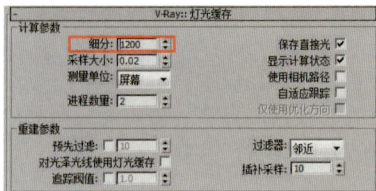

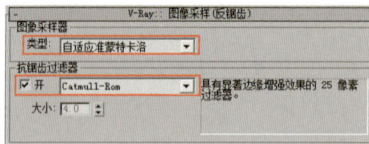

图 5-2-13   图 5-2-14   图 5-2-15

思考与练习

1. 家装效果图表现中V-Ray渲染器面板的卷展栏有多少个，主要修改哪几个？

2. 举例说明V-Ray渲染器中不改变灯光强度调整场景变亮变暗的方法。

第6章 简单空间效果图表现流程举例

通过前面章节对3ds Max界面、工具栏、基本模型的制作、材质与灯光以及渲染器设置的讲解，我们对3ds Max的认识已经有了全面的提升，为了能更直观地了解3ds Max简单空间建模的基本流程，本章将以实例的方式展示出来。

6.1 墙体的制作

本实例要制作一个简单的室内空间，尺寸长为8000mm，宽为6000mm，高为3000mm。因为本章要讲的只是一个空间效果图表现流程，所以我们不会做得十分复杂。我们只做两个茶壶模型，让它们充当场景中的家具。下面将详细地讲解该场景的建模、材质、光照的布局，V-Ray渲染器参数的设置等。

首先要制作空间的框架，该框架使用的是单面建模，该建模方式在渲染中可以避免阴影漏光现象的发生，还可以在一定程度上提高渲染的速度，下面就进行墙体的制作。

第一步必须进行单位设置。执行"自定义"选项栏中的"单位设置"对话框，设置单位为毫米。单击"系统单位设置"按钮，在弹出的"系统单位设置"设置单位为毫米，如图6-1-1所示。单击"确定"按钮，这样单位设置就完成了。

下面就要进行墙体的建模了，根据尺寸我们应该发现这个空间是一个长方体，那么就要从画矩形出发。在创建面板中单击"几何体"按钮，单击"长方体"按钮，在顶视图中创建一个长方体，如图6-1-2所示。

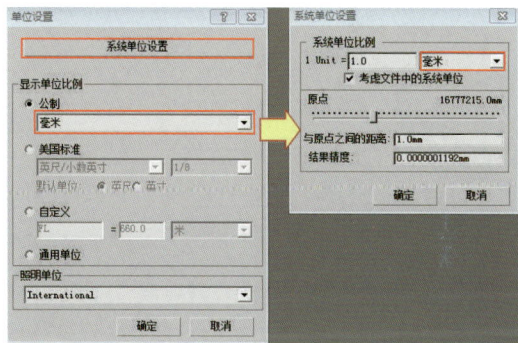

图 6-1-1

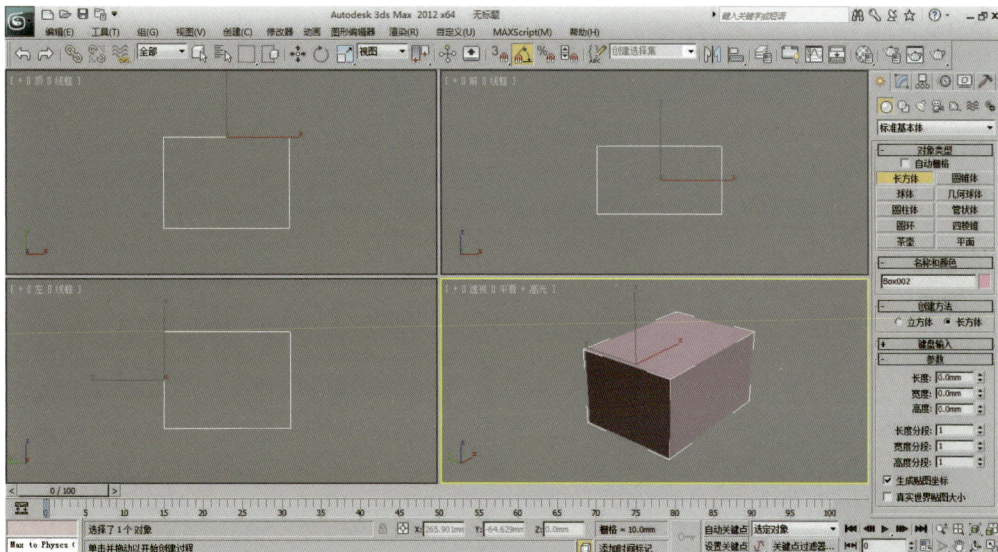

图 6-1-2

画好长方体之后，要对它的尺寸进行一个修改，点击长方体进入修改命令面板，就可以对它的长宽高进行修改了，如图6-1-3所示。

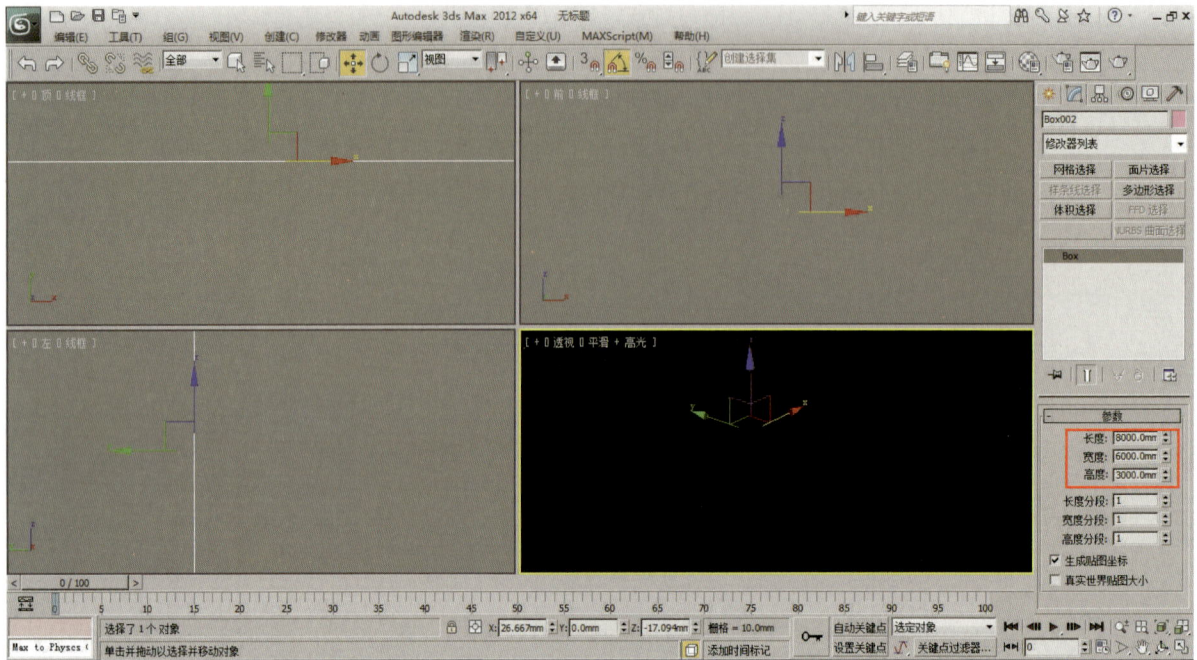

图 6-1-3

尺寸修改完成以后，这时视口中一片漆黑，就要点击界面右下角的所有视图最大化显示按钮，如图6-1-4所示。

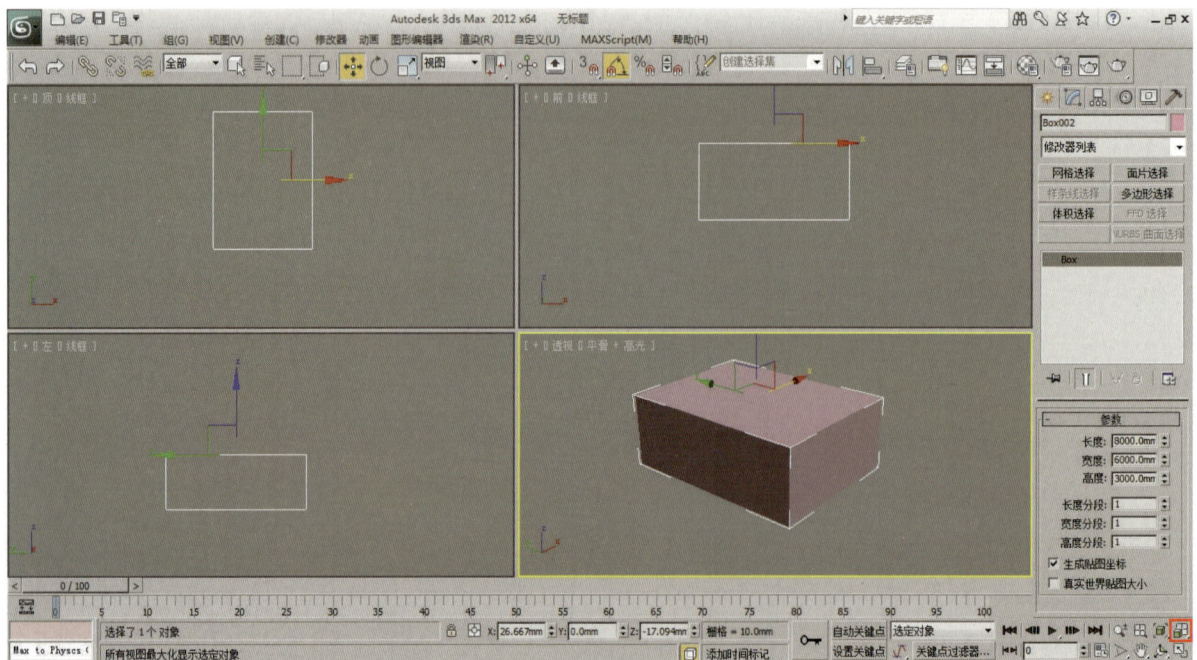

图 6-1-4

接下来选择长方体，在修改命令面板中找到"法线"修改命令，点击法线，如图6-1-5所示。

此时，视口中的长方体模型又变成了一片漆黑，选择长方体单击右键，点击"对象属性"选项，在显示属性中勾选"背面消隐"，点击"确定"，如图6-1-6所示。

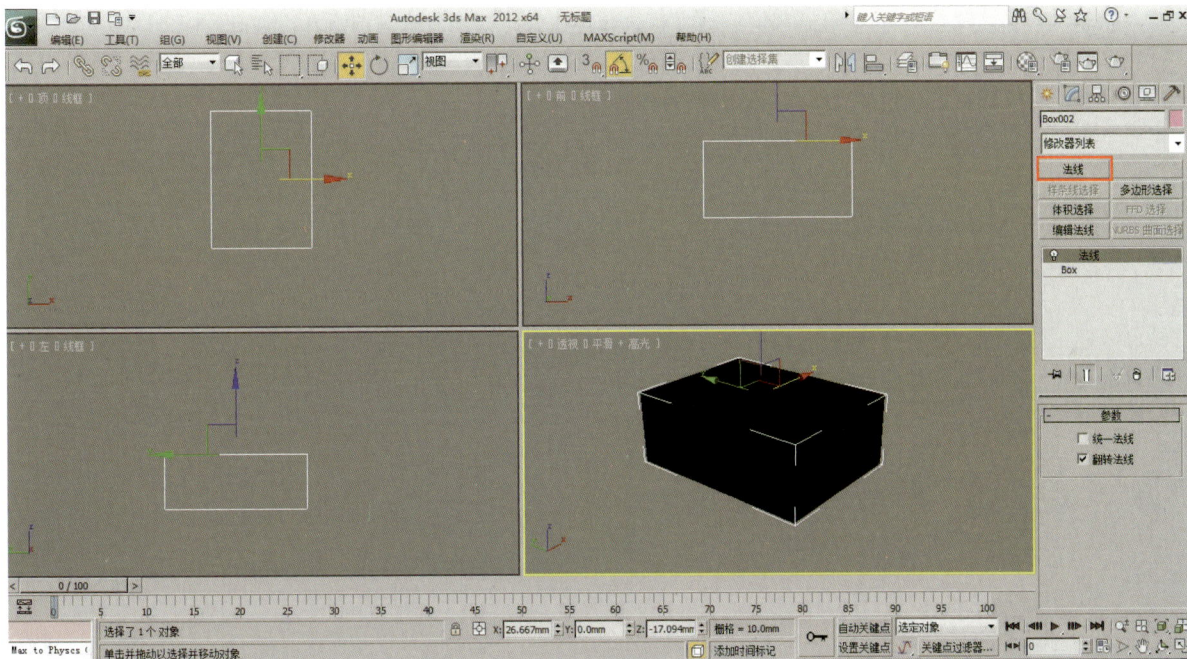

图 6-1-5

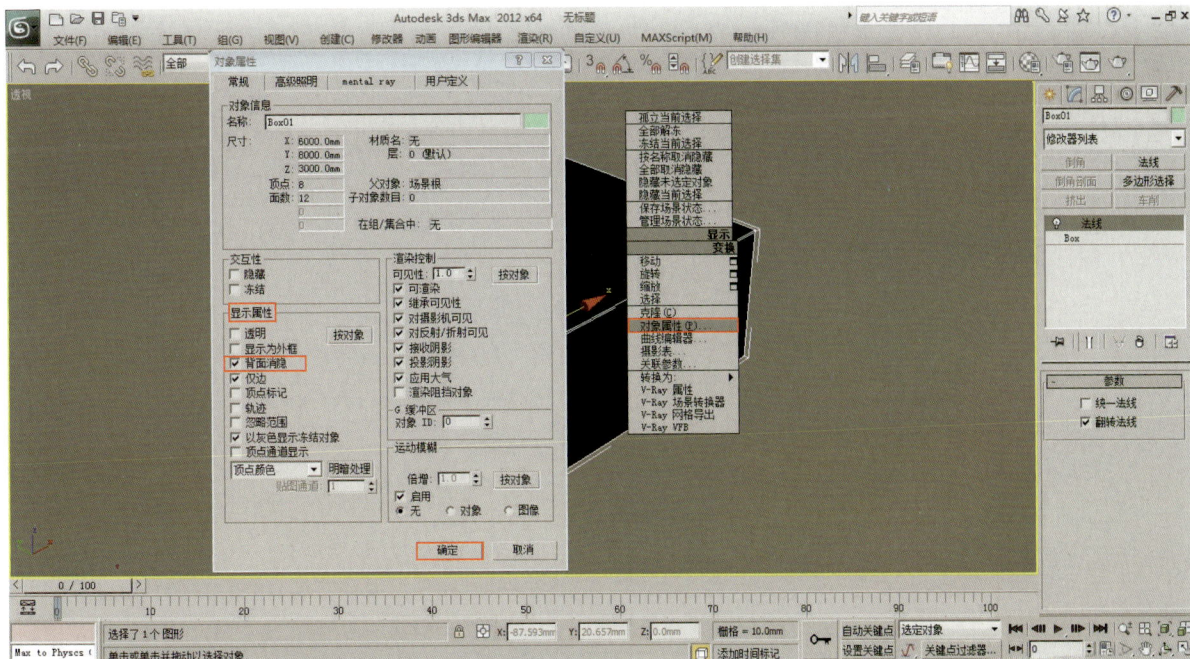

图 6-1-6

勾选"背面消隐"后的效果，如图6-1-7所示。

在透视图最大化显示，单击右键"转换为可编辑网格"，如图6-1-8所示。

转换为可编辑网格后，选择"多边形"按钮，如图6-1-9所示。

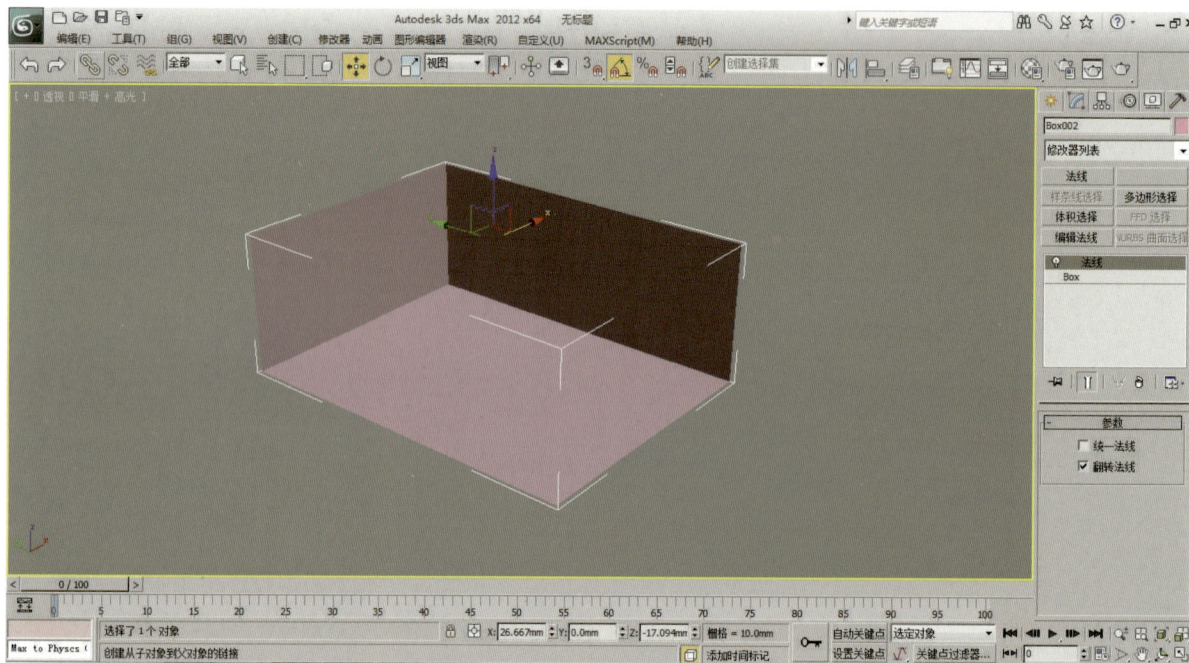

图 6-1-7

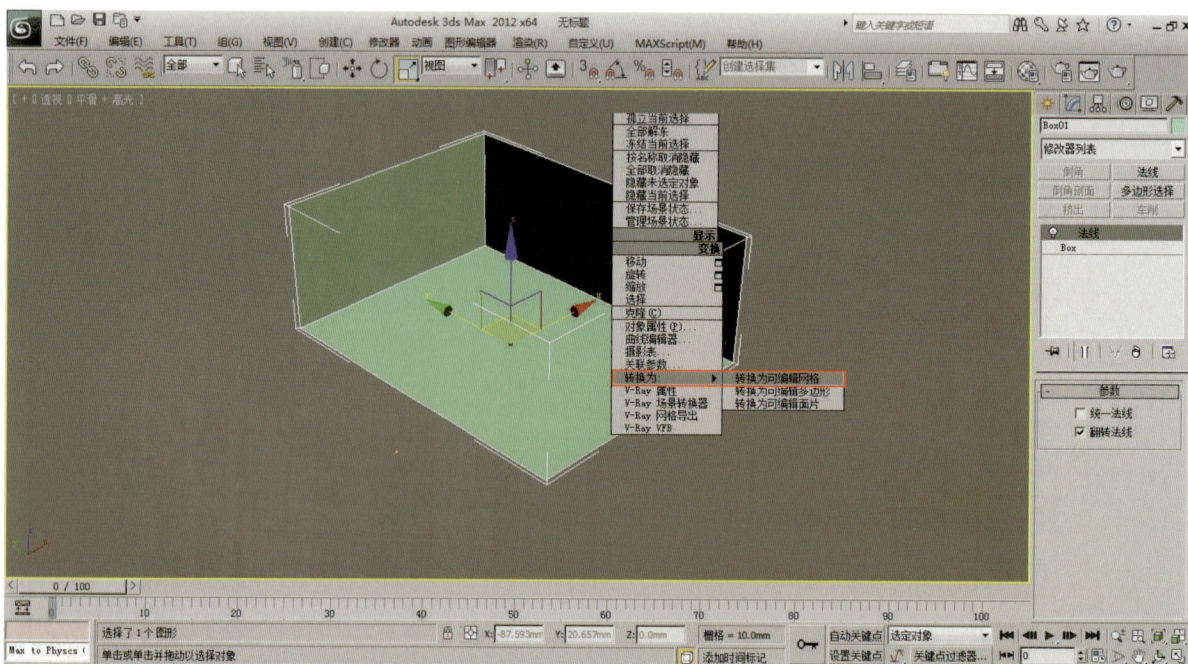

图 6-1-8

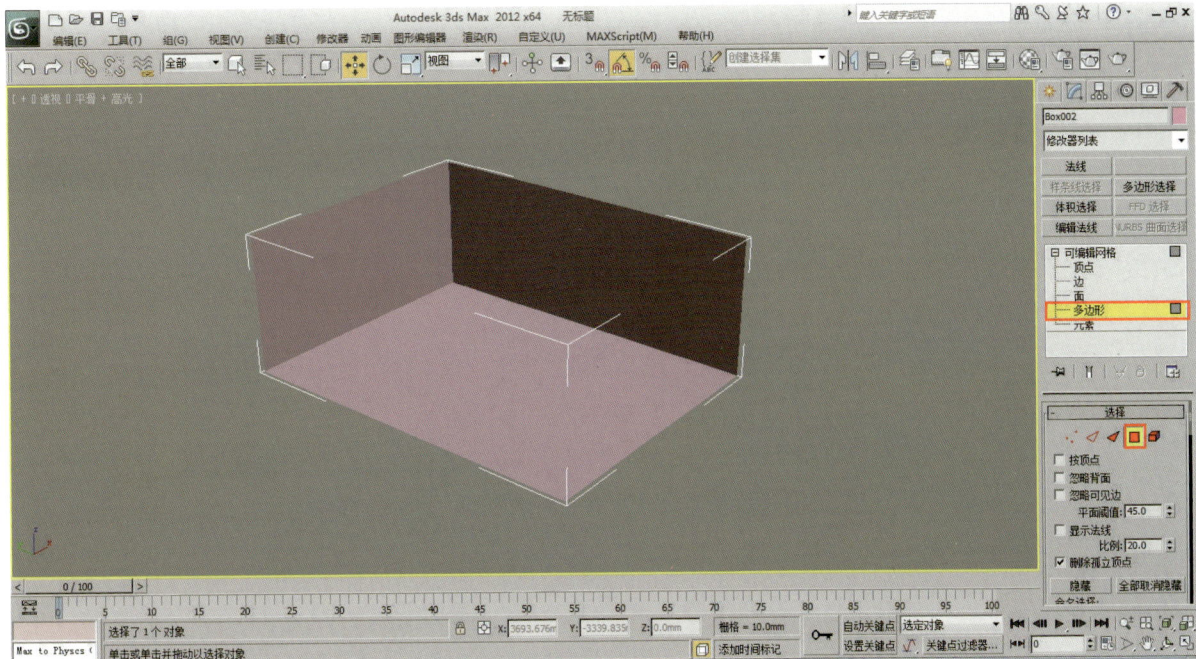

图 6-1-9

在"修改器列表"中选择"多边形"子对象后,在透视图中选中相应的多边形,如图6-1-10所示。

在"编辑几何体"卷展栏中单击"分离"按钮。在弹出的对话框中保持默认设置,对初学者来说,可以将其相应的面命名,如图6-1-11所示。

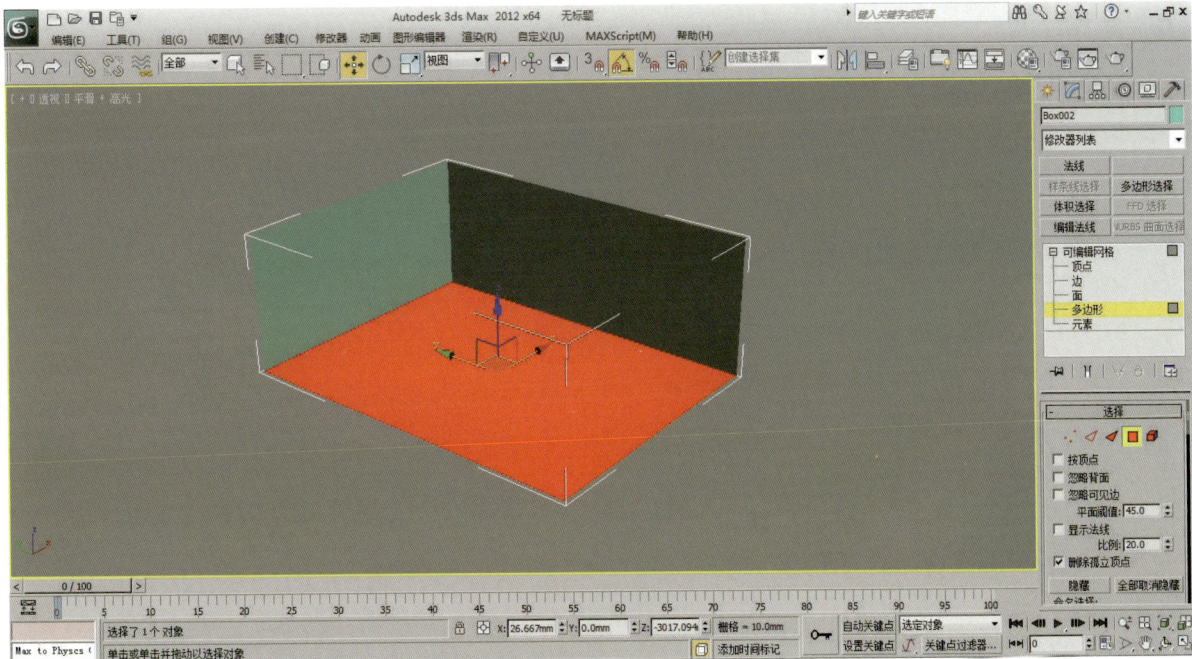

图 6-1-10

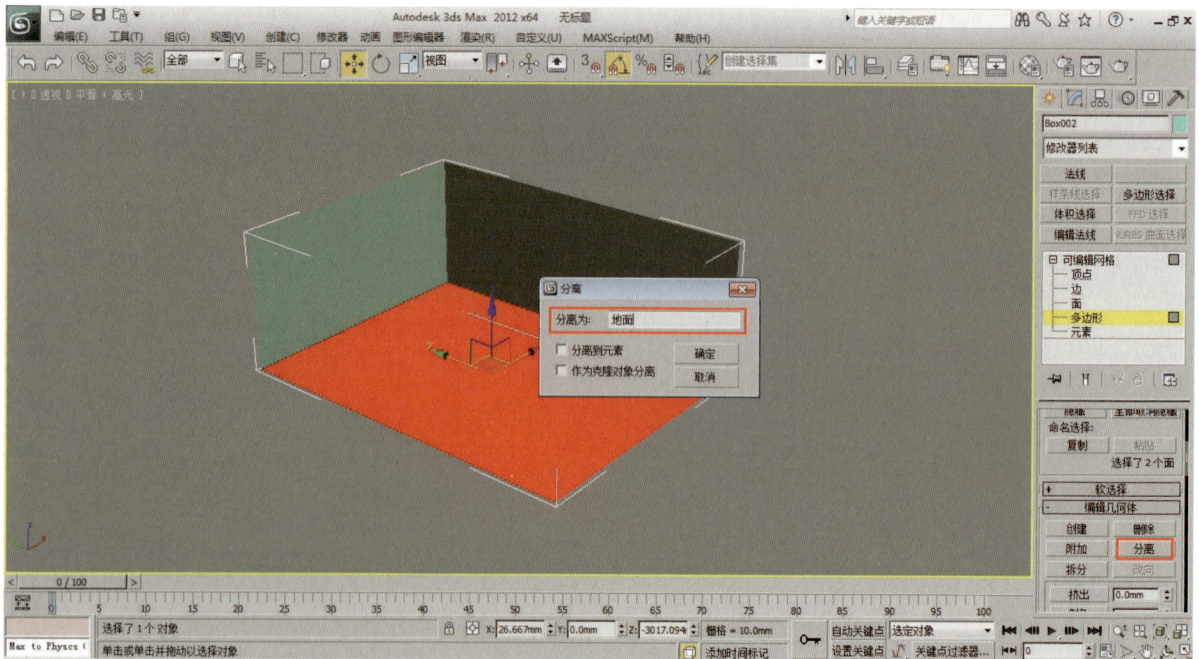

图 6-1-11

　　在透视图中旋转长方体模型，对它的每个面进行分离，这便于后面赋予它相应的材质，如图6-1-12所示。

　　等到所有的面都"分离"完成以后，回到顶视图，创建它的吊顶。在创建面板中选择"图形"命令中的"矩形"命令。打开"捕捉开关"，勾选顶点、端点、中点，如图6-1-13所示。

　　设置好以后，在顶视图创建一个矩形，如图6-1-14所示。

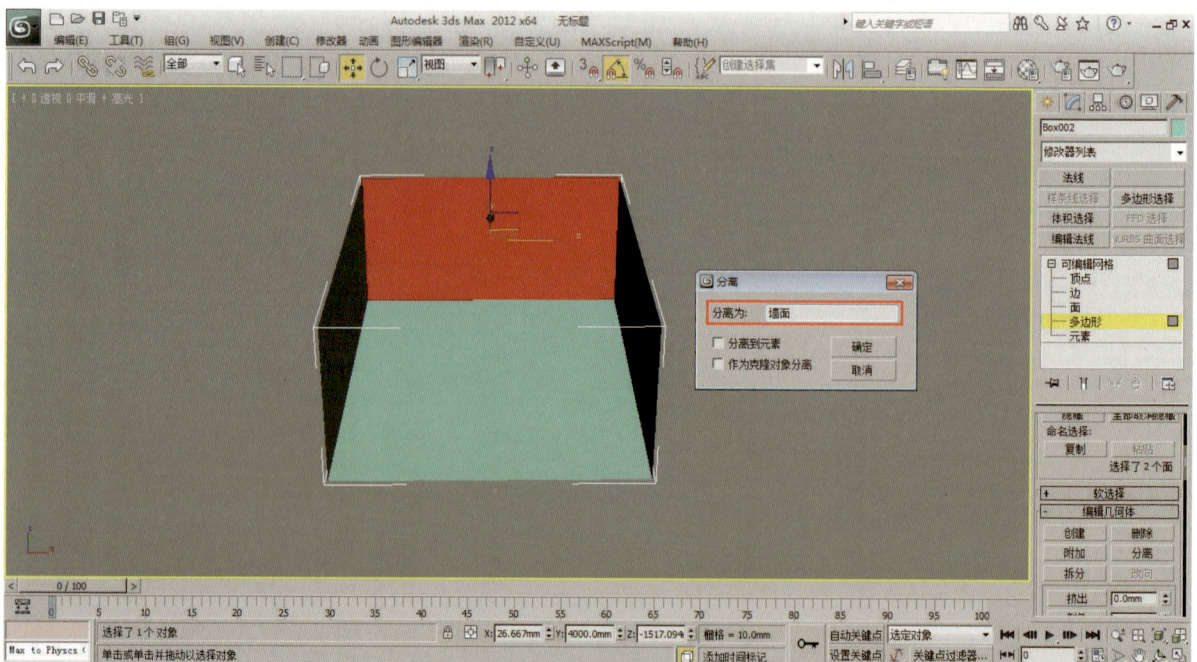

图 6-1-12

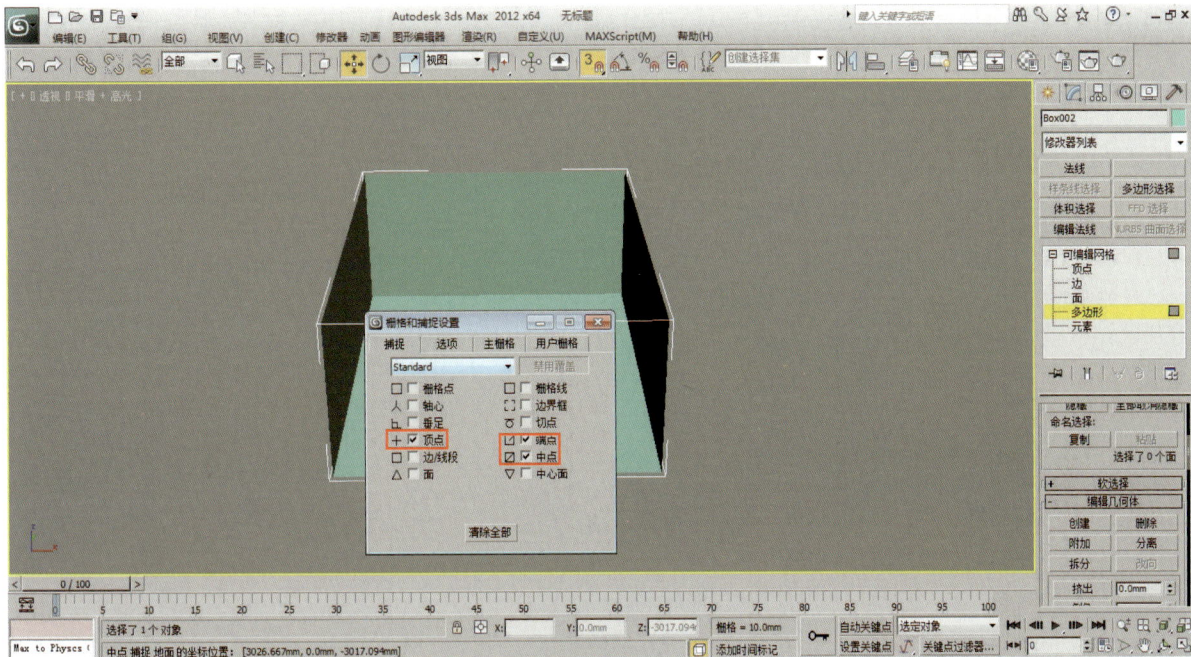

图 6-1-13

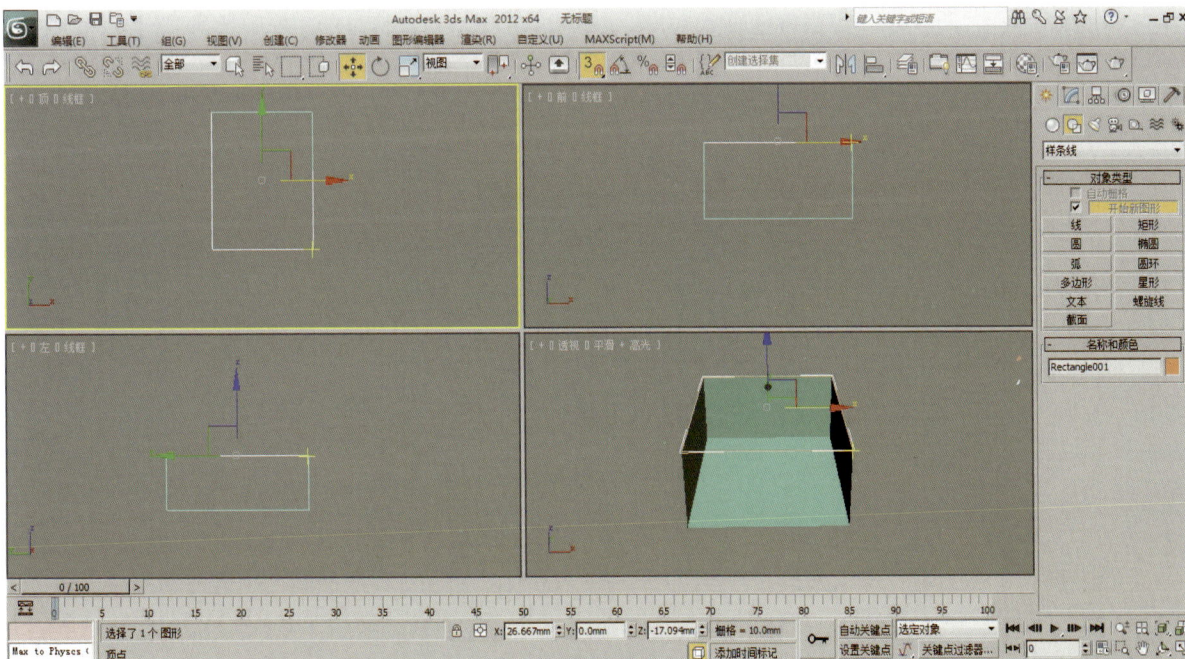

图 6-1-14

接下来，选中矩形，回到修改面板，在Rectangle工具栏中单击右键，转化为可编辑样条线，如图6-1-15所示。

选择样条线层级，给它轮廓值1000，得到轮廓，如图6-1-16所示。

有了轮廓之后，要给予它一定的厚度，选择"挤出"命令，赋值-100，如图6-1-17所示。

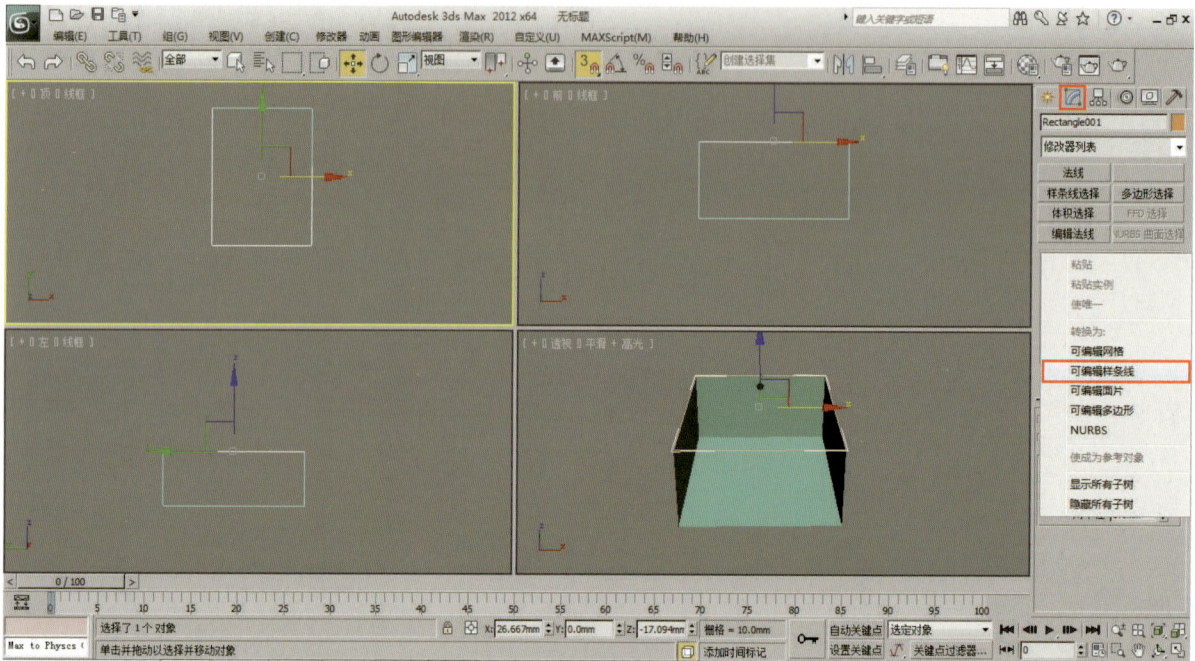

图 6-1-15

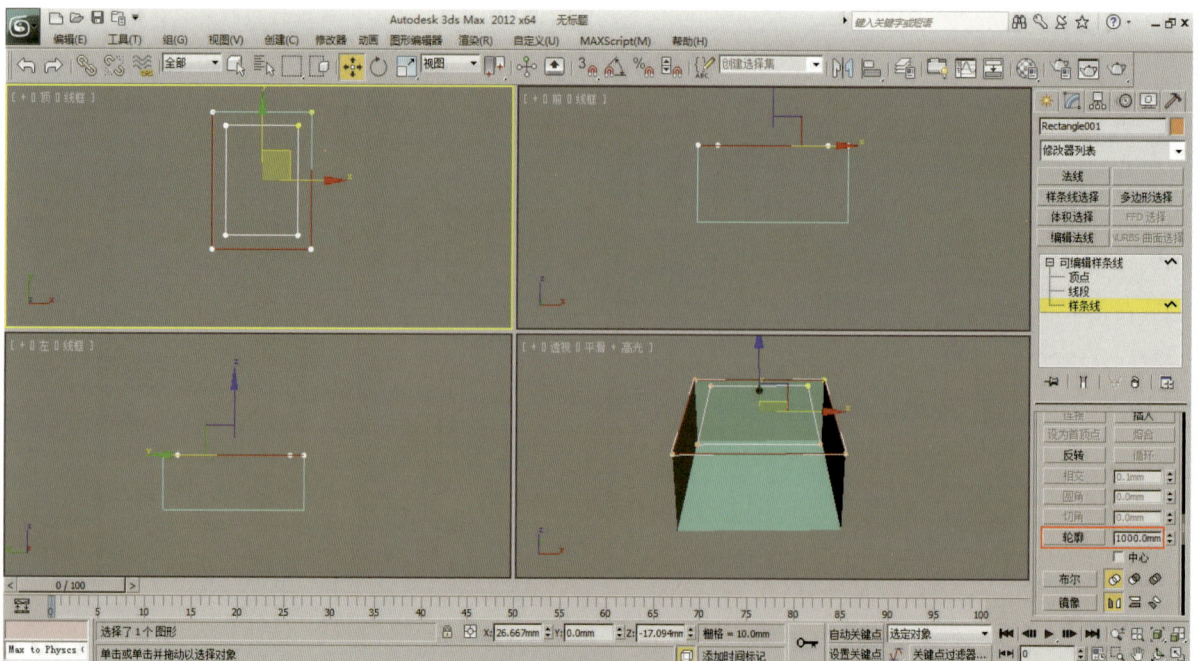

图 6-1-16

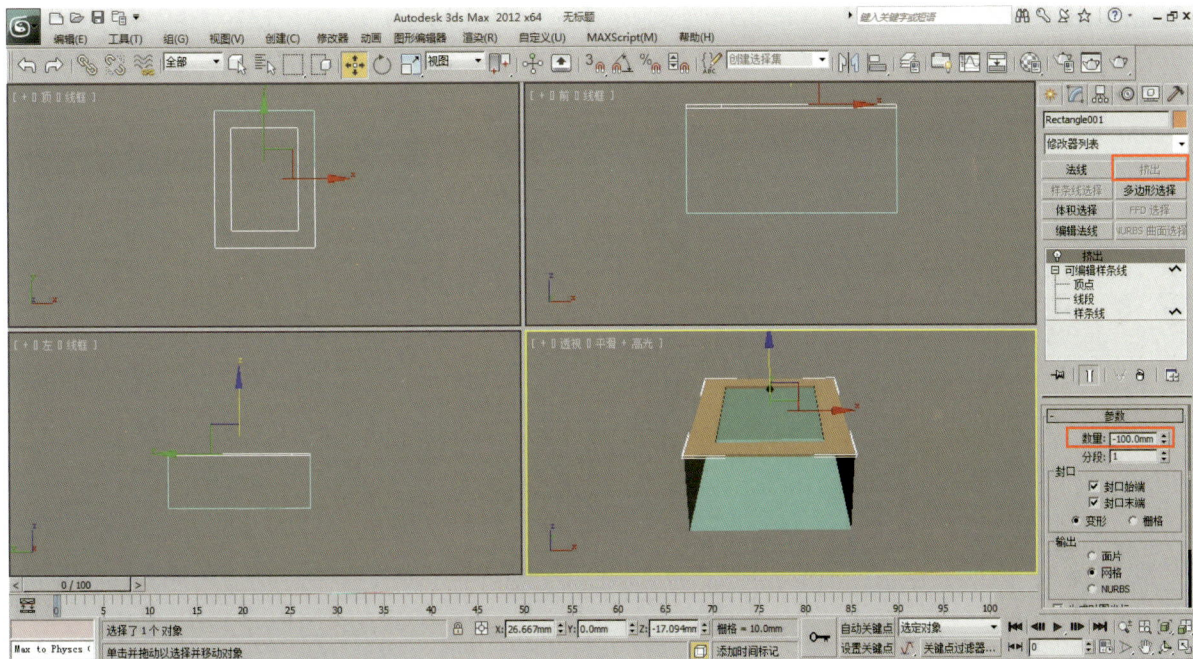

图 6-1-17

天花吊顶到这里已经建模完成了，下面就是要把它放置到合适的位置。在"选择并移动"工具上单击右键，在Y轴上输入-120的向下移动值，如图6-1-18所示。

得到吊顶效果，如图6-1-19所示。

现在简单空间建模的墙体基本已经制作完成，下面就是要创建摄像机的问题了。

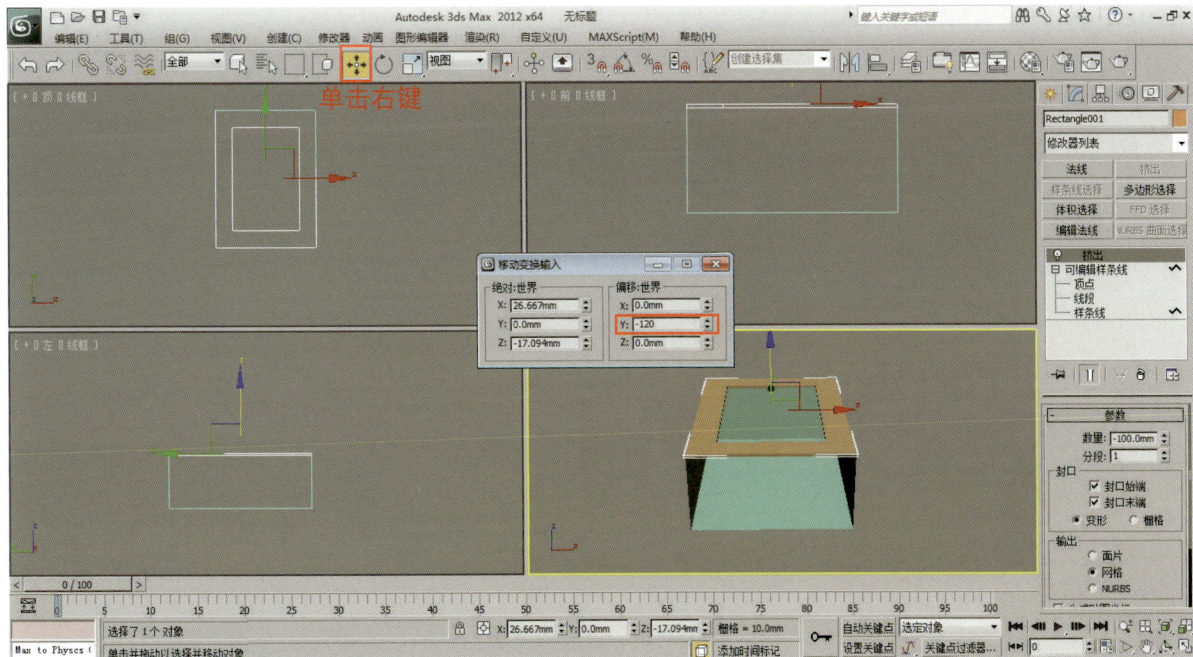

图 6-1-18

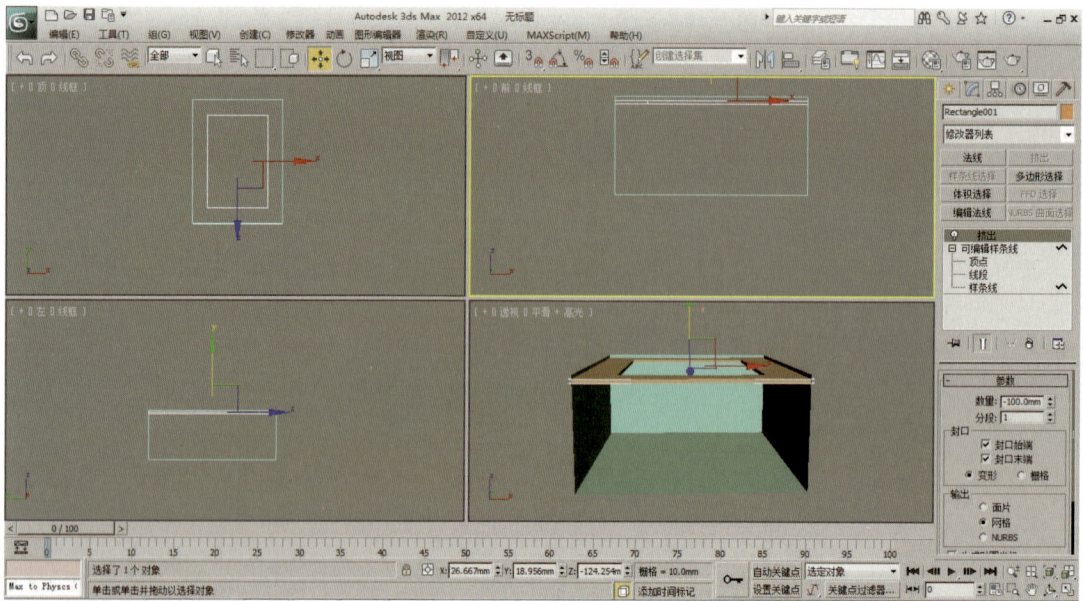

图 6-1-19

6.2 摄像机的创建

在实际工作中，设置摄像机要根据客户的要求来设置，比如要重点表现哪一部分或者说表现哪一个角度，在制作之前就应该清楚。弄清了这一点，就可以对场景中添加摄像机了。因为现在做的只是简单建模，所以摄像机的角度可以根据自己的想法来设置。下面就来创建一个最普通也最容易出效果的正面摄像机。

首先，选择"摄像机"工具按钮，选择目标摄像机，回到顶视图，创建，如图6-2-1所示。

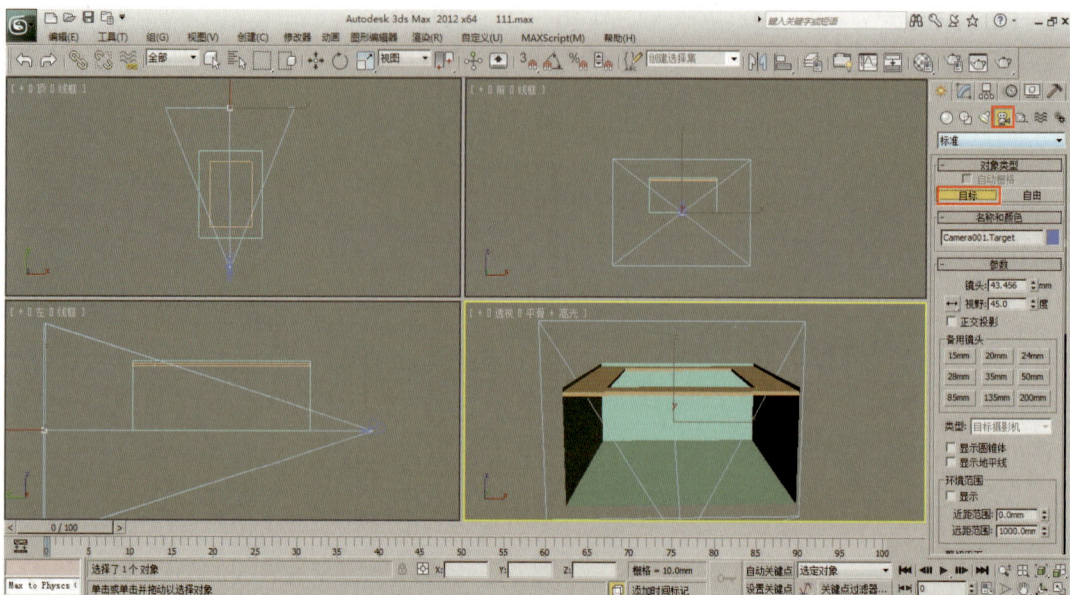

图 6-2-1

　　这时可以发现摄像机的位置在已创建模型的最下面，所以必须调整它的位置。回到左视图中选择摄像机，向上拉到合适的位置，基本上在模型中间偏上一点的位置，如图6-2-2所示。

　　单击摄像机，选择目标摄像机，把摄像机前面也移动到合适的位置，如图6-2-3所示。

　　位置确定好了以后，回到透视图中，单击右键左上角的透视将其切换到"Camera001"视口，也可以按快捷键"C"，如图6-2-4所示。

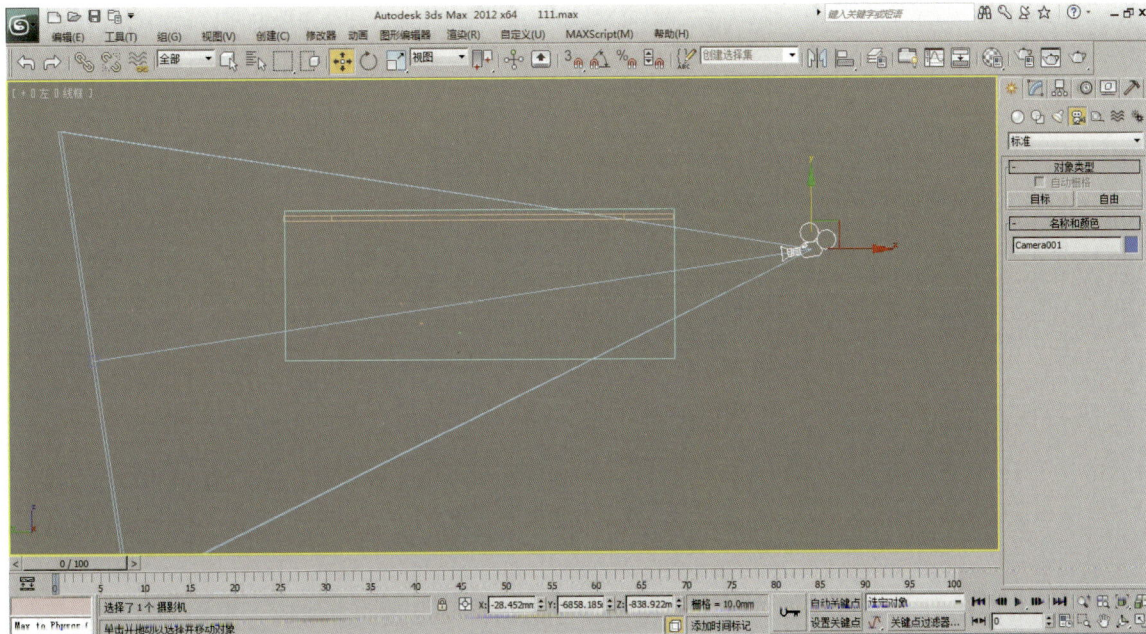

图 6-2-2

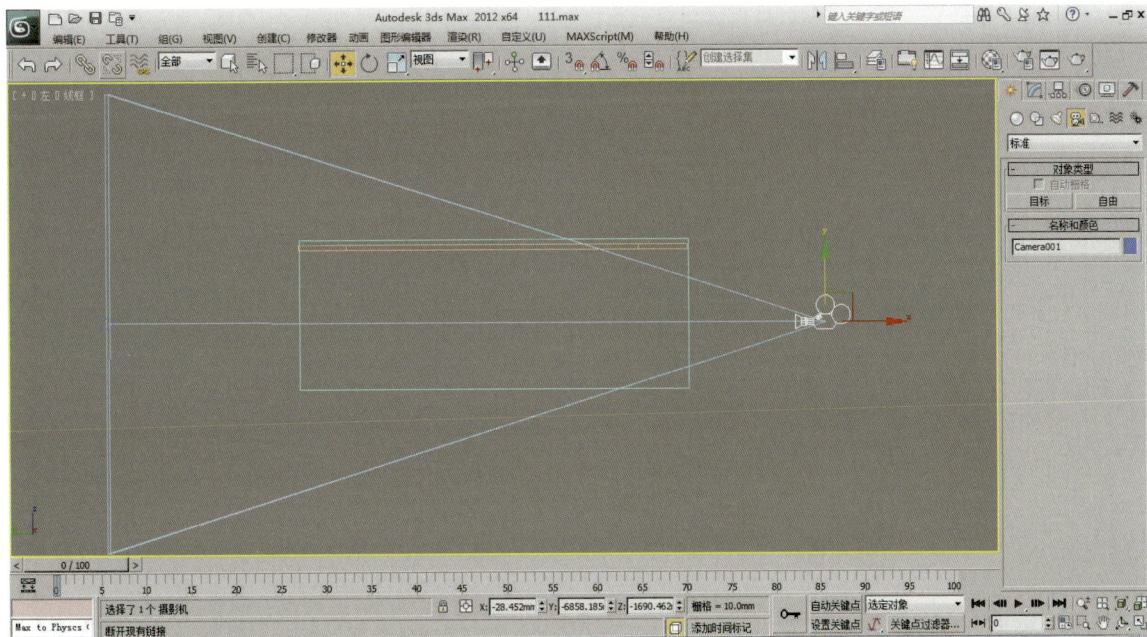

图 6-2-3

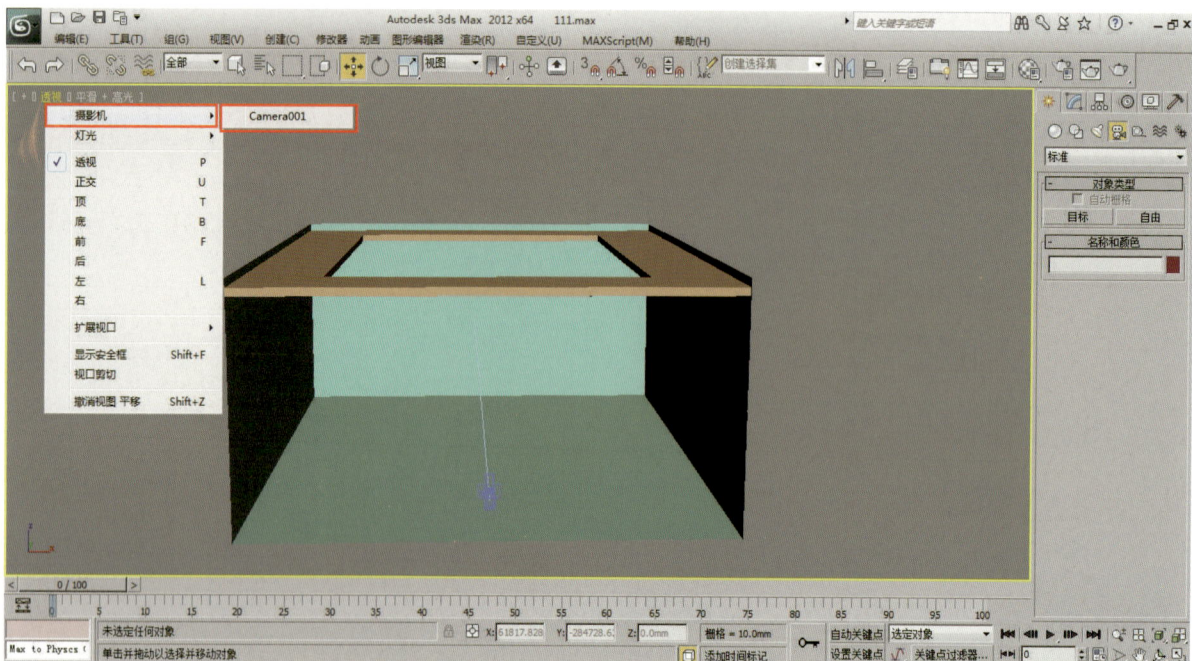

图 6-2-4

最后得到效果如图6-2-5所示。

这样，简单空间的模型就基本建好了，下面就在里面放置两只茶壶模型，如图6-2-6所示。

茶壶放好后，给摄像机做一个略微的修改，选择摄像机，回到修改面板，勾选"手动剪切"，把里面的近距剪切和远距剪切调到合适的位置，如图6-2-7所示。

到这一步模型和摄像机就已经创建完成了，接下来就要给它合适的灯光与相应的材质。

图 6-2-5

图 6-2-6

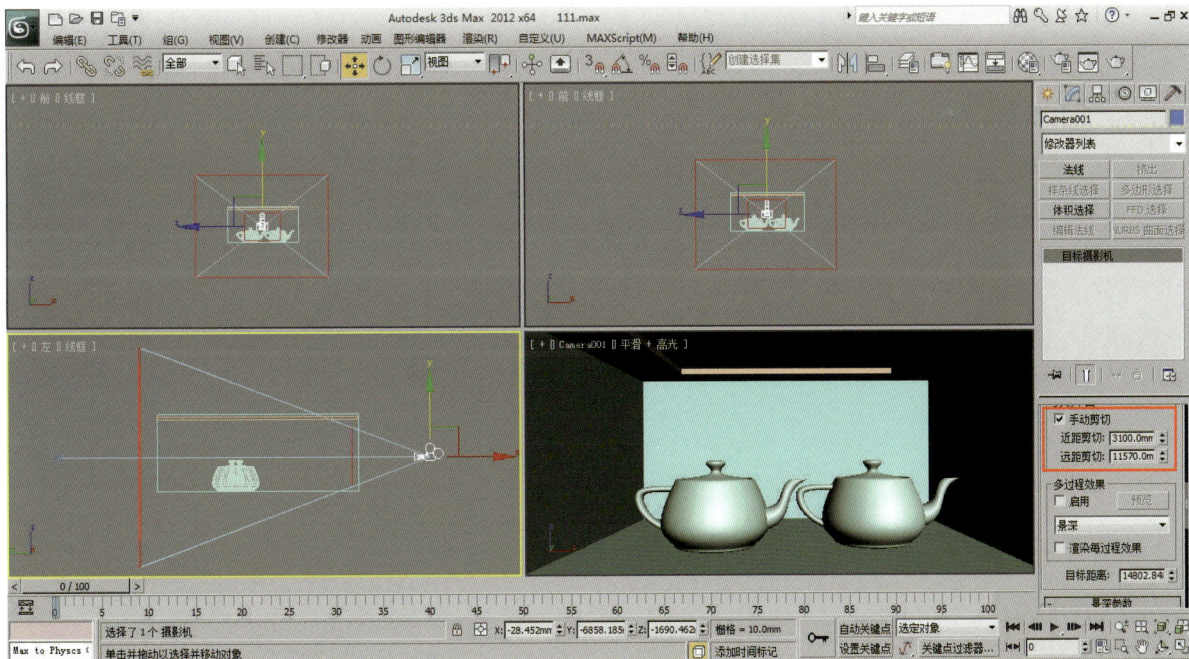

图 6-2-7

6.3 灯光布置

如前所述，灯光在一个场景中的作用是很大的。下面就来对场景进行灯光的设置。

首先，在顶视图中创建一盏V-Ray灯光，如图6-3-1所示。

图 6-3-1

选中灯光，运用"镜像"工具，点选"Y"轴、不克隆（复制），如图6-3-2所示。

接下来就要把调整好的灯带放置到合适的位置，实例复制一盏，并且在修改面板中调节参数，如图6-3-3所示。

另外的一条灯带就不可以实例复制了，普通复制后调整大小，如图6-3-4所示。

图 6-3-2

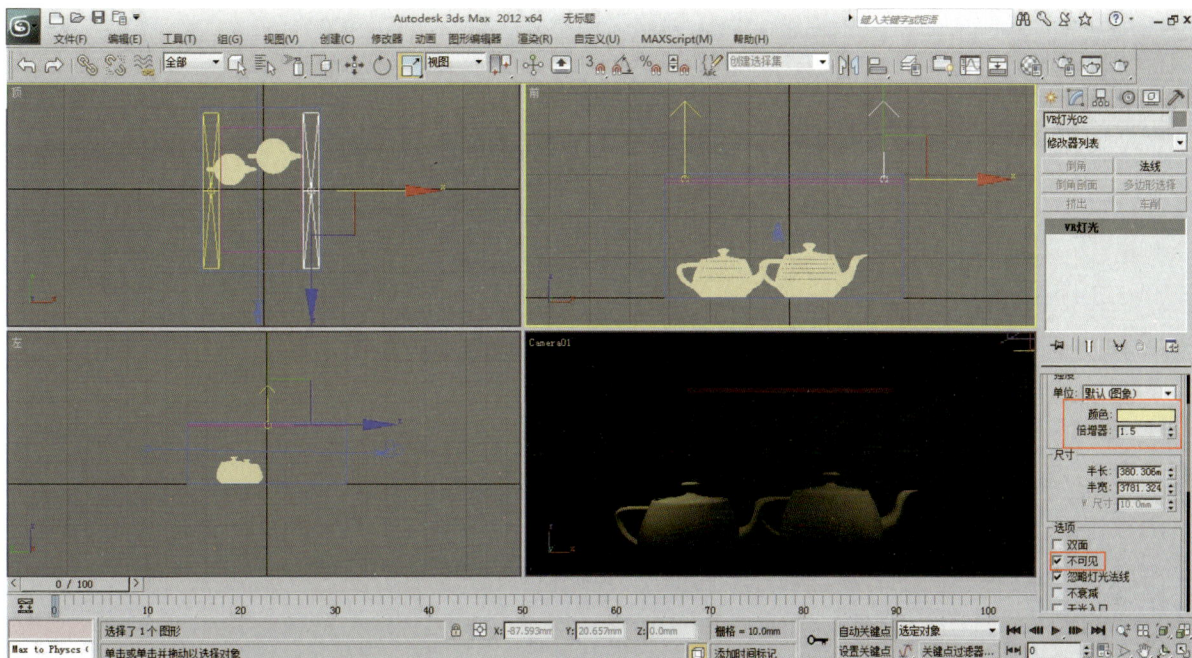

图 6-3-3

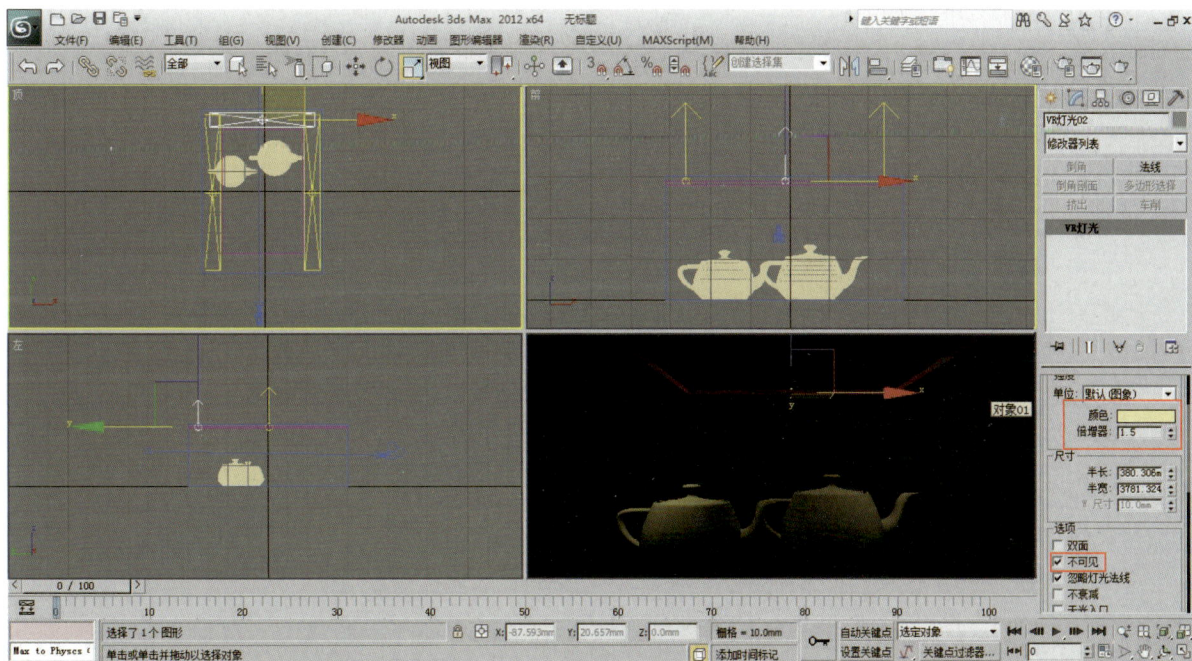

图 6-3-4

　　上面的灯带设置好后，就要设置边上的两盏V-Ray灯光了，如图6-3-5所示，先创建一盏V-Ray灯光，并调整好亮度与大小。

　　接着运用"镜像"工具复制一盏，放置合适的位置，如图6-3-6所示。

　　到这里，灯光就基本设置完成了，下面就要进入材质部分的详细讲解。

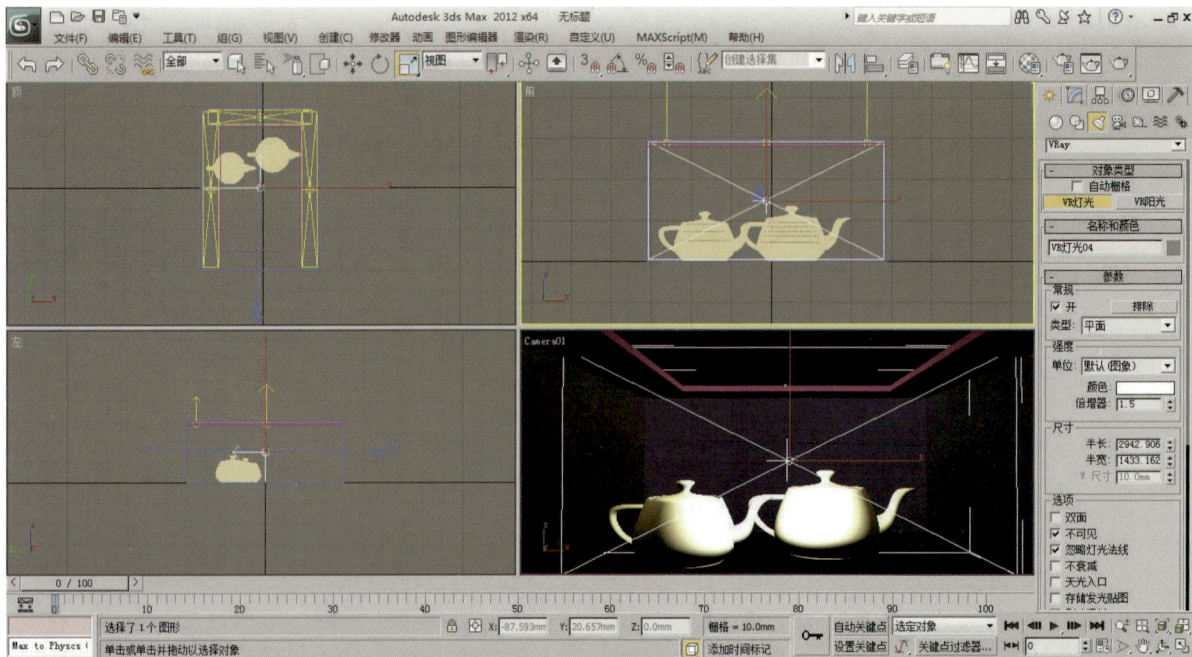

图 6-3-5

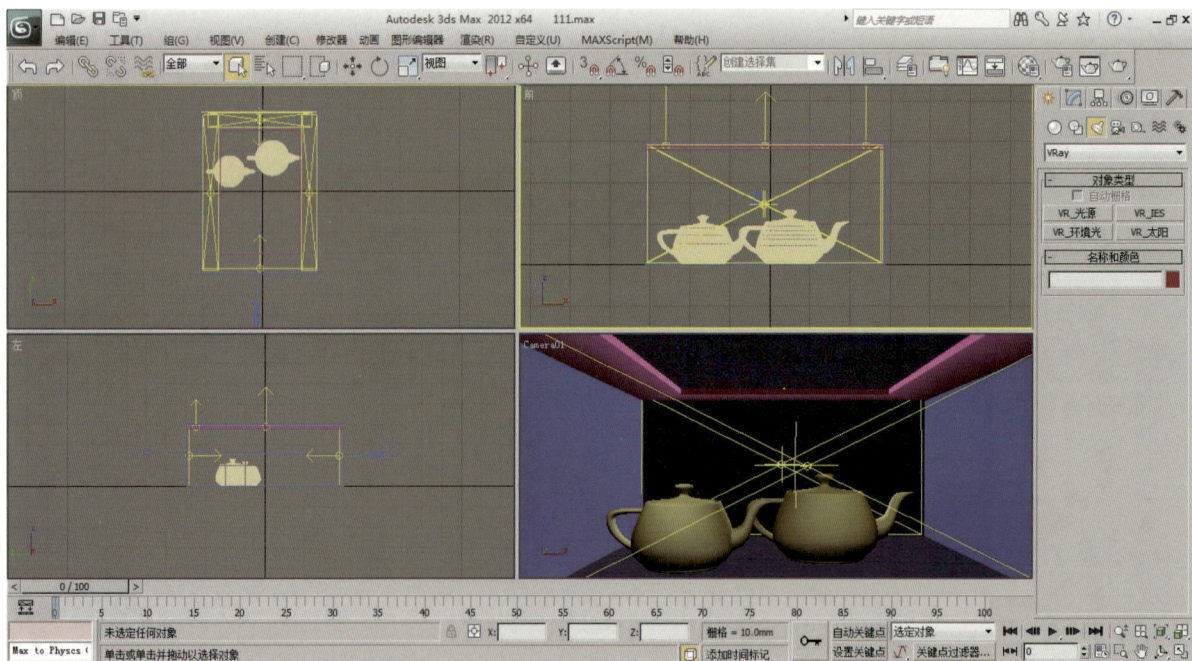

图 6-3-6

6.4 材质制作与渲染出图

　　在前面我们已经详细地讲过一些常用材质的设置方法了，在这里，关于怎么设置材质就不再详细讲解，只看赋予每个材质后的效果，首先要赋予墙体乳胶漆的材质，如图6-4-1所示。

　　墙体的乳胶漆材质赋予之后，可以给它左边墙体一张风景的图片，如图6-4-2所示。

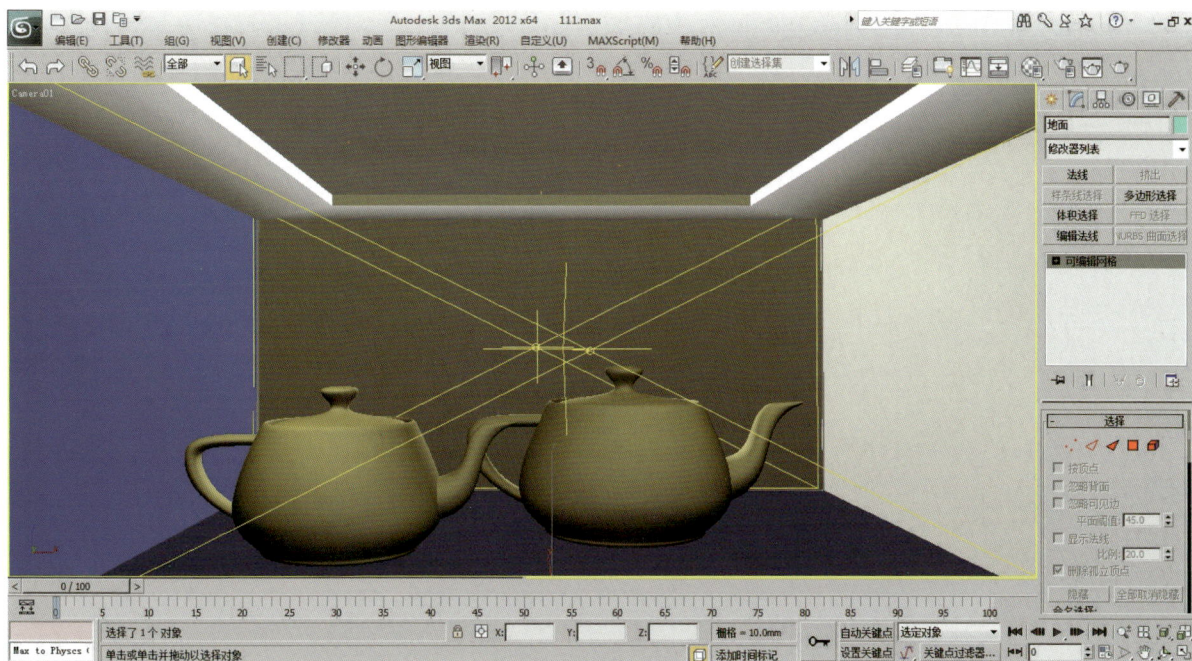

图 6-4-1

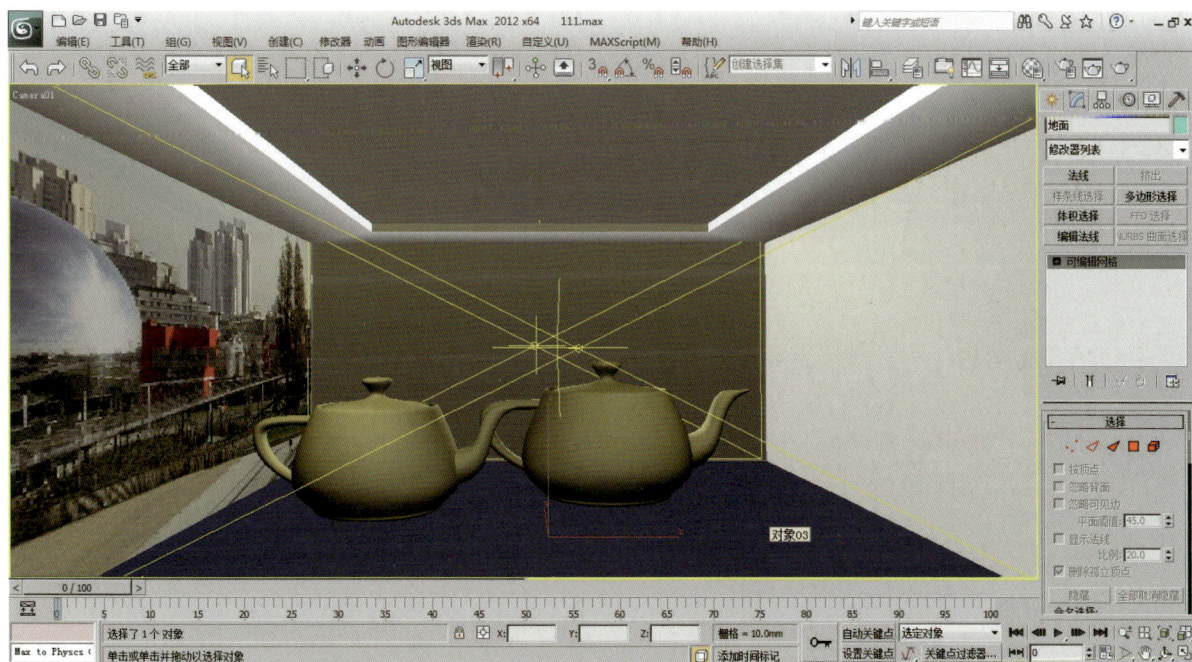

图 6-4-2

接下来要赋予的就是地板的贴图，如图6-4-3所示。

现在就只剩下茶壶的材质没有赋予了，就分别赋予它们一个不锈钢和一个陶瓷的材质，如图6-4-4所示。

等到所有的材质都赋予完以后，就要进行渲染部分的测试阶段，关于测试阶段的参数设置前面已经很详细地讲解了，这里就不再说明，只查看一下测试图片效果，如图6-4-5所示。

图 6-4-3

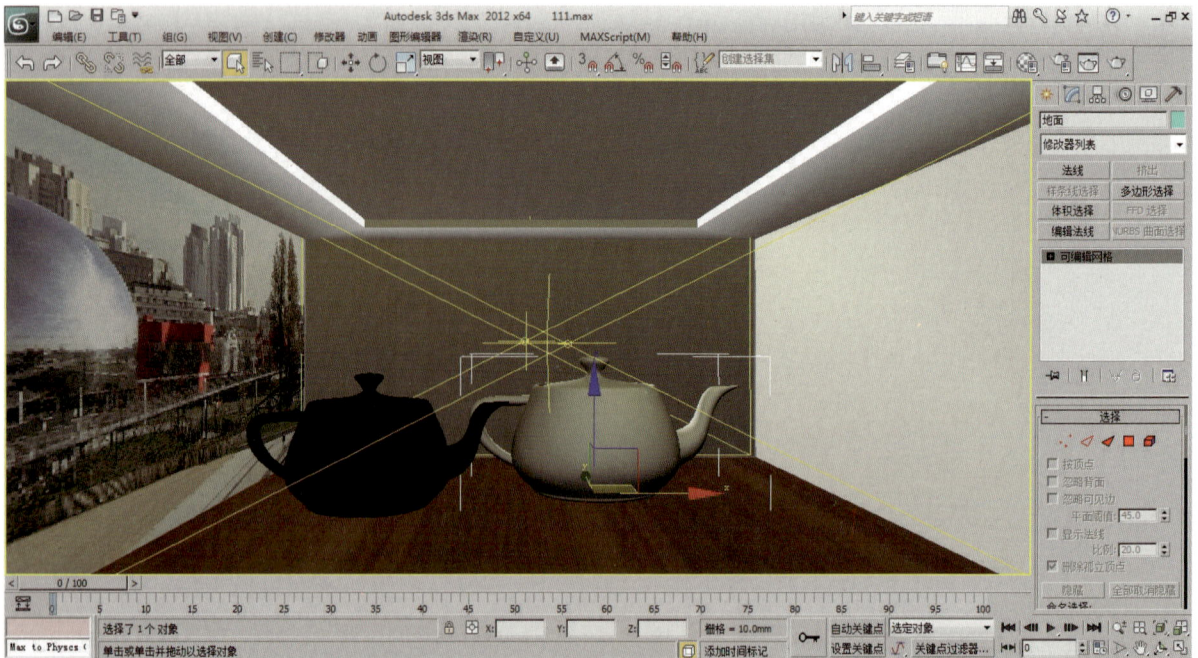

图 6-4-4

图6-4-5

图6-4-6

　　测试完成后，发现其光感和质感都已经基本达到要求，只是质量非常低，这是因为在测试阶段所有参数都降低了，这时我们可以调高参数，渲染出高品质的效果图，如图6-4-6所示。

思考与练习

　　1. 简述空间建模摄像机的创建方法。

　　2. 3ds Max效果图渲染测试与渲染出图参数设置有哪些差异？

第7章 客厅效果图建模技术解析

上一章节我们以一个很简单的室内场景为例，详细地介绍了简单空间效果图表现流程，让大家了解了建模的基本步骤。下面我们以图示为主，配以简要的文字说明，完整地制作一套标准的效果图。

7.1 客厅效果图模型的基本制作

打开配套资料，找到CAD文件并在AutoCAD中打开，如图7-1-1所示。

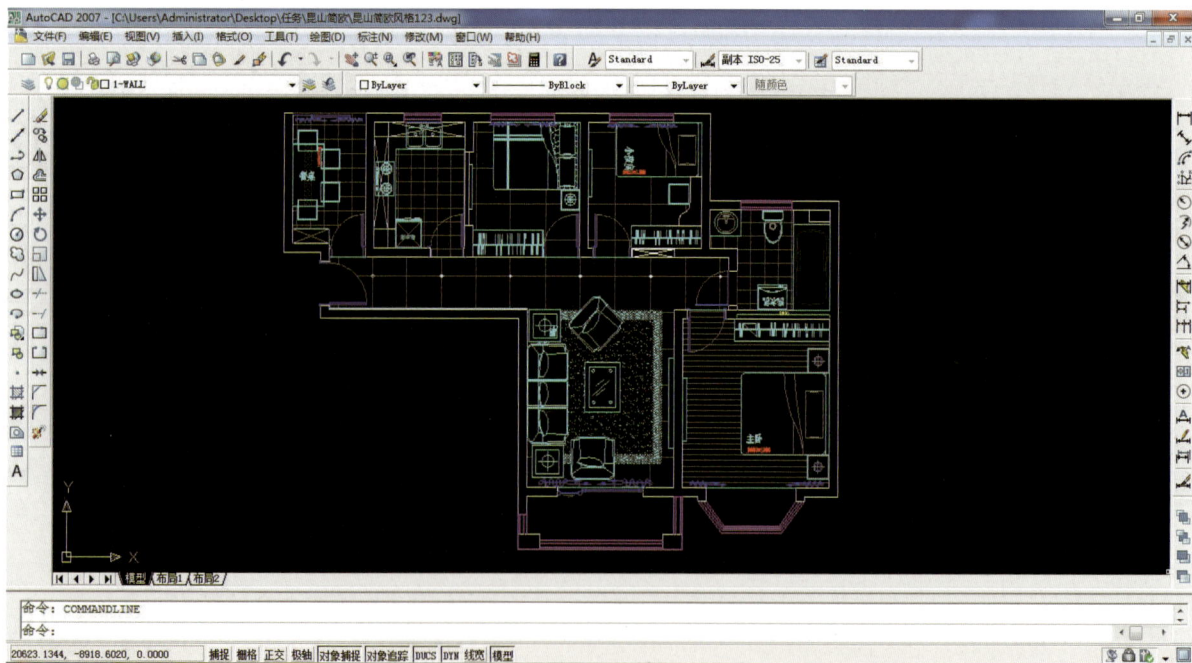

图 7-1-1

此时案例制作的是一个现代简欧型的客厅效果图。打开CAD文件后把它导入到3ds Max场景中，如图7-1-2所示。

然后在导入选项中点击【确定】，如图7-1-3所示。

就这样CAD文件就导入到3ds Max场景中了，如图7-1-4所示。

在此之前一定要确认3ds Max的尺寸单位要修改成"毫米"，如图7-1-5 所示。

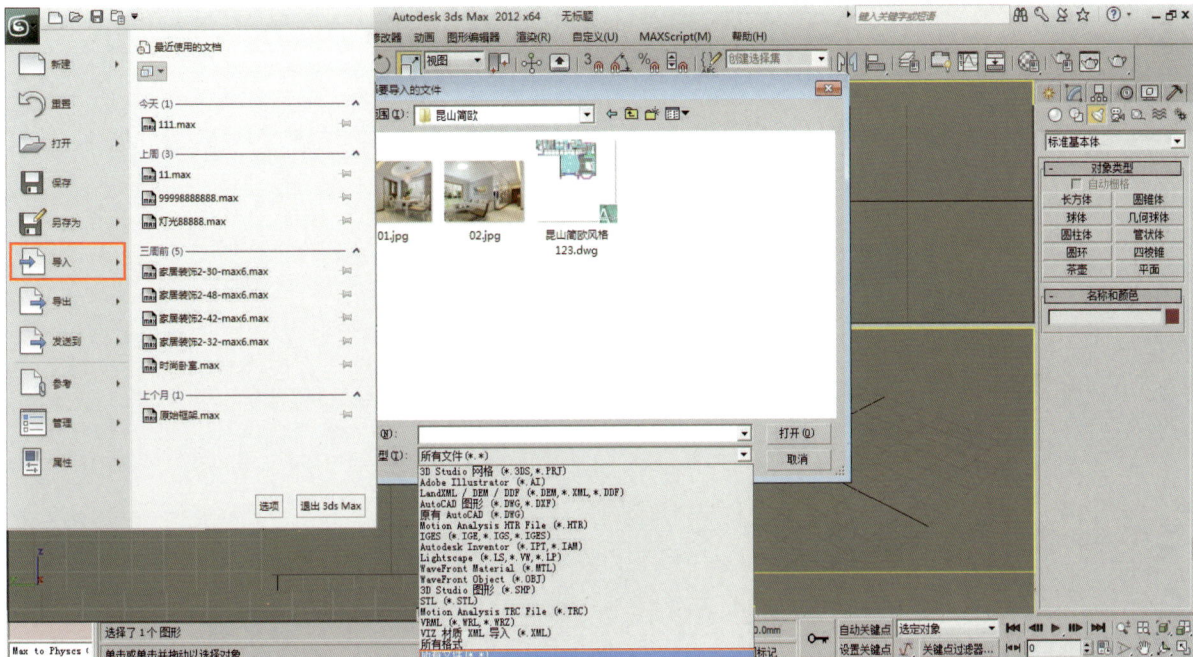

图 7-1-2

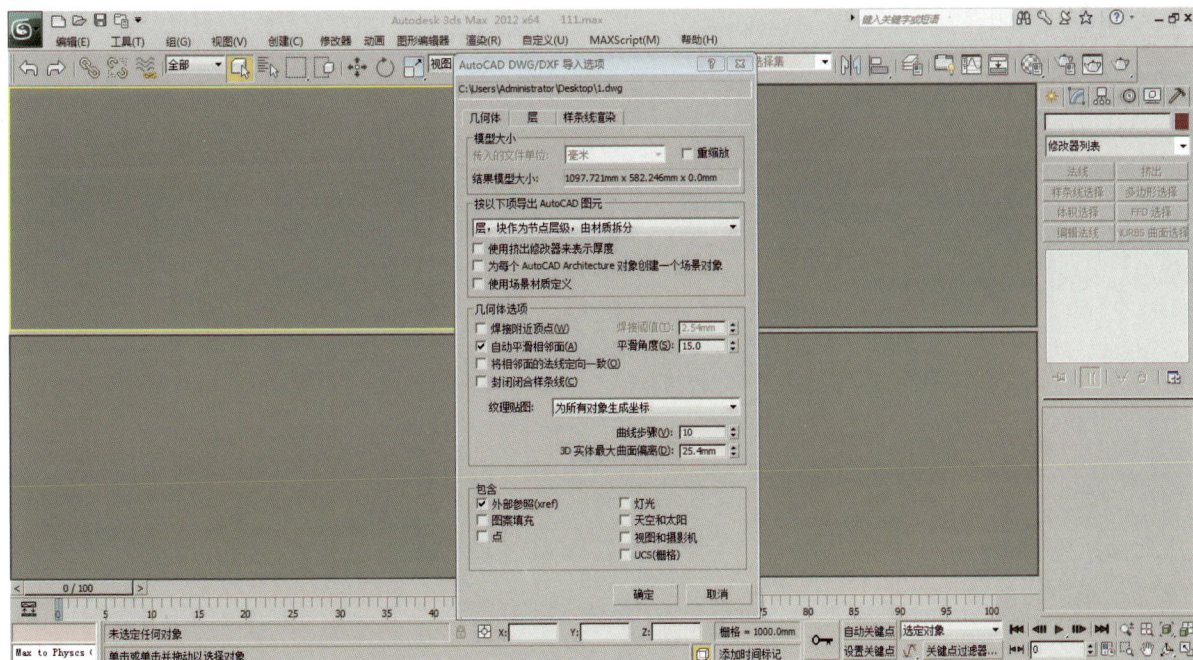

图 7-1-3

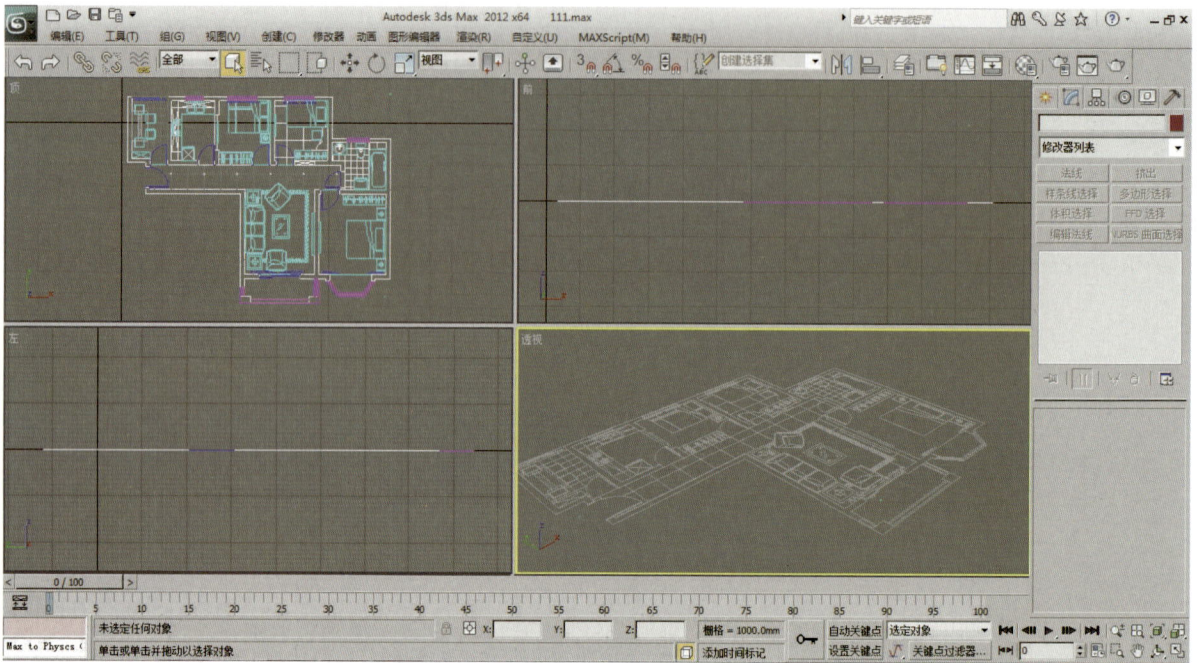

图 7-1-4

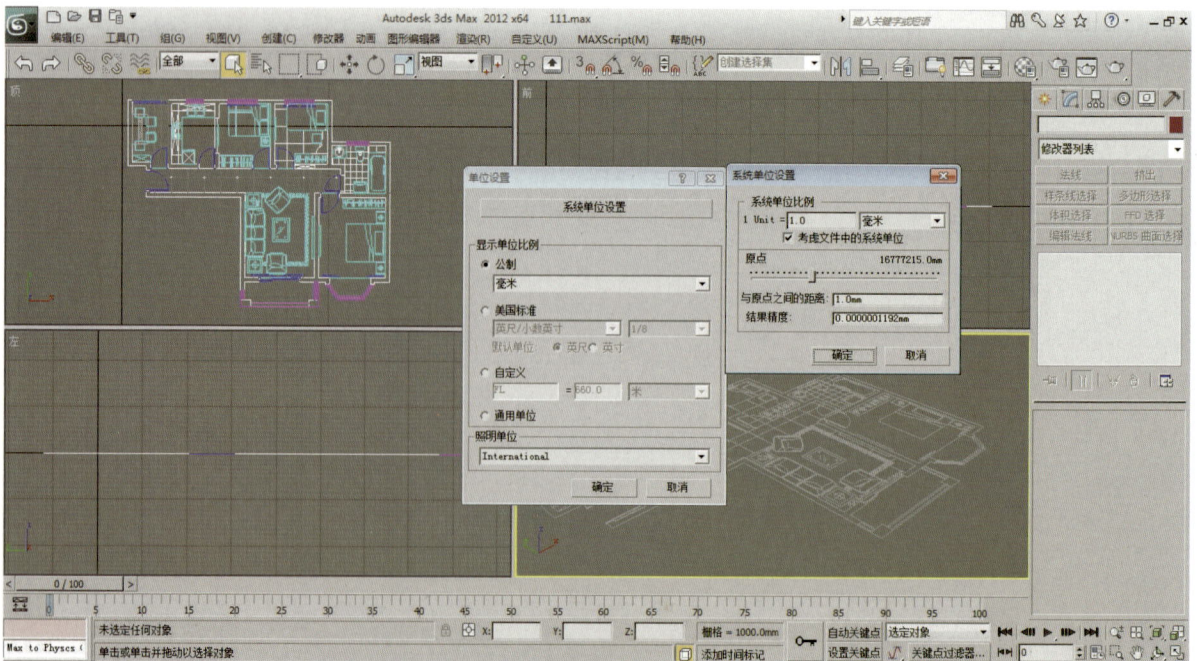

图 7-1-5

单位设置好了以后，把CAD图移动到X轴、Y轴相交点的右上角，如图7-1-6所示。

位置移动后，将其颜色改成黑色，并冻结当前选择，这有利于后面的操作，如图7-1-7所示。

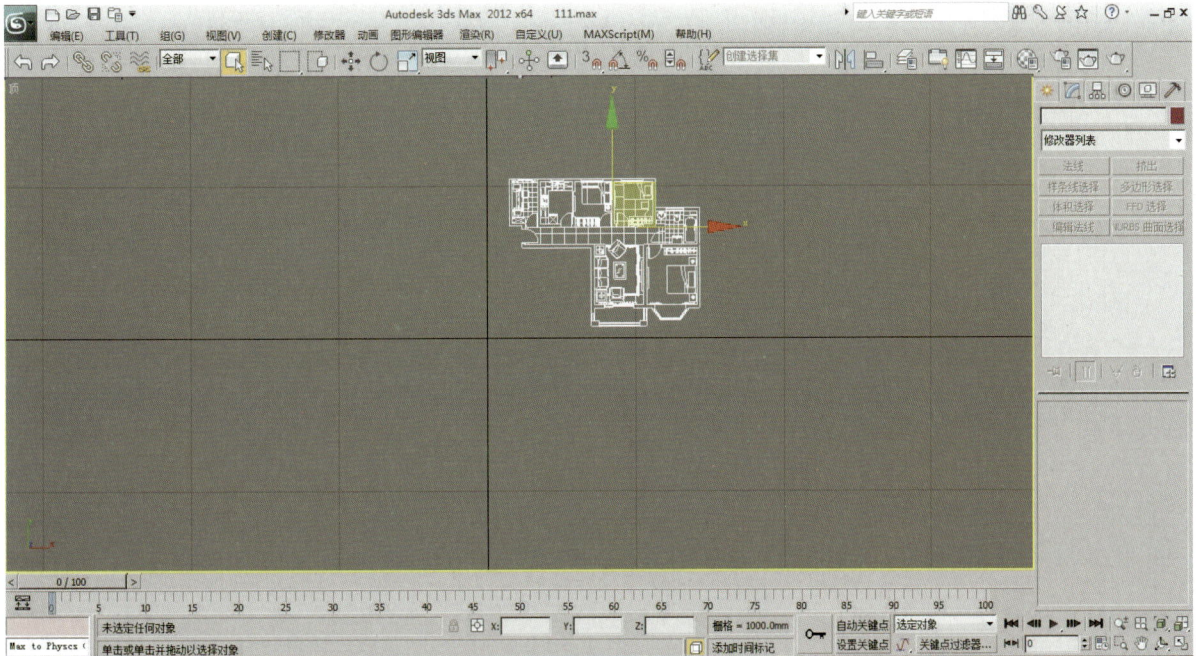

图 7-1-6

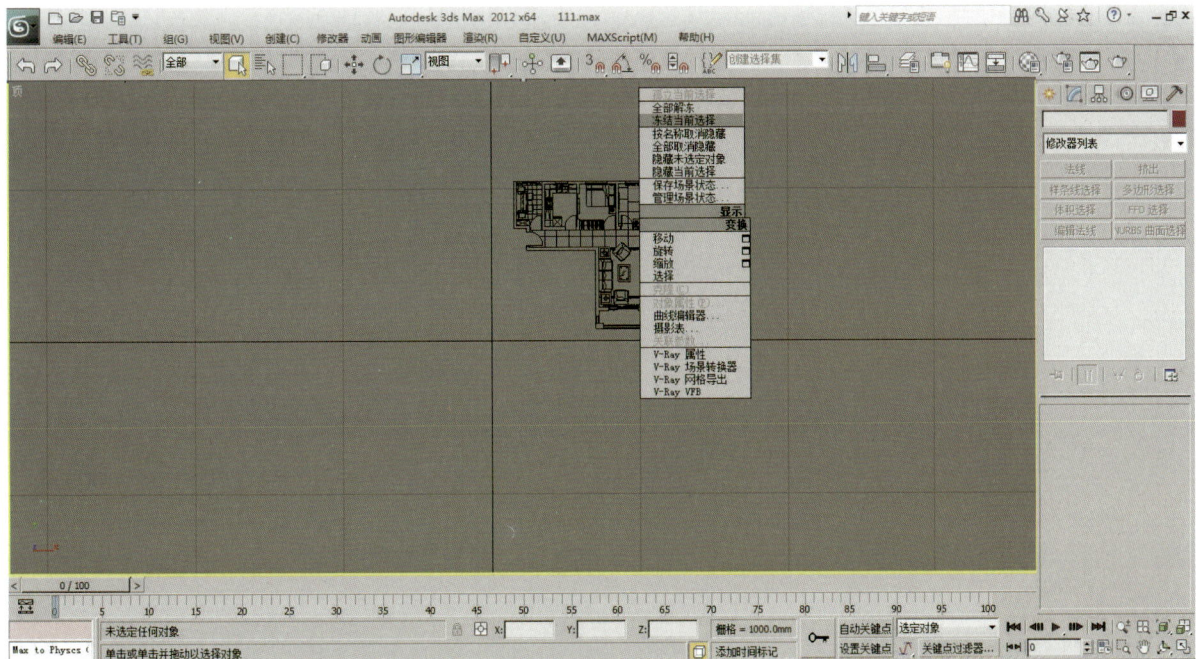

图 7-1-7

　　按"S"快捷键激活三维捕捉，再点击右键激活三维捕捉命令，勾选"端点""捕捉到冻结对象""使用轴约束"三个选项，如图7-1-8所示。

　　点击创建线按钮，绘制客厅及过道的轮廓，每一个点都要捕捉，如图7-1-9所示。

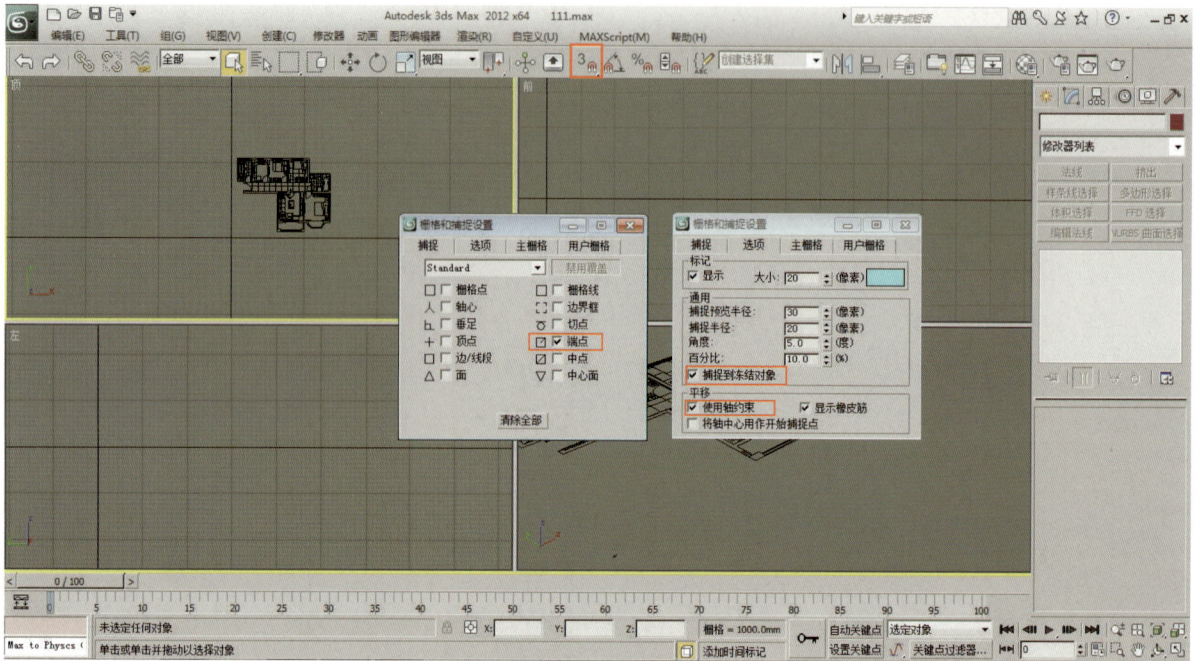

图 7-1-8

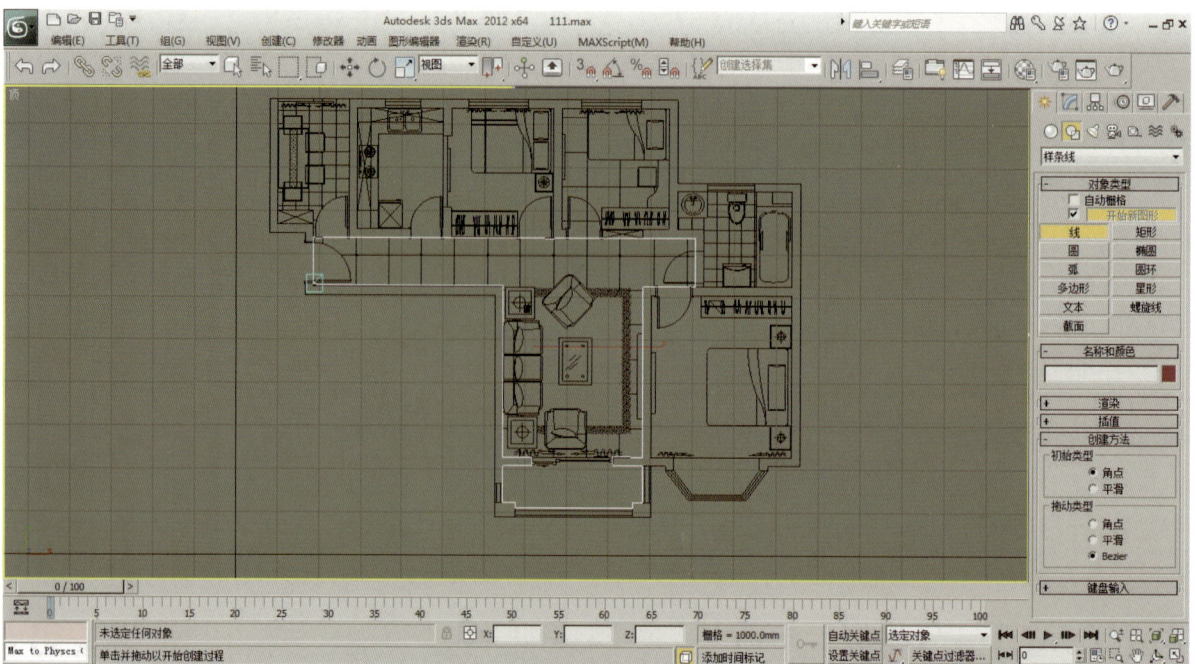

图 7-1-9

　　绘制好客厅及过道的轮廓后，会发现它有些点并不是很正确，那么就要在可编辑样条线子物体层级中的样条线层级里面去调整，如图7-1-10所示。

　　回到前视图，复制两条轮廓线，主要为下面天花吊顶和踢脚线的制作做准备，如图7-1-11所示。

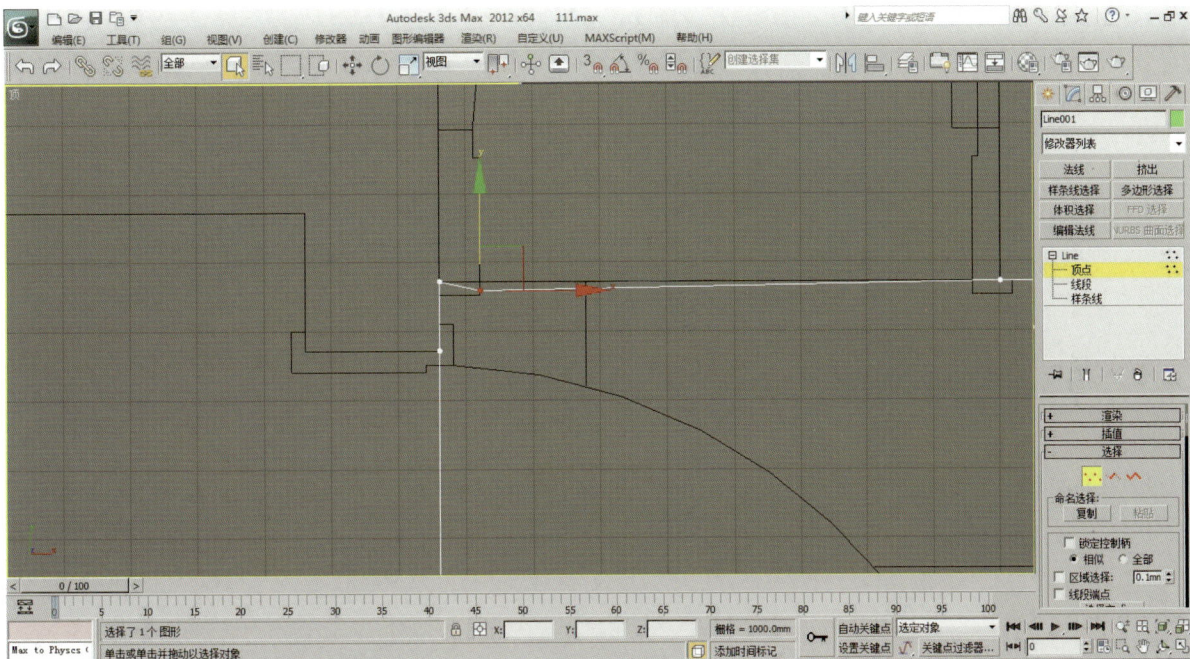

图 7-1-10

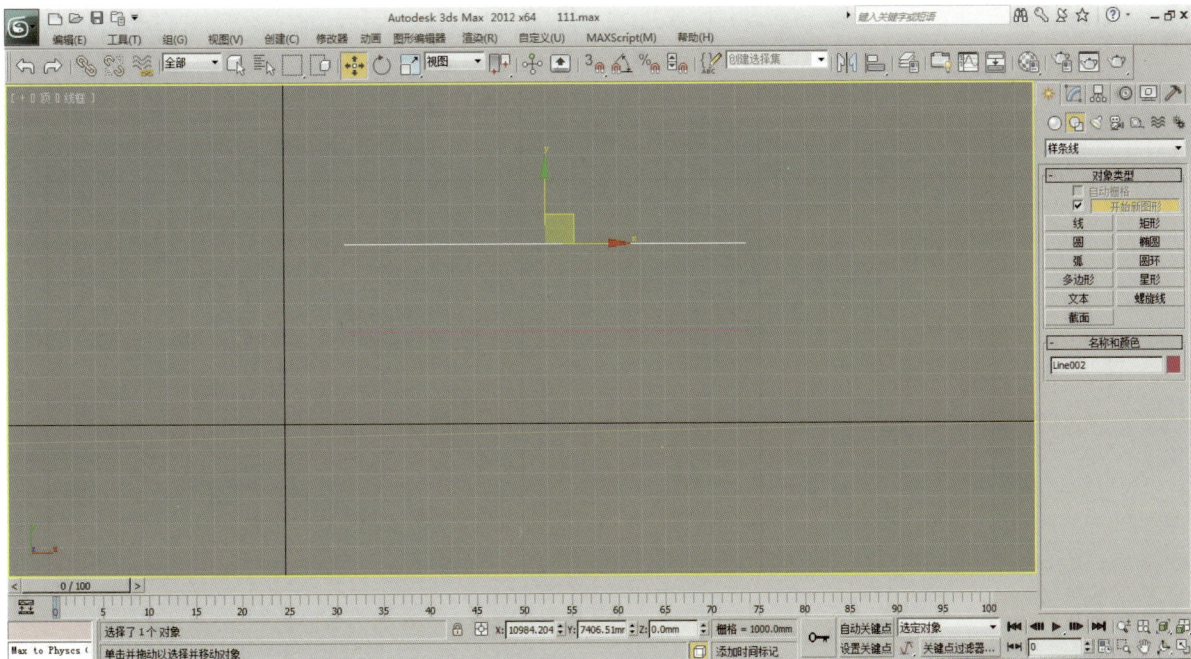

图 7-1-11

选择复制出来的两条轮廓，单击右键选择隐藏当前选择，再选中原来的轮廓线，挤出高度为2850mm，如图7-1-12所示。

给图形添加"法线"命令，如图7-1-13所示。由于效果图需要的是内部装修，所以房子里面的面变成了实体。

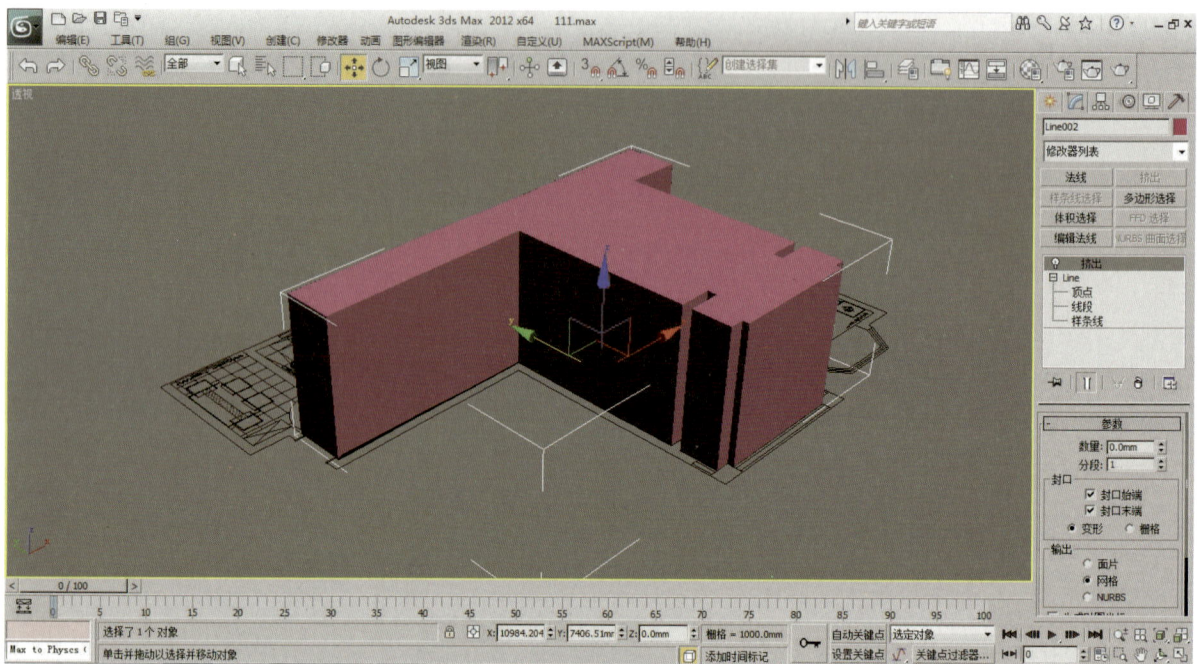

图 7-1-12

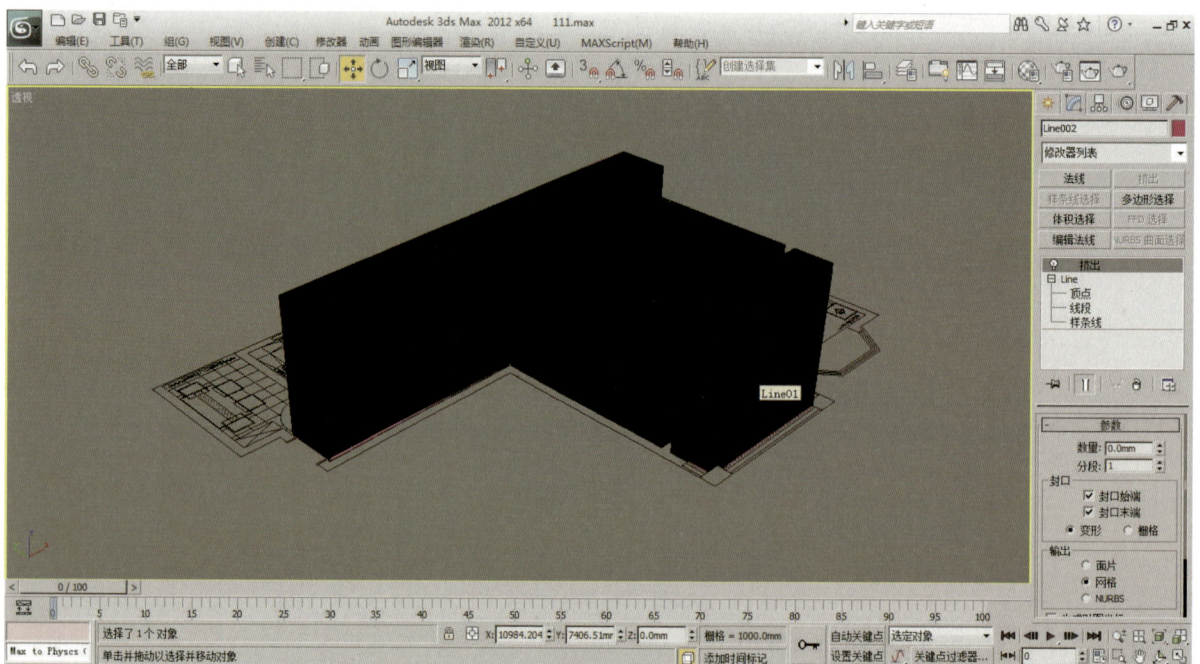

图 7-1-13

点击右键，选择"对象属性"面板，勾选"背面消隐"，如图7-1-14 所示。此时可以透过背面看到房间里面的情况了，如图7-1-15 所示。

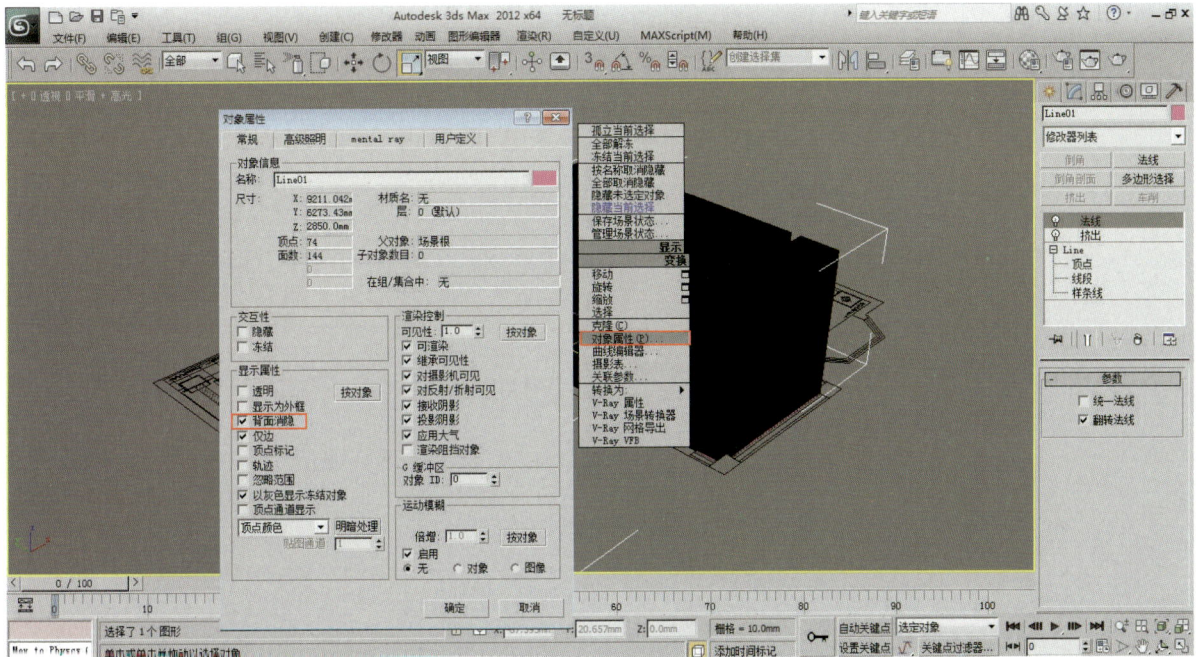

图 7-1-14

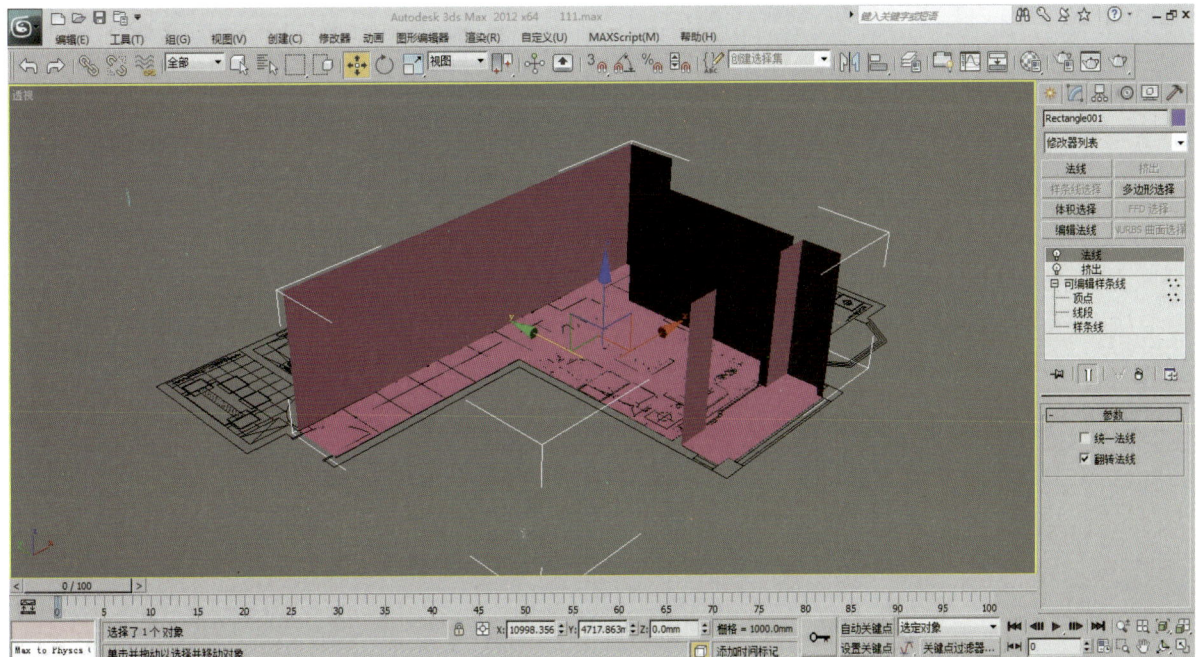

图 7-1-15

单击透视图，显示边面，如图7-1-16所示。

在透视图中将其"转换为可编辑多边形"，如图7-1-17所示。

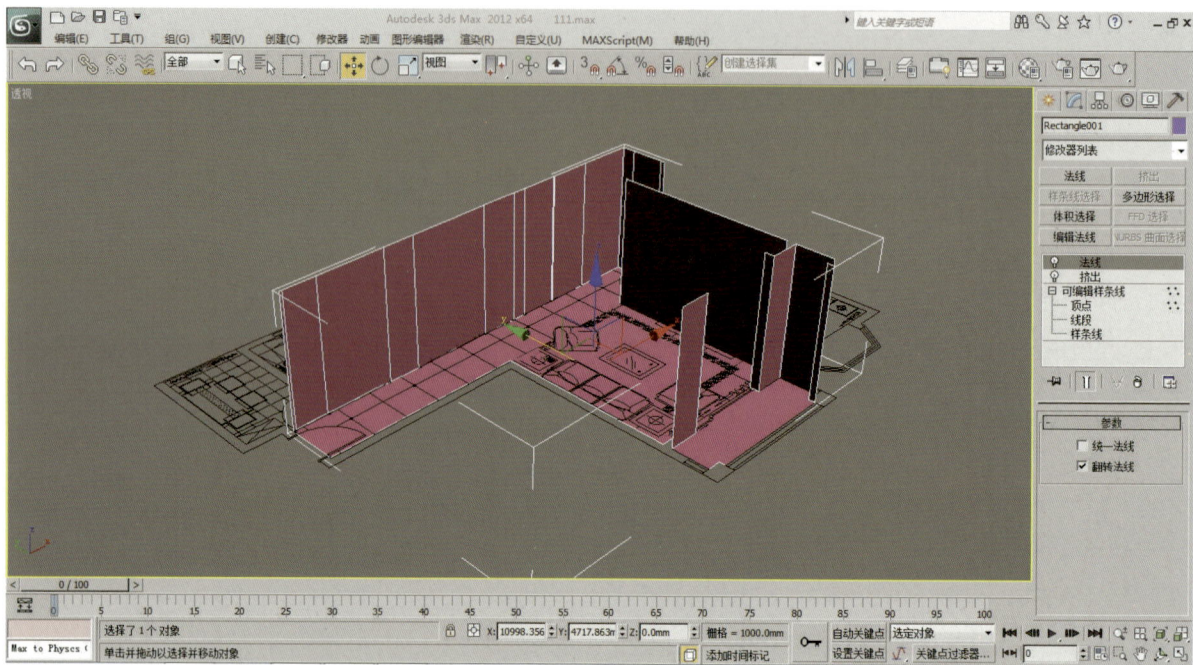

图 7-1-16

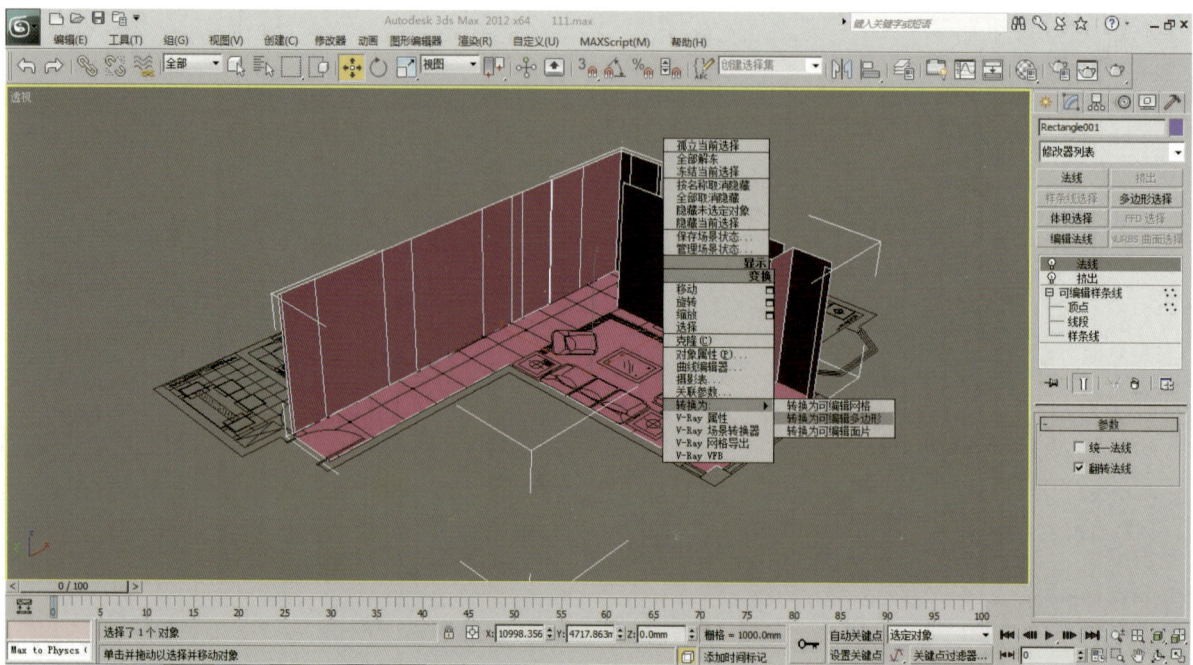

图 7-1-17

下面就要进行门的建模，在可编辑多边形中选择边层级，再选择门的两条侧边，使用"连接"命令。如图7-1-18所示。

选择Z轴位移，修改参数为2100mm，意思是门的高度为2.1m左右，如图7-1-19所示。

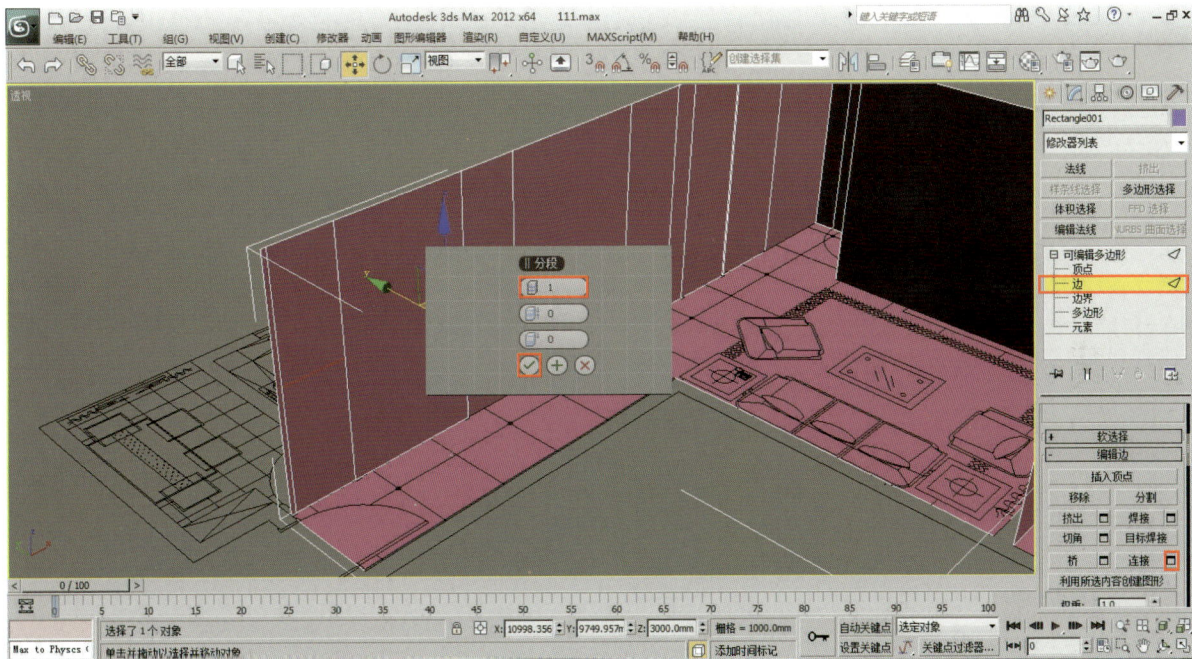

图 7-1-18

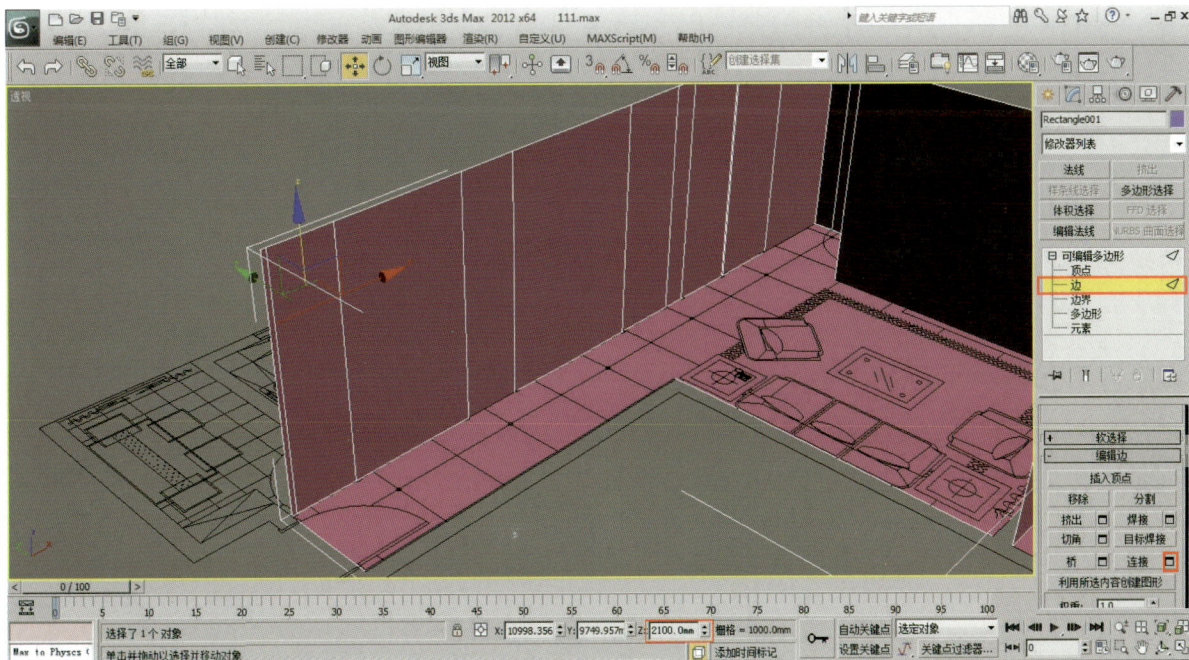

图 7-1-19

回到多边形层级，选择门，向外挤出–240，如图7-1-20所示。

其他的门的建模方法和第一个门的建模方法都是一样的，只看效果，如图7-1-21所示。

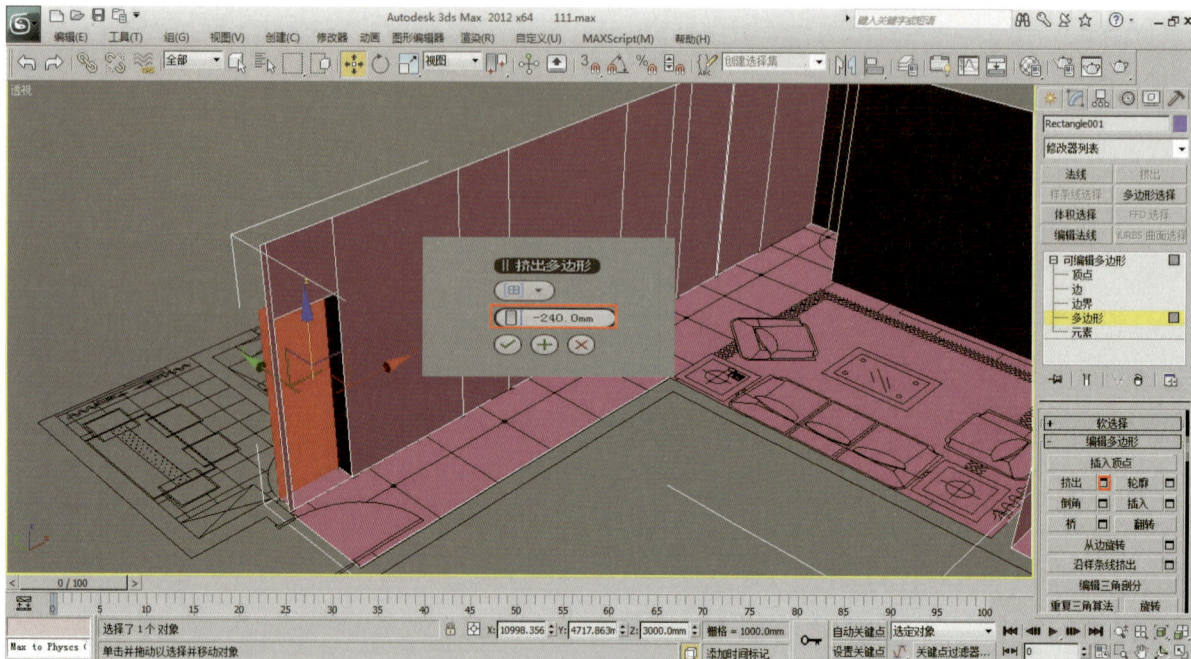

图 7-1-20

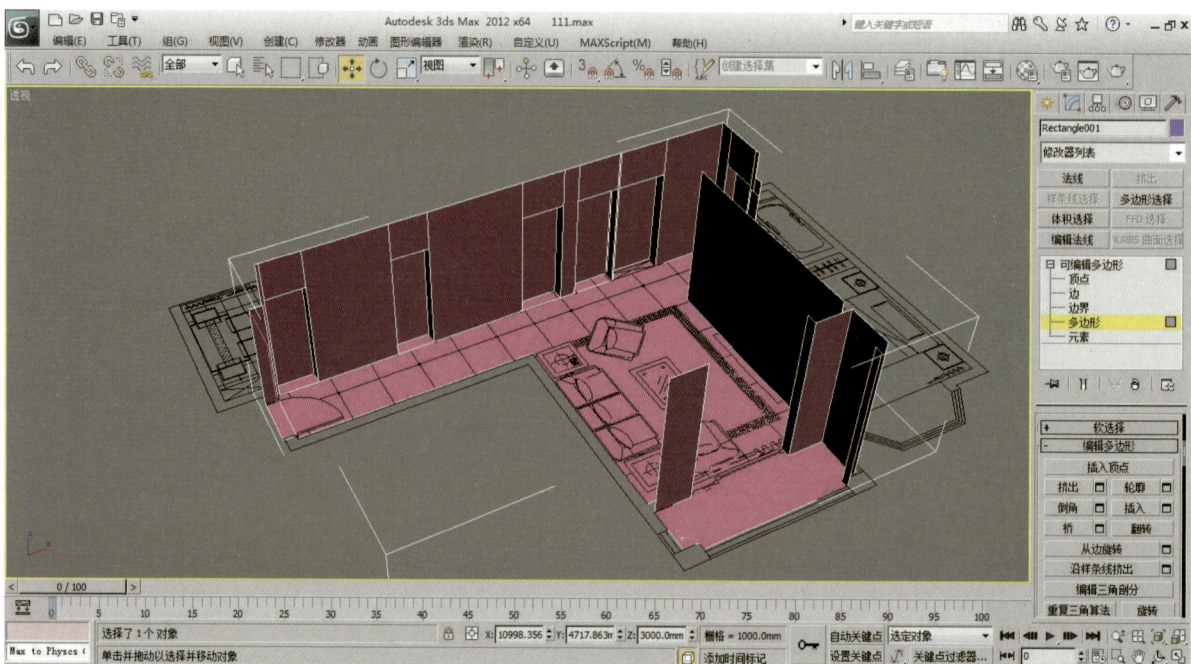

图 7-1-21

门制作好了以后，就是窗户的模型制作，由于客户要求，这次要做的是落地窗，选择窗户的两条线，连接一条线，如图7-1-22所示。

选择Z轴位移，修改参数为2600mm，意思是窗的高度为2.6m 左右，如图7-1-23所示。

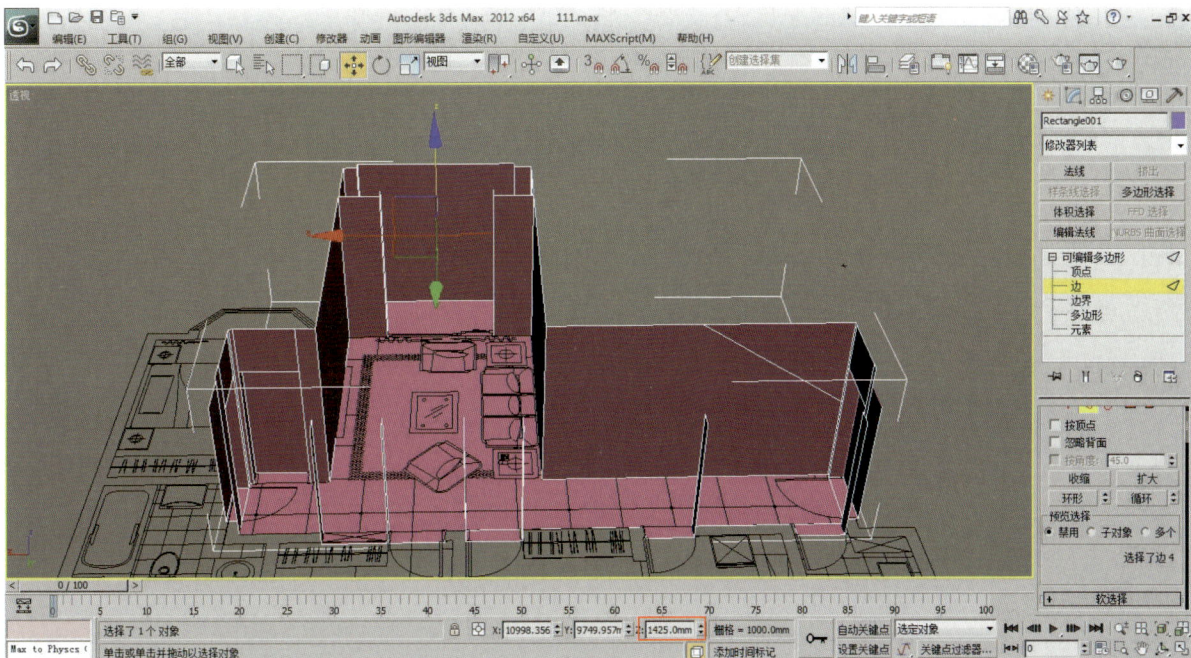

图 7-1-22

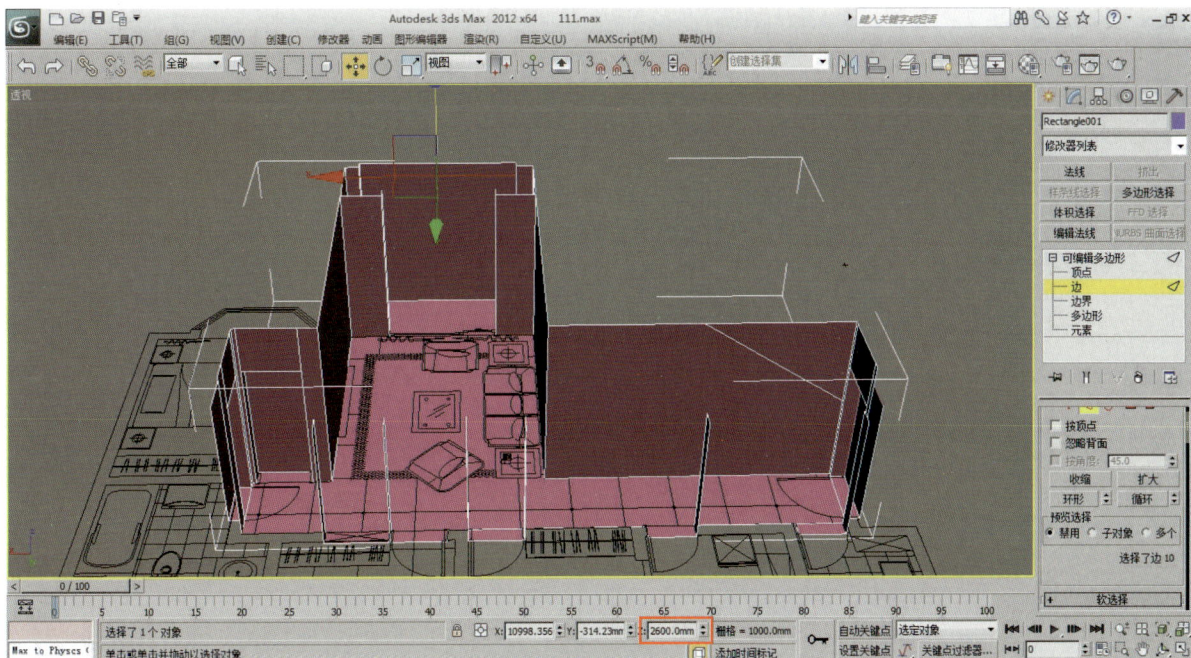

图 7-1-23

下面和门的做法相同，回到多边形层级，再向外挤出-240mm，如图7-1-24所示。

接下来制作的就是客厅移门的门框了，运用边层级在门框的两边连接两条线，如图7-1-25所示。

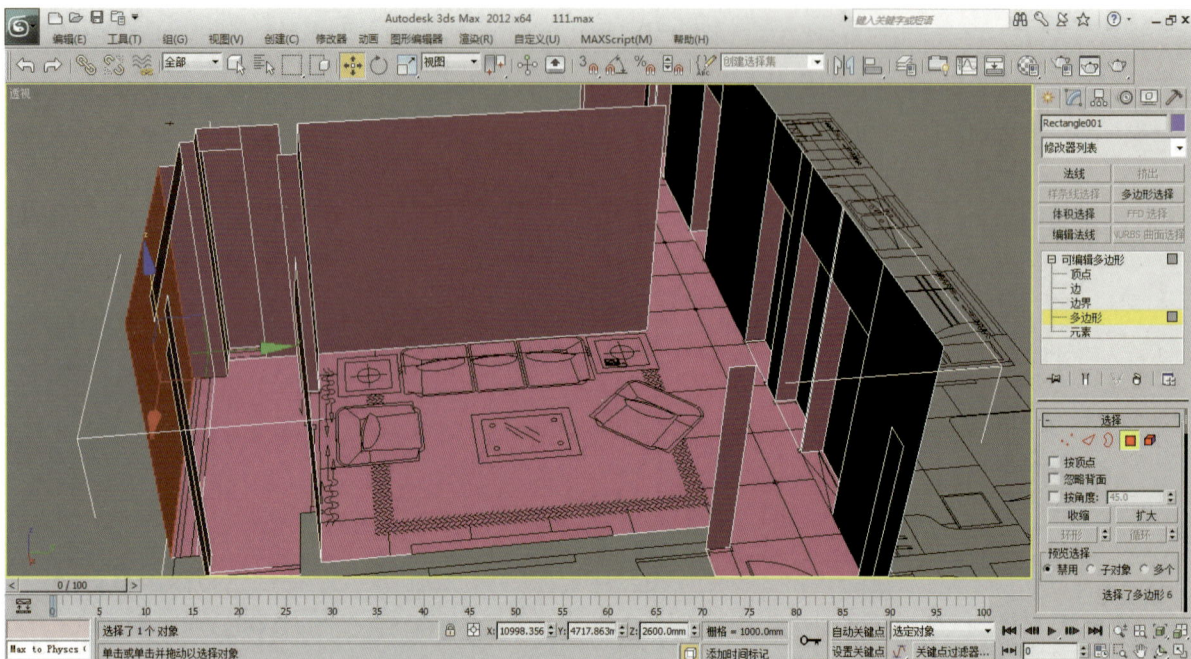

图 7-1-24

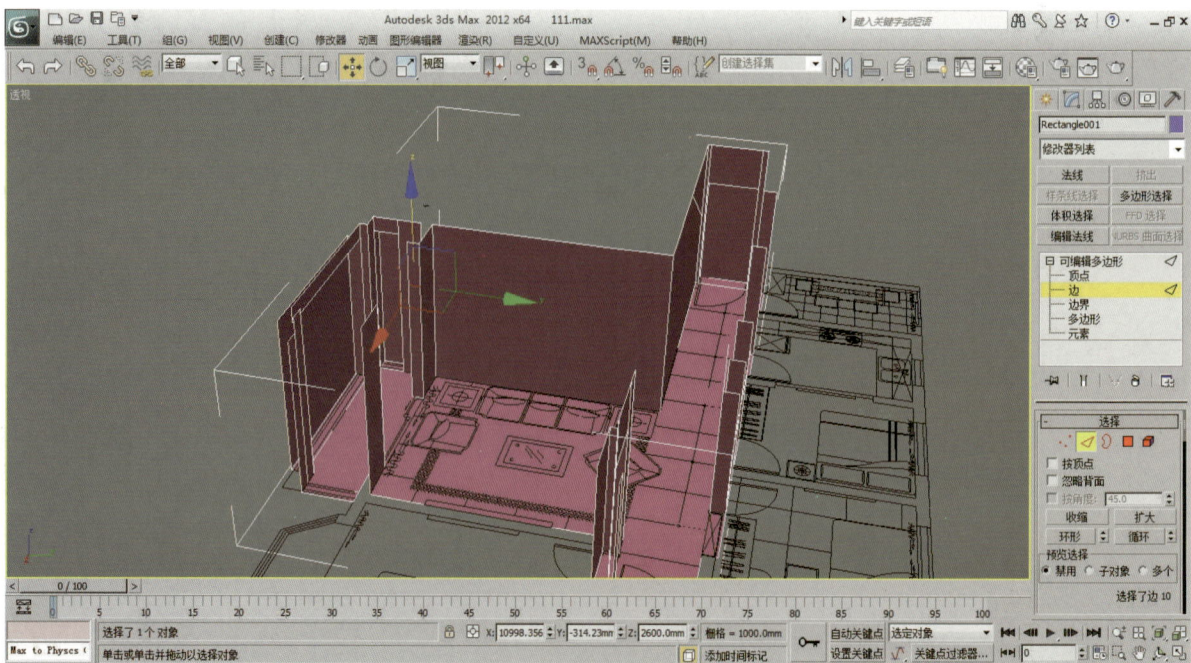

图 7-1-25

使用多边形层级，选择两个面，然后运用"桥"修改器连接，如图7-1-26所示。

建好以后，就要对它们进行分离，这有助于后面材质的赋予，在前面已经讲过了。分离完成后进行电视背景墙的制作，如图7-1-27所示。

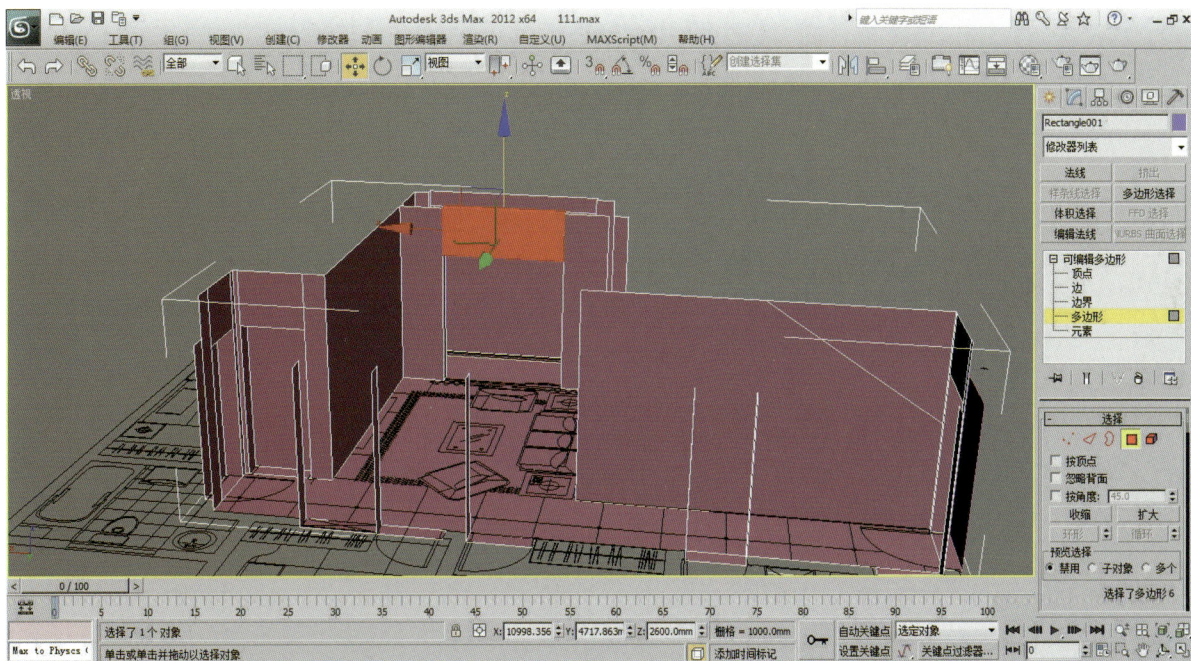

图 7-1-26

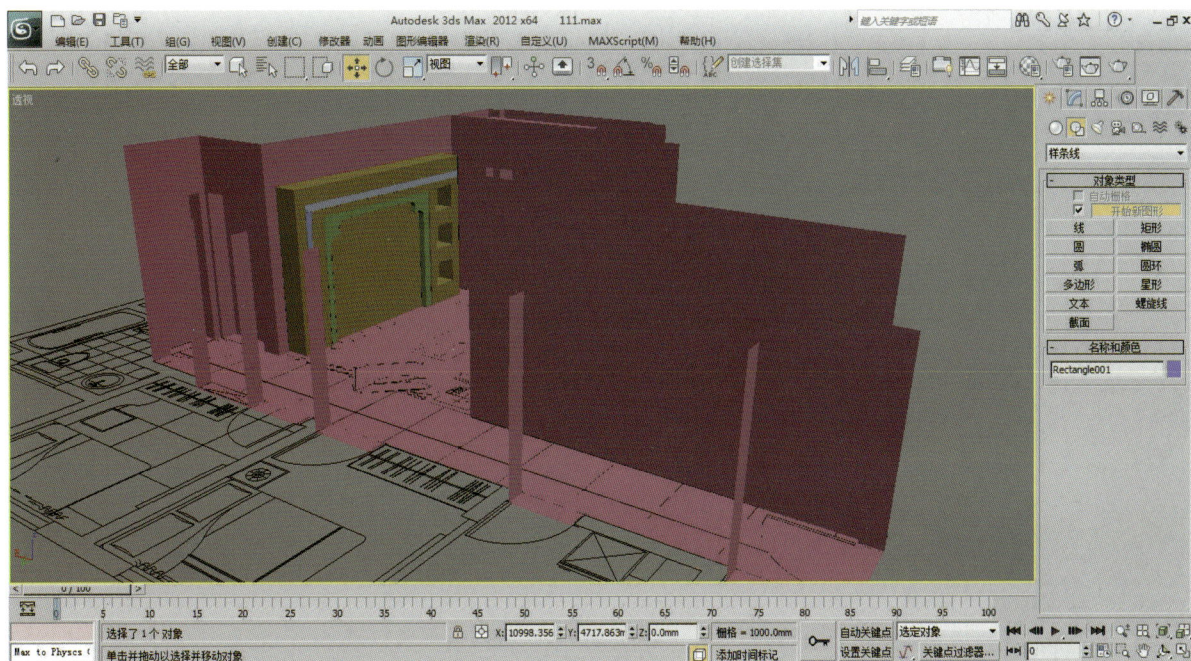

图 7-1-27

不难发现，背景墙就是用了"布尔运算"来做成的。背景墙完成后就是过道的1厘米厚度的镜子墙建模了。操作步骤和前面讲的一样，效果如图7-1-28所示。

接着要建一扇田字格移门的门框，如图7-1-29所示。

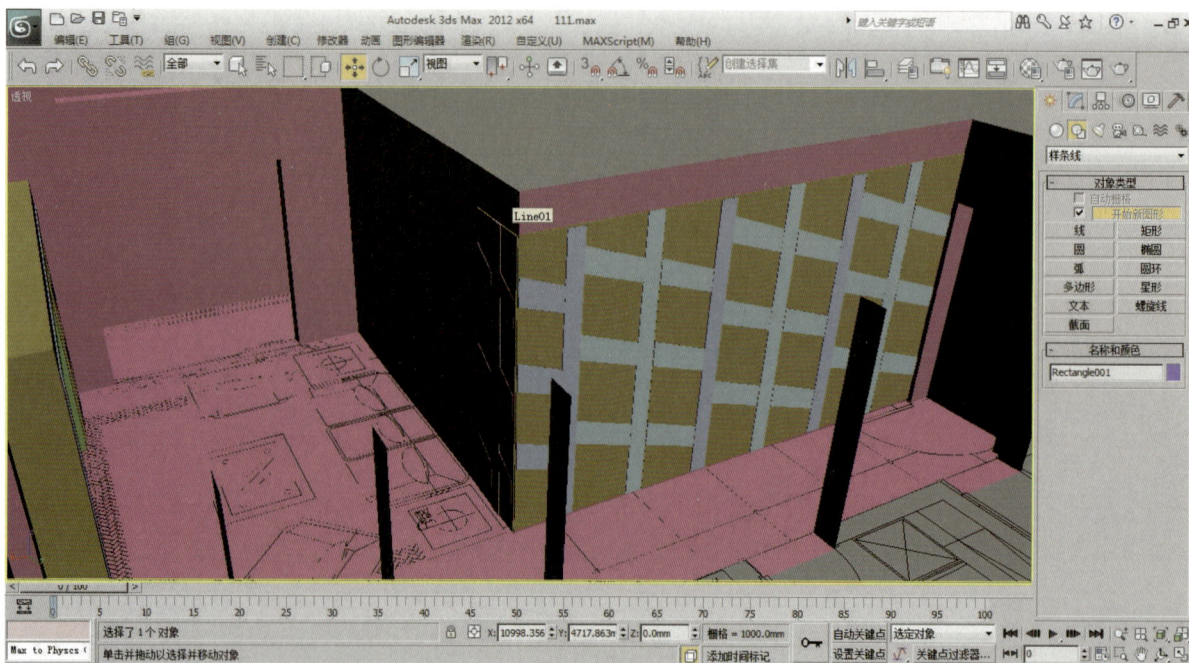

图 7-1-28

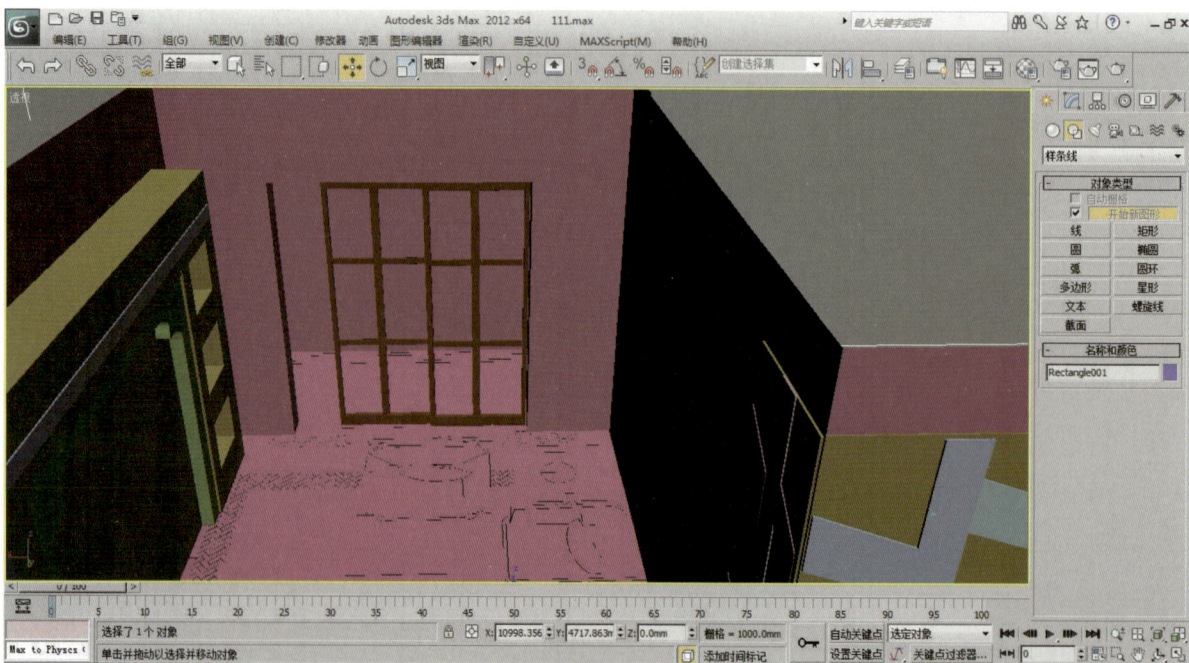

图 7-1-29

沙发背景墙的制作，只要用"长方体"画几条即可，要显得简单，如图7-1-30所示。

这时可以在可编辑多边形里面删掉落地窗的玻璃，如图7-1-31所示。

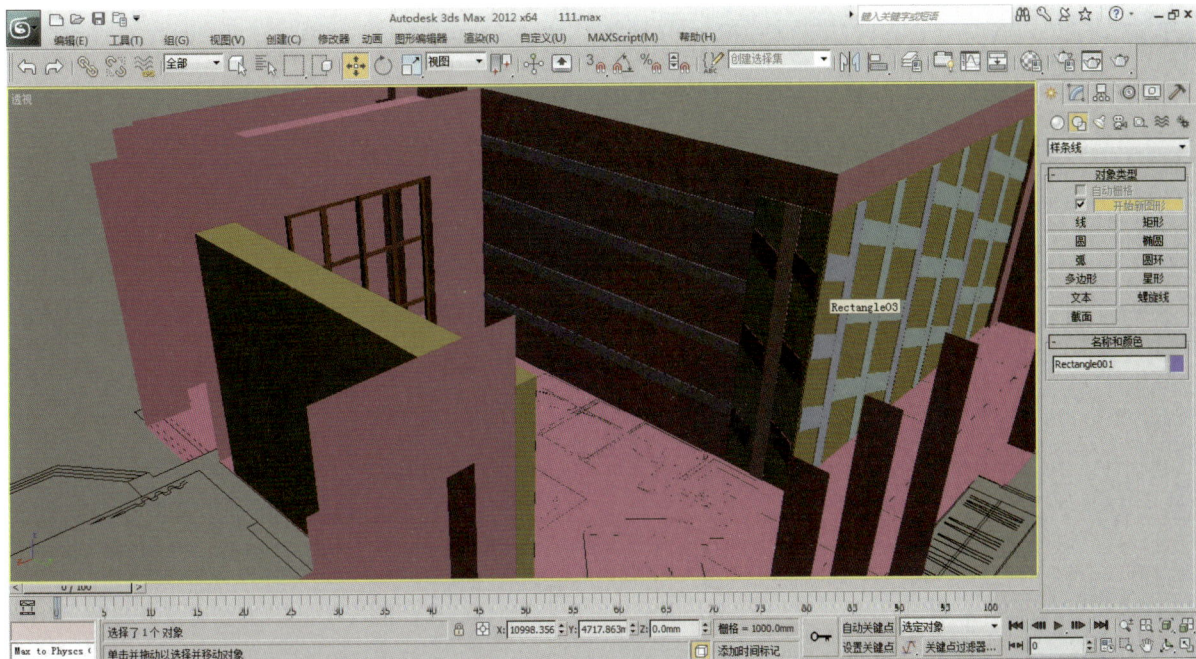

图 7-1-30

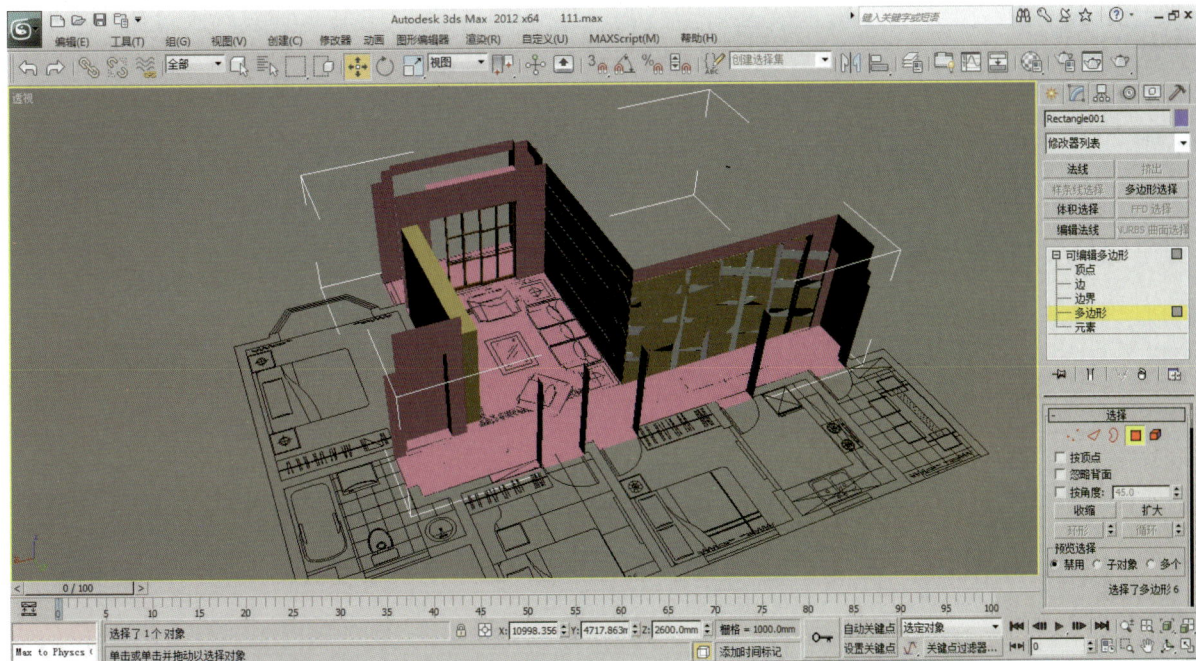

图 7-1-31

室内空间的模型都建好后，就可以吊顶了，先前我们隐藏了两条轮廓线，现在取消隐藏。天花吊顶的制作主要用的是"布尔运算"命令，效果如图7-1-32所示。

吊顶完成后，把它移动到合适的位置，就可以在场景中创建摄像机了，这次要创建两个摄像机，第一个摄像机的角度如图7-1-33所示。

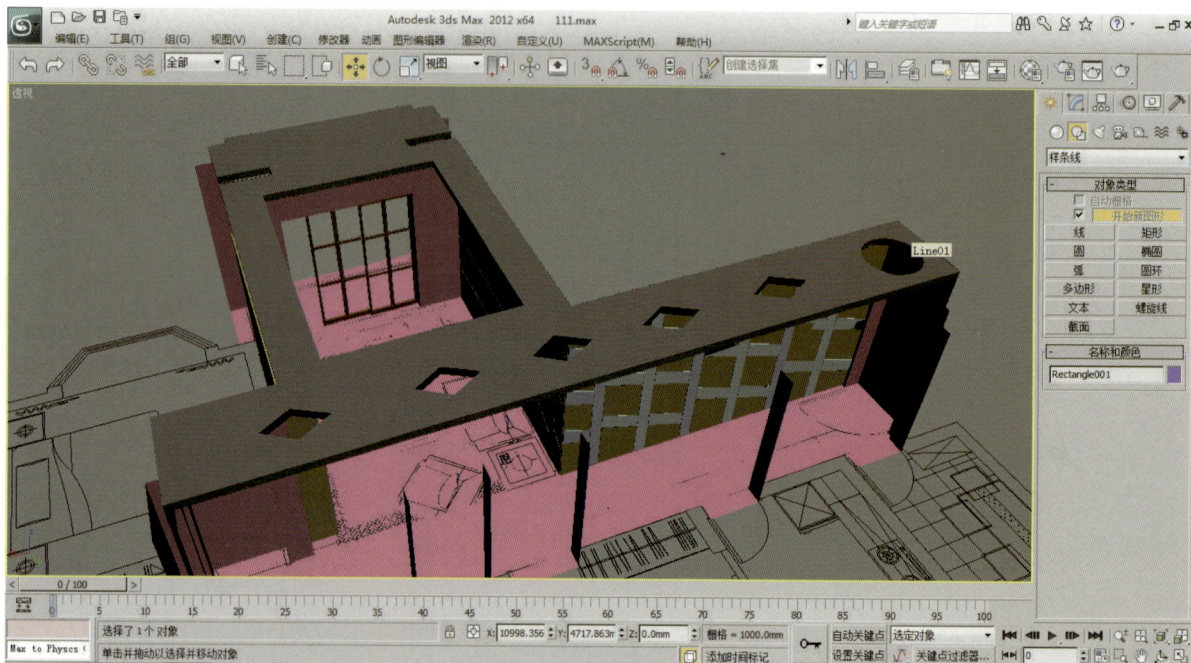

图 7-1-32

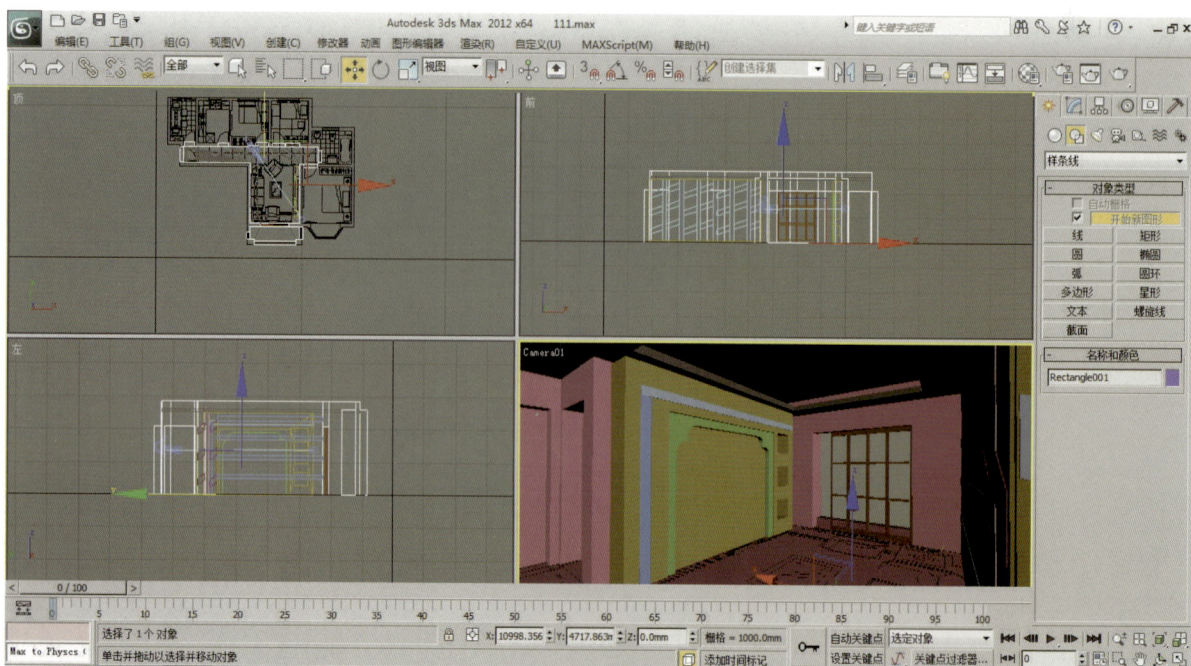

图 7-1-33

第二个摄像机我们要创建在过道的那一侧，建好后在透视图中按快捷键"C"切换到第二个摄像机，如图7-1-34、图7-1-35所示。

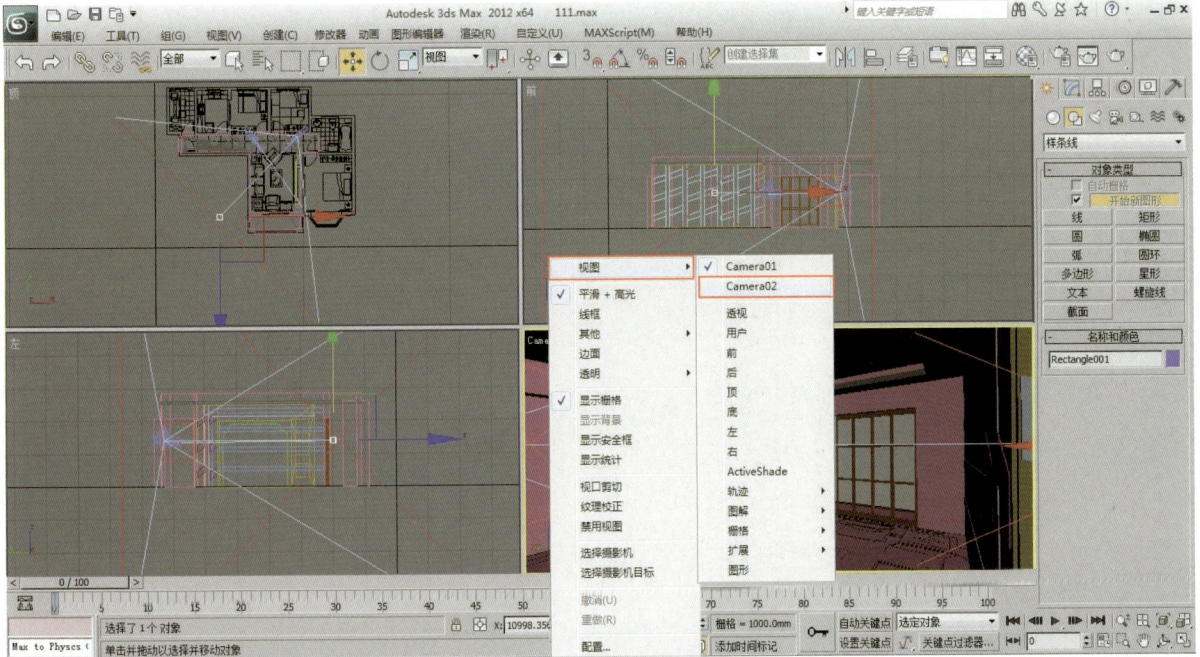

图 7-1-34

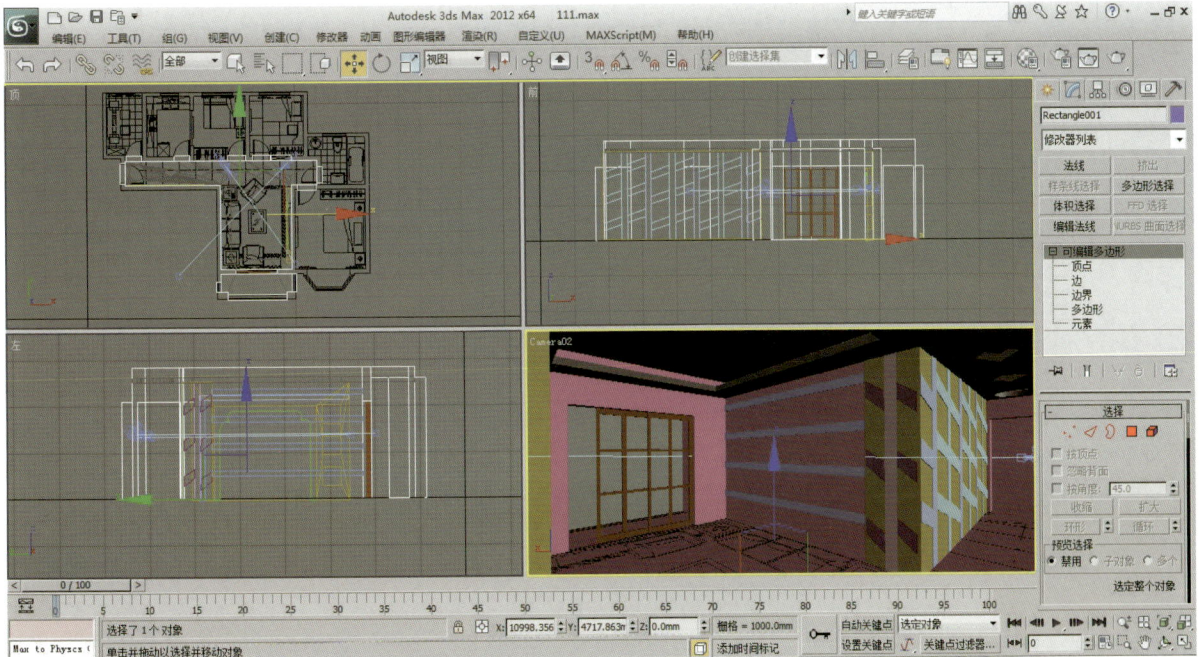

图 7-1-35

最后把踢脚线和吊顶上面的艺术线条凸顶完成，那么场景建模就基本完成了，如图7-1-36、图7-1-37所示。

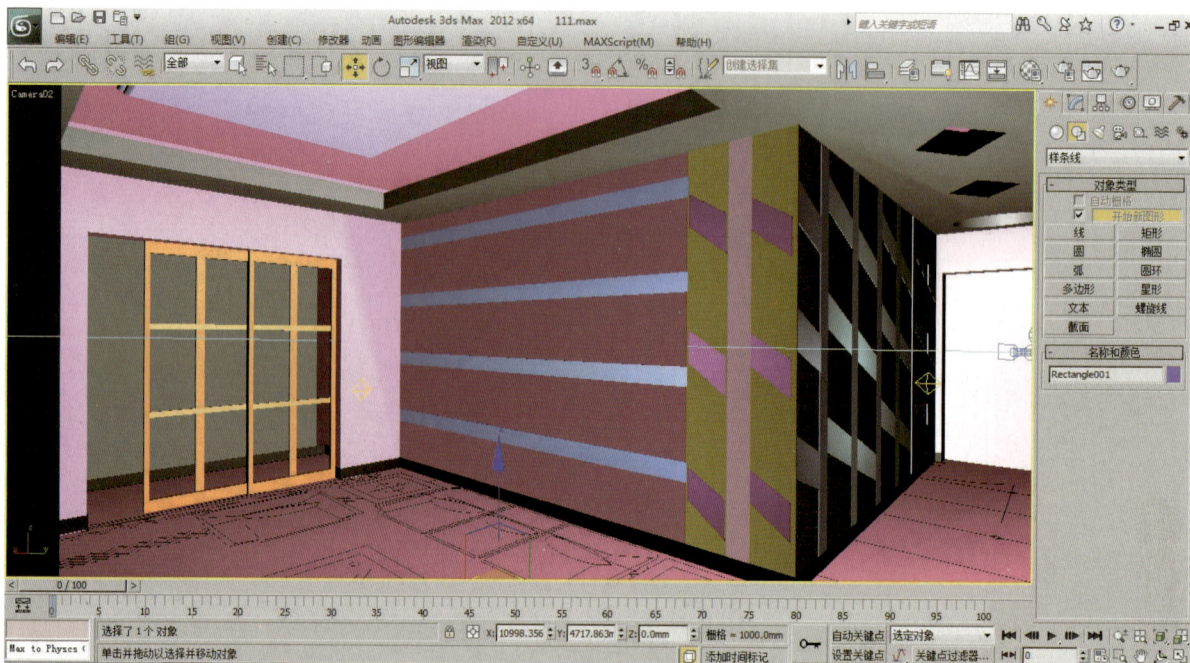

图 7-1-36

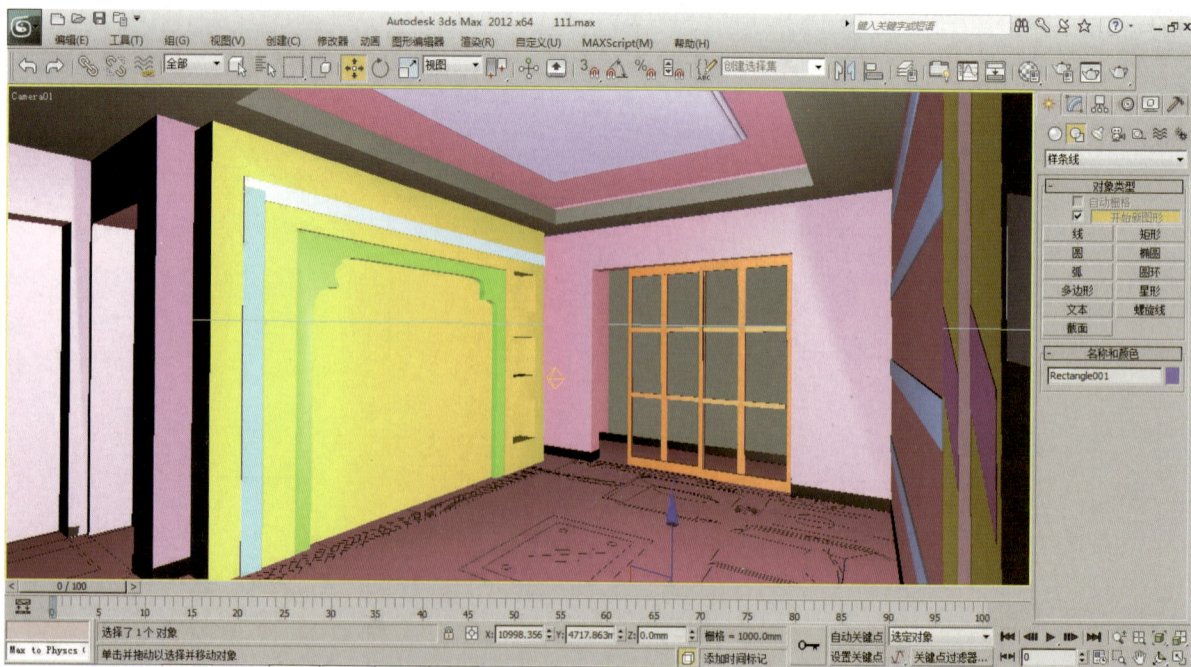

图 7-1-37

上面为了看效果，所以打了两盏泛光灯，下面我们进入V-Ray灯光在室内效果图中的打法。

7.2 客厅效果图灯光的打法

首先把场景中的泛光灯删除，然后创建两盏V-Ray灯光，模仿从室外进来的自然光，颜色偏蓝，如图7-2-1所示。灯带的打法和前面简单空间建模灯光布置的打法是一样的，如图7-2-2所示。

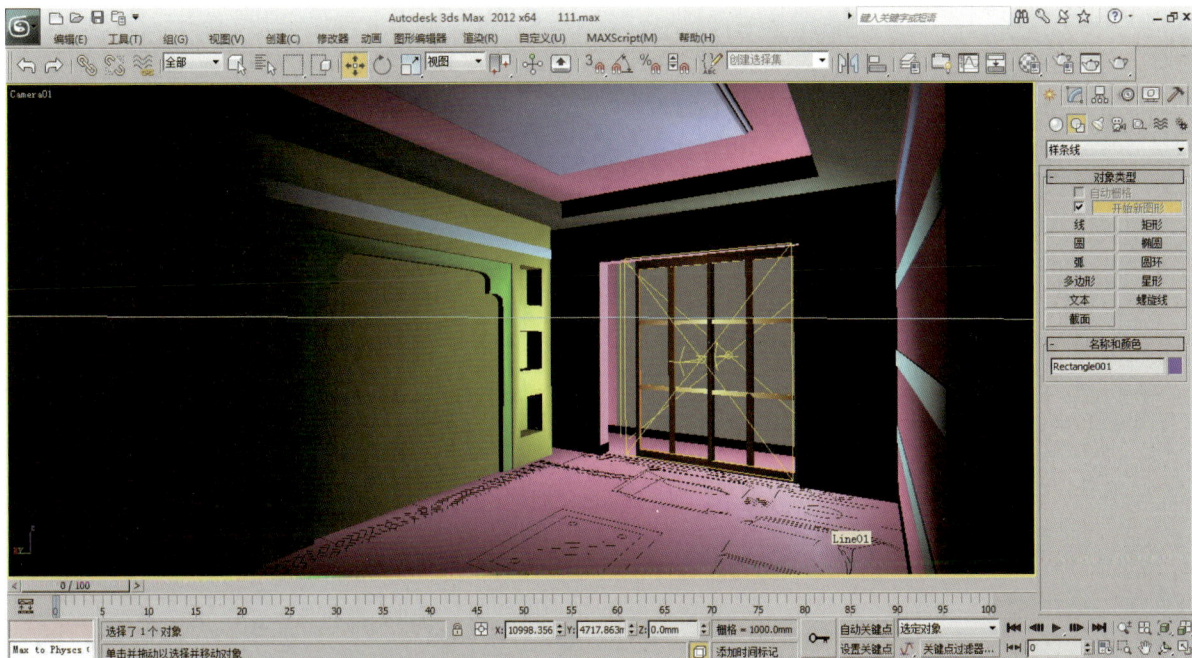

图 7-2-1

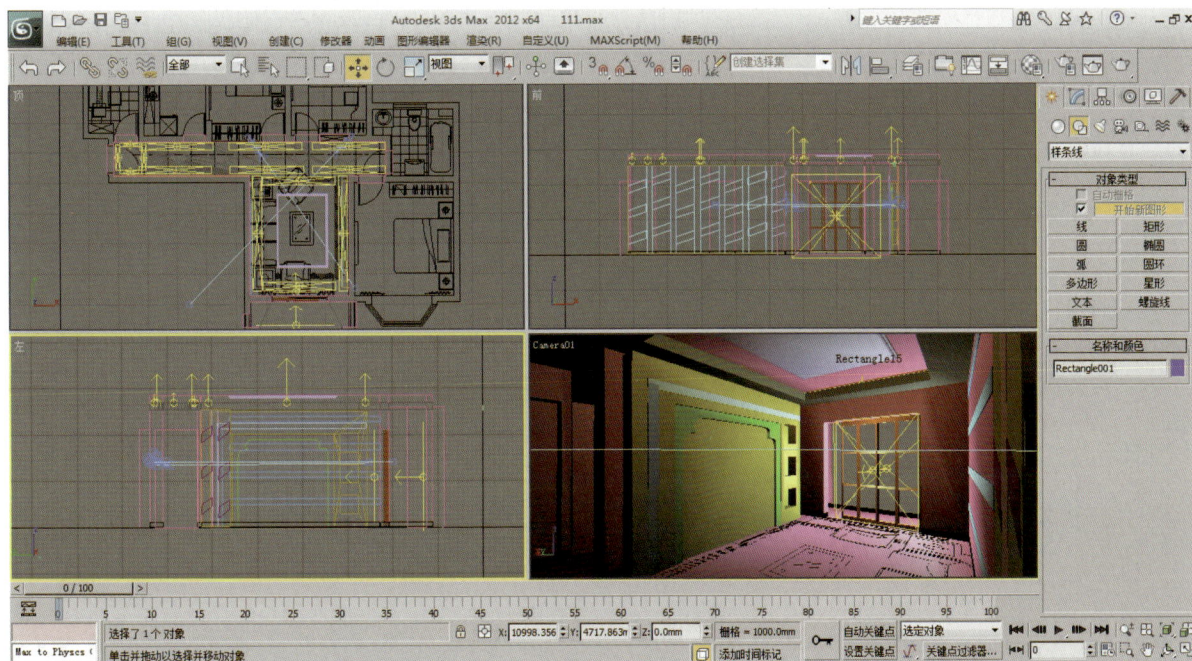

图 7-2-2

灯带完成后，就是场景中射灯的布置了，如图7-2-3所示。

还要在过道中增加几盏补充光源，如图7-2-4所示。

灯光全部布置完毕后，就可以进入灯光的测试阶段了，可以用白膜的方式进行测试，打开渲染设置面板，在全局开关中勾选覆盖材质，选择一个材质球，把它拖过去，如图7-2-5所示。

接下来就可以看到灯光的测试效果了，如图7-2-6、图7-2-7所示。

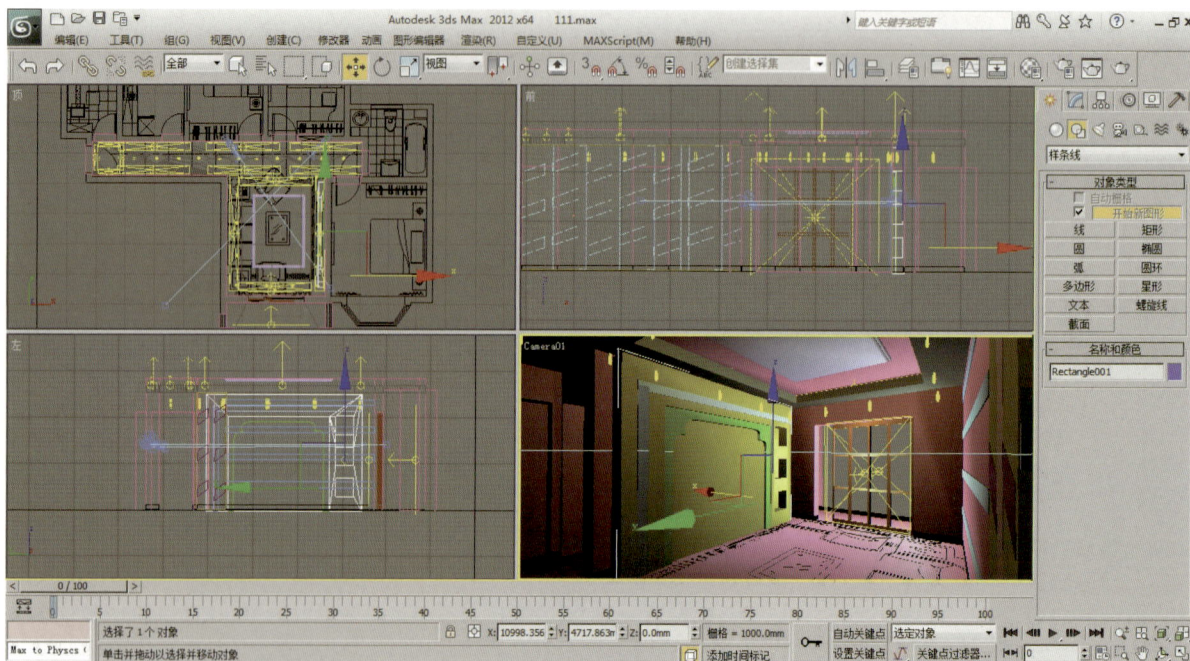

图 7-2-3

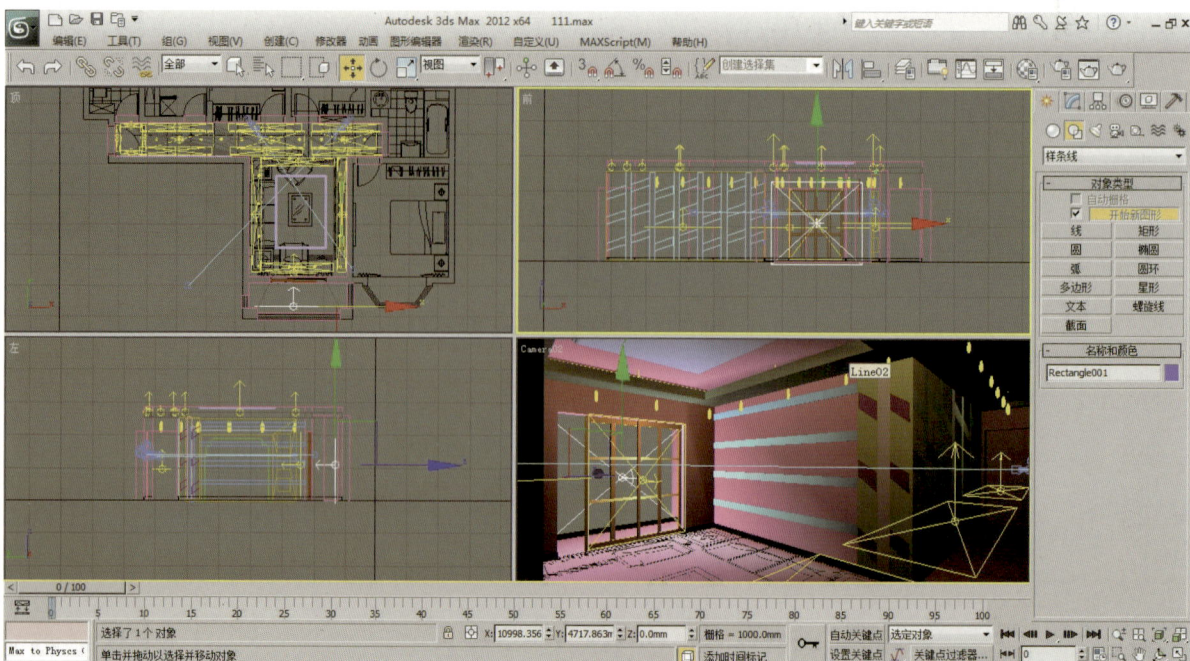

图 7-2-4

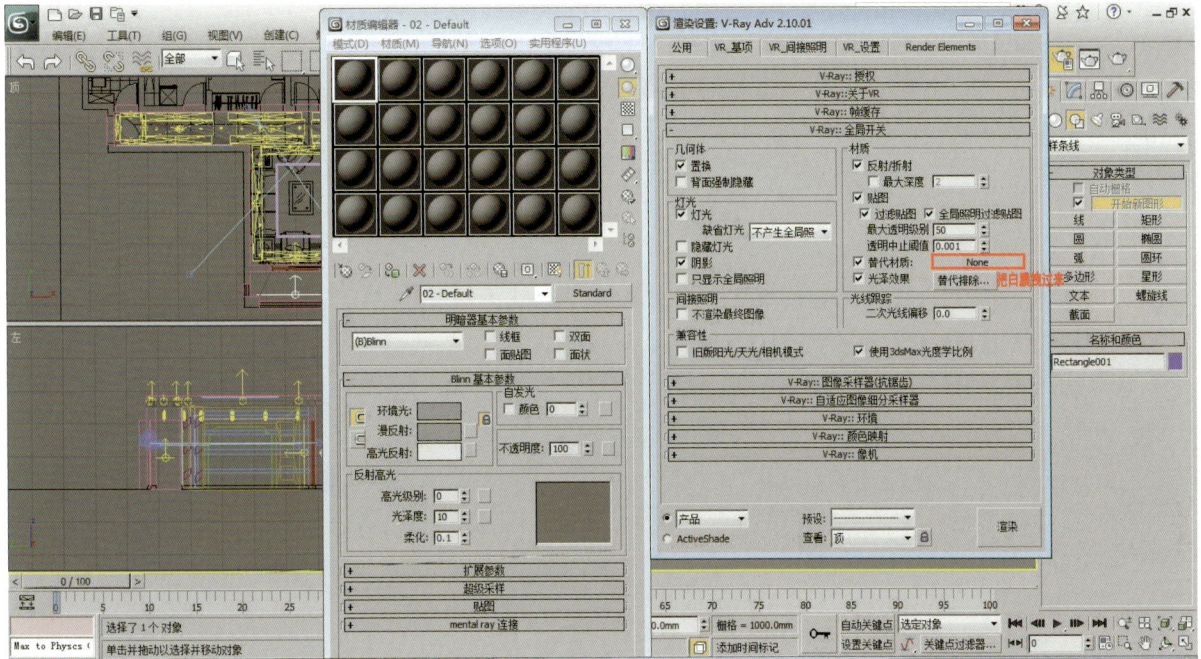

图 7-2-5

图 7-2-6

图 7-2-7

思考与练习

1. 客厅中干枝的模型是如何创建的?

2. 导入模型的修改注意点有哪些?

第8章　客厅空间效果图极速表现

在前面简单建模中我们已经对模型的创建、材质的赋予做了详细的讲解，下面用一个例子来讲一下"合并"材质的操作方法。还是接上面的案例。

8.1 客厅效果图模型的综合表现

首先把客厅沙发的模型创建好，然后单击文件找到导入命令，点击右边的小箭头就会出现合并命令，如图8-1-1所示。

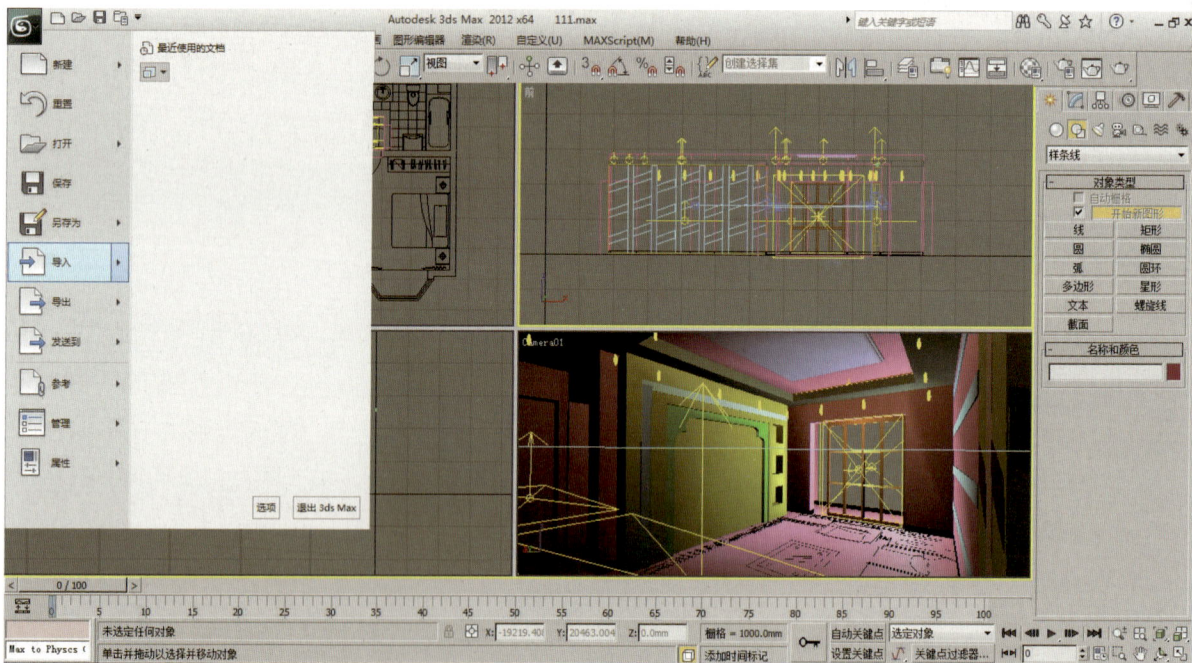

图 8-1-1

点击【合并】按钮，找到事先做好的沙发模型所在的位置，如图8-1-2所示。

此时弹出的对话框是"合并"选项，点选全部。沙发模型就进入场景中了，如图8-1-3所示。

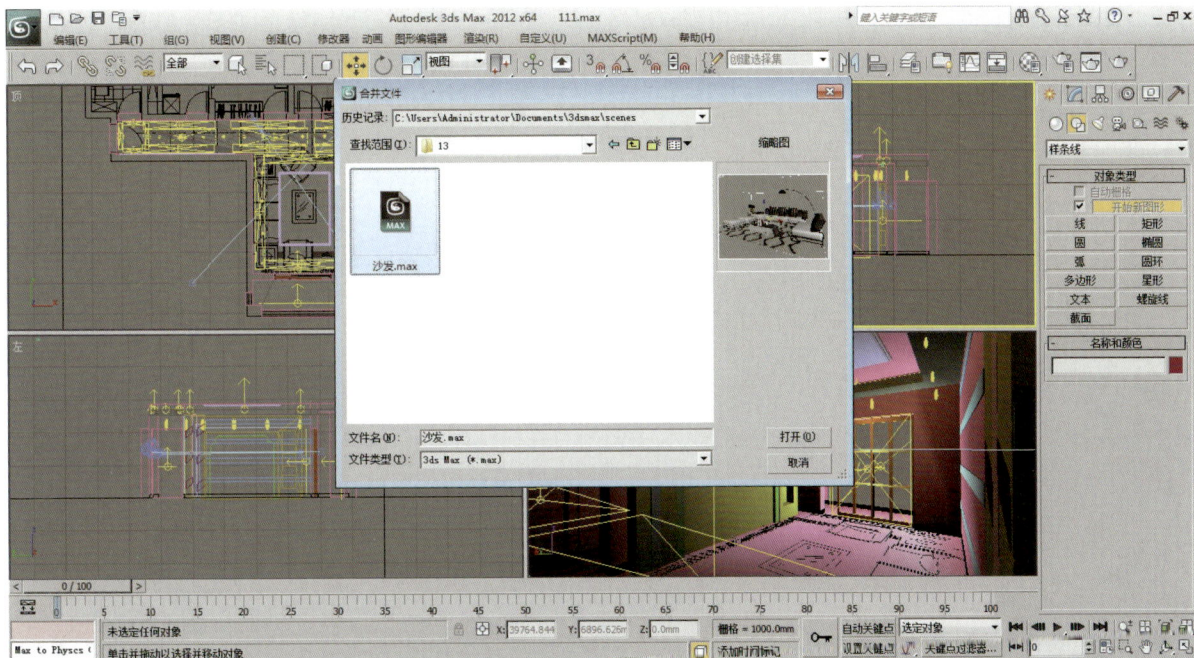

图 8-1-2

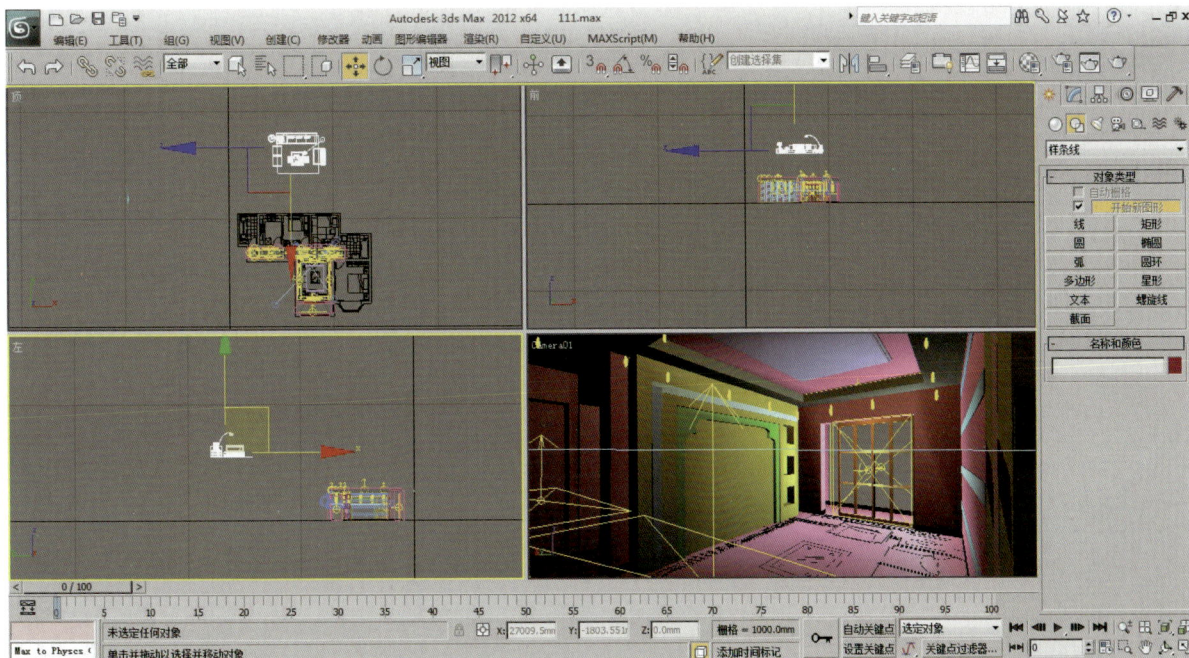

图 8-1-3

观察后可以发现，导入的模型很大而且方向也不对。可以用缩放工具缩到合适的尺寸，再运用旋转工具旋转90°，如图8-1-4所示。

把沙发模型放到合适的位置，并做相应的调整，如图8-1-5所示。

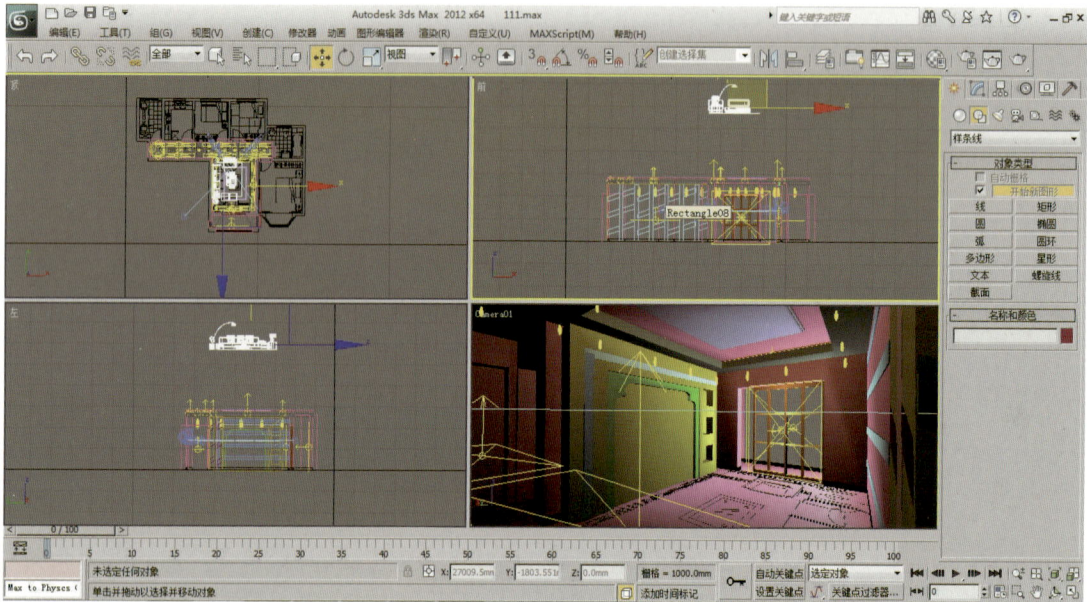

图 8-1-4

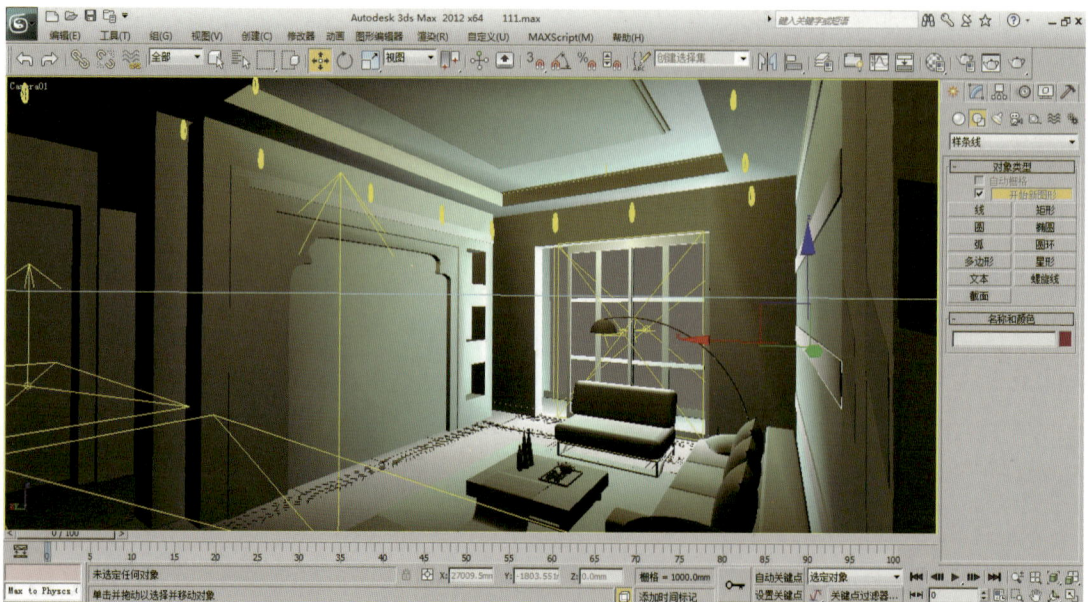

图 8-1-5

其他模型合并的方法和第一个沙发模型合并的方法是一样的，最后摆放如图8-1-6所示。

模型都合并完毕后，再进行简单的渲染测试，效果如图8-1-7、图8-1-8所示。

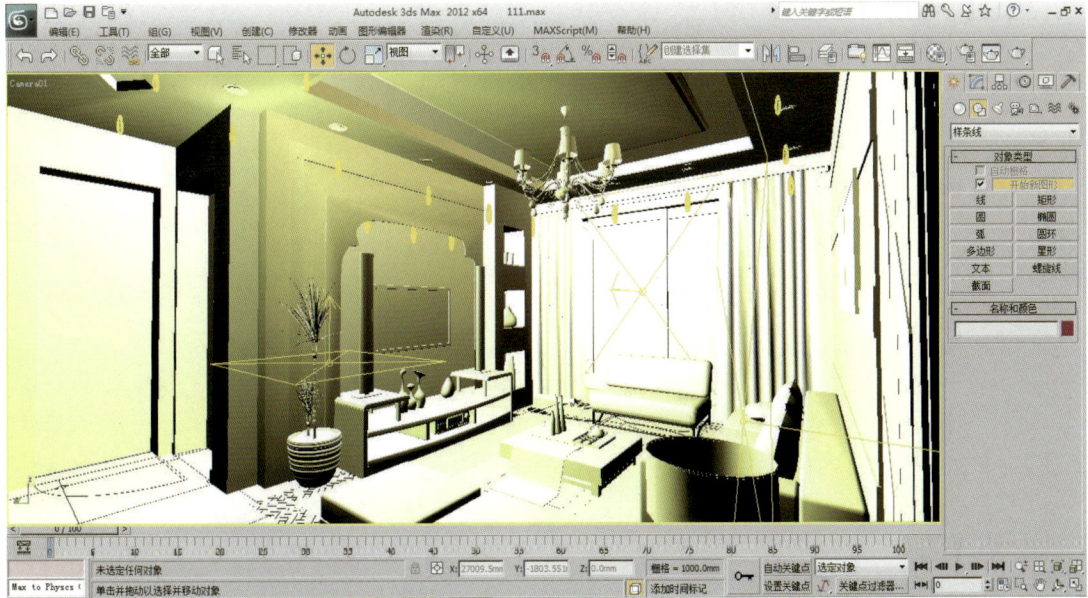

图 8-1-6

图 8-1-7

图 8-1-8

8.2 客厅效果图模型的最终贴图与渲染

关于场景中材质的赋予，前面简单空间效果图表现流程中已经很详细地讲解了，包括材质赋予后的测试阶段。所以本节就给大家看一下客厅最终的效果图，如图8-2-1、图8-2-2所示。

图 8-2-1

图 8-2-2

思考与练习

1. 简述客厅效果图模型的综合表现的整个流程。
2. 客厅效果图表现中，如何表现其中的点光源、线光源、面光源？

第 9 章　卧室空间效果图极速表现

上面我们已经讲过客厅效果图的制作流程表现，接下来再以相同的案例给大家举例。我们将制作一个卧室的效果图，具体的制作步骤和前面制作客厅的步骤是相同的，即CAD资料的导入、基本模型的建立、灯光的布置、摄像机的打法、材质的赋予、测试阶段渲染器的设置以及最终的渲染出图。本章我们不对上面的流程进行一一讲解，只讲述对灯光布置部分、模型合并部分、测试阶段渲染器设置部分和最终出图部分。

9.1 卧室效果图模型的综合表现

9.1.1 卧室场景的建模

卧室场景的建模和前面制作客厅模型一样，在CAD资料导入后，用线绘制卧室的基本轮廓，然后挤出楼层的高度，如图9-1-1所示。

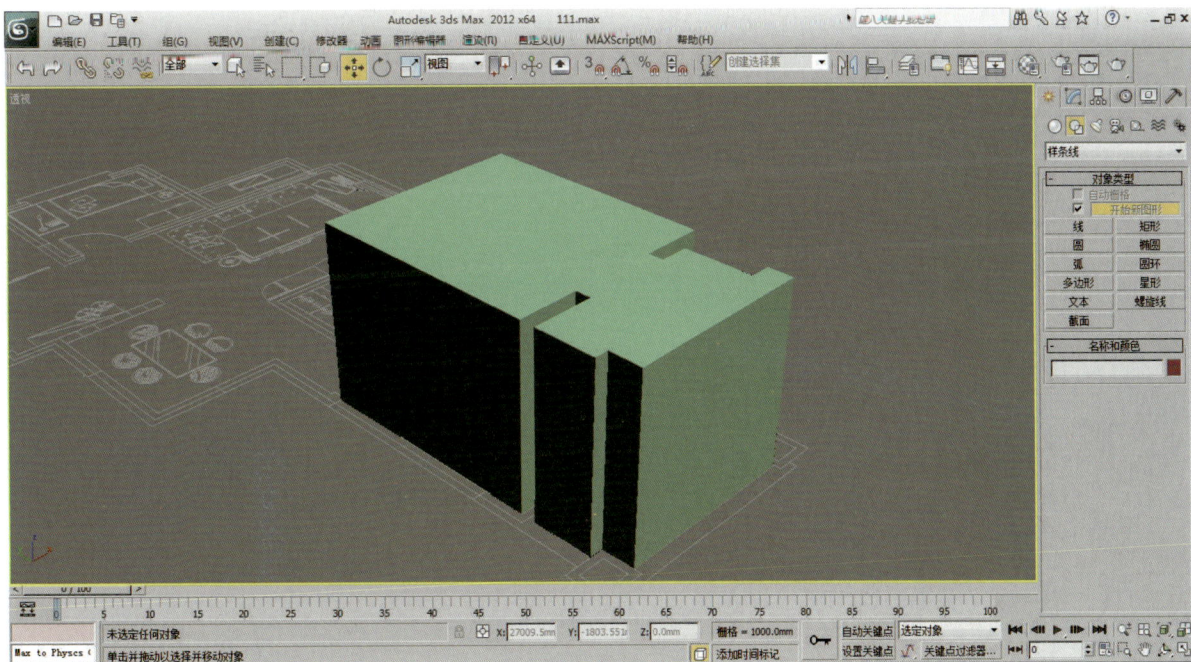

图 9-1-1

模型挤出以后，对它进行编辑，添加"法线"，勾选"背面消隐"，如图9-1-2所示。
转换为可编辑多边形，对它进行编辑以及分离，如图9-1-3所示。

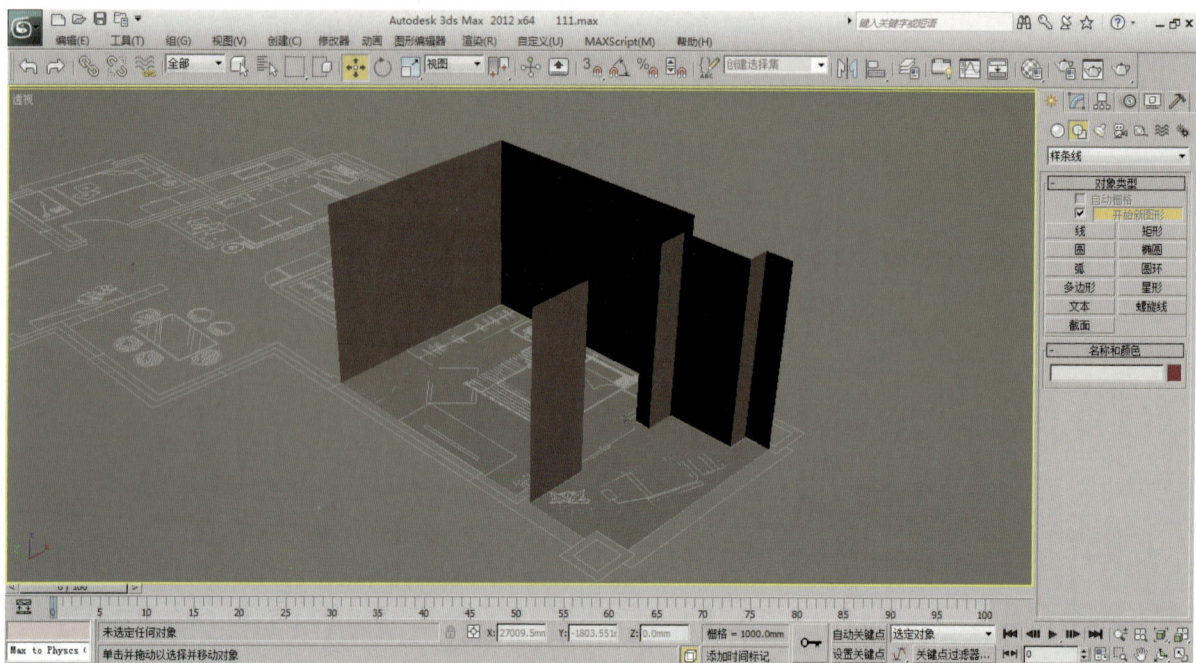

图 9-1-2

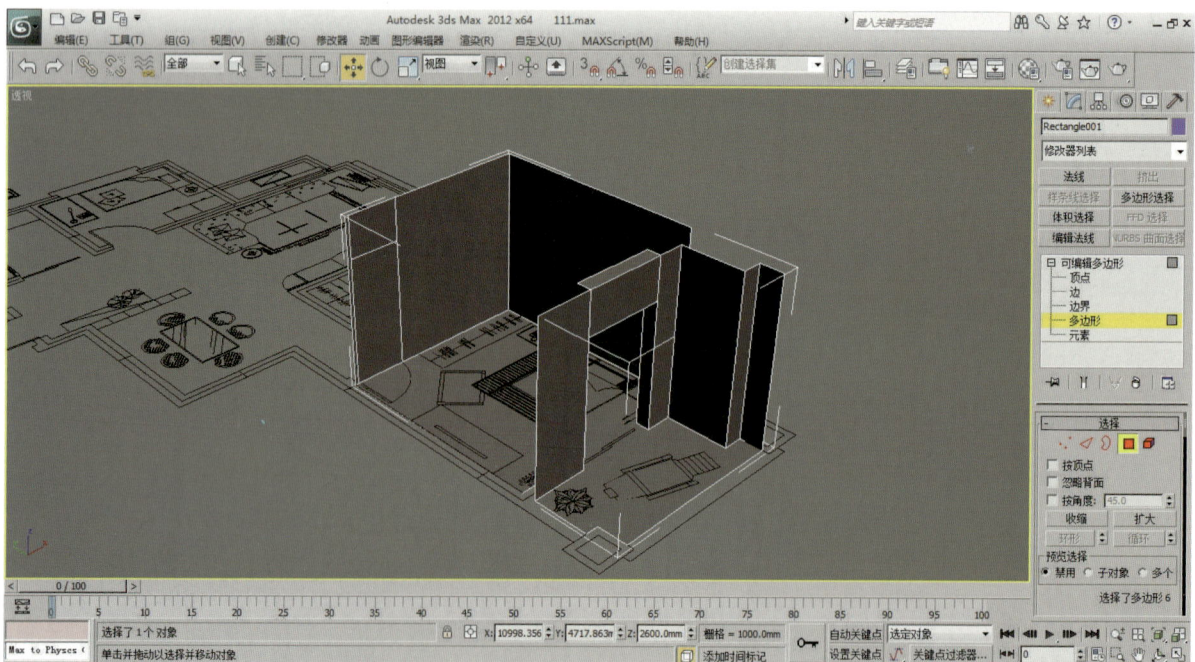

图 9-1-3

9.1.2 布置摄像机

吊顶和踢脚线的创建和前面是一样的。接下来就进入摄像机的创建，如图9-1-4所示。

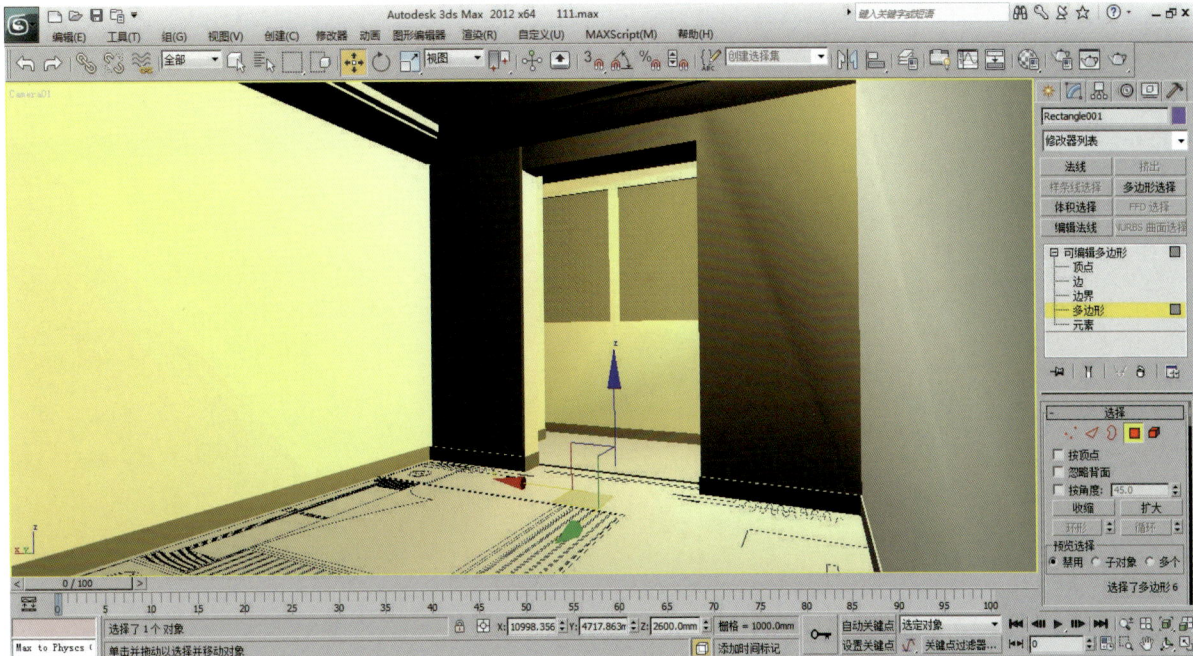

图 9-1-4

9.1.3 灯光的布置

场景中灯光的布置，如图9-1-5所示。

进行灯光的测试部分和白膜形式的测试，如图9-1-6所示。

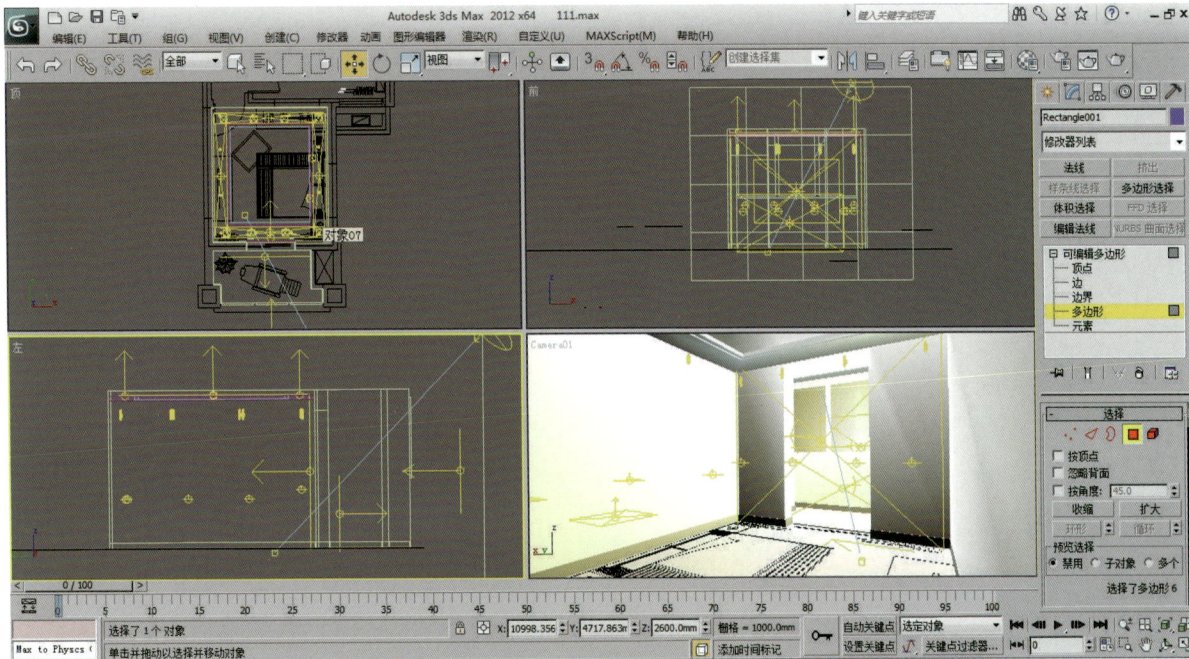

图 9-1-5

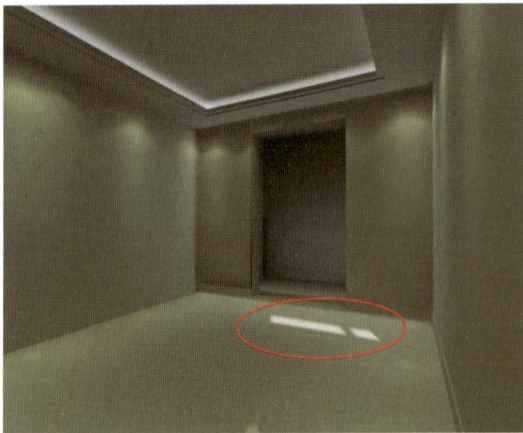

图 9-1-6

9.1.4 模拟到合并

本次灯光的布置我们又新增加了VR阳光命令，用它来模拟阳光，如图9-1-6中红色标记处。接下来把事先制作好的模型全部合并到场景中，并放置在合适的位置，如图9-1-7所示。

到这里，场景、灯光、室内的模型就基本制作完成了。总体摆放位置如图9-1-8所示。

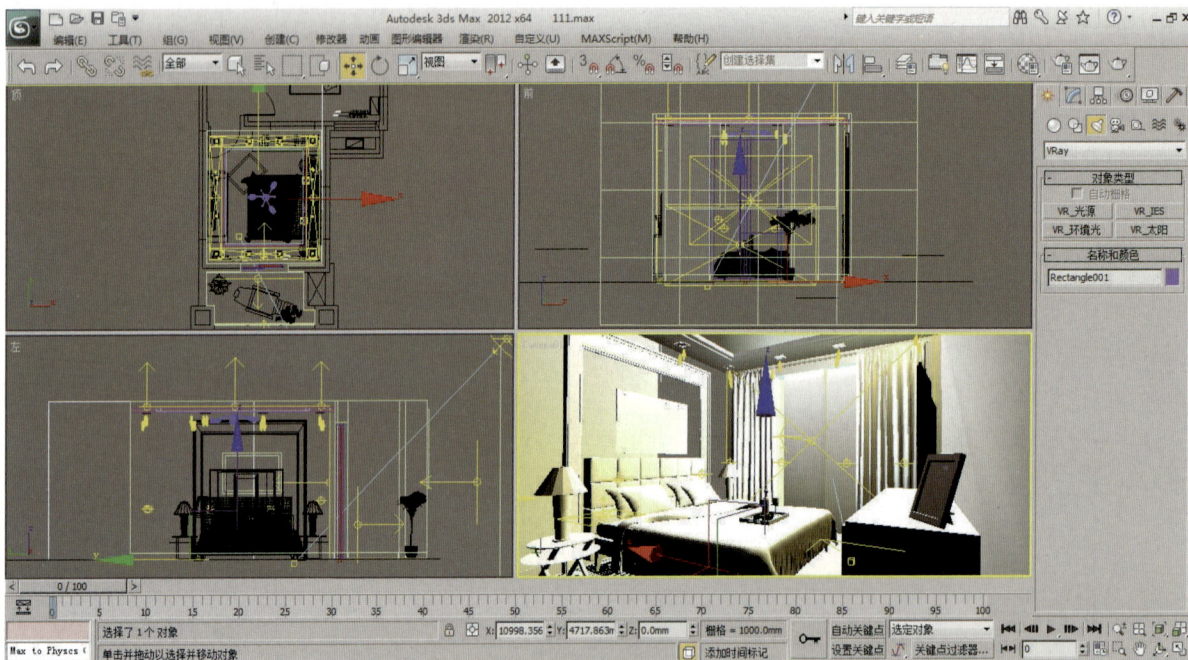

图 9-1-7

图 9-1-8

9.2 卧室效果图模型的最终贴图与渲染

9.2.1 材质贴图

室内模型制作完成以后，给它们赋予相应的材质，在灯光的照射下使它们更加的富有质感，如图9-2-1所示。

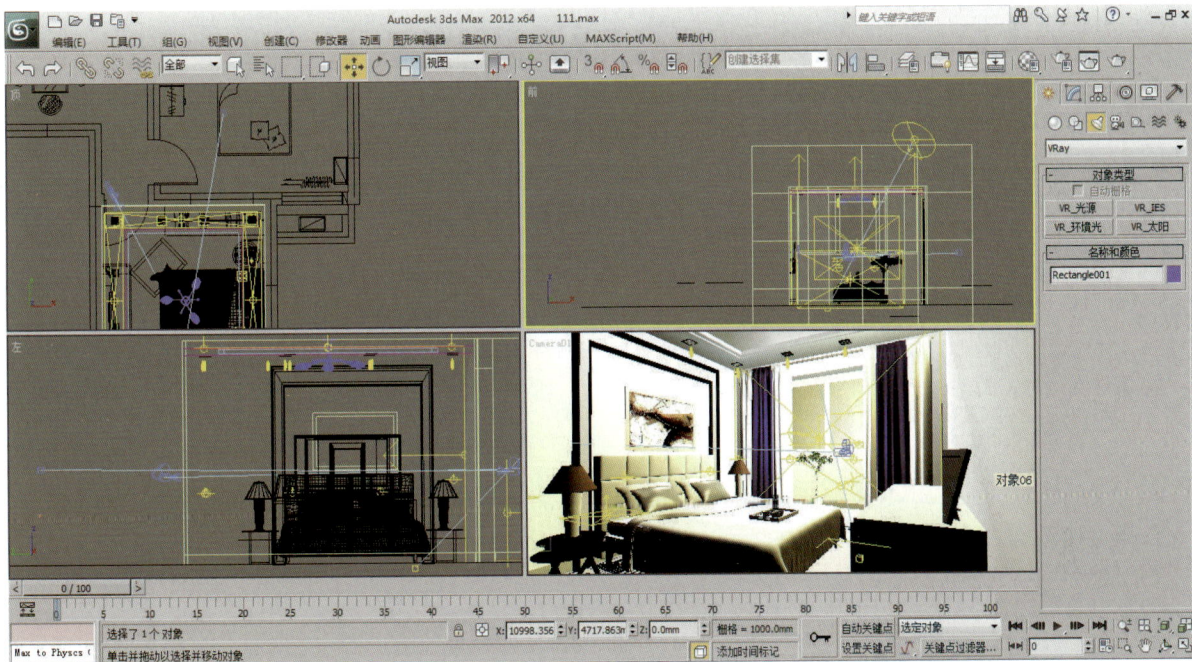

图 9-2-1

9.2.2 材质贴图的测试

材质赋予完毕以后，进行渲染部分的测试阶段，效果如图9-2-2所示。

此时可以看到，床单部分放置的位置还不是很正确，需要进行细微的调整，然后再进行一次渲染测试，如图9-2-3所示。

9.2.3 最终渲染效果图

测试完成后，发现其光感质感都已经基本达到要求，模型的位置也基本正确了，只是质量非常低，这是因为在测试阶段所有参数都降低了，下面调高参数，就可以渲染出高品质的效果图，如图9-2-4所示。

就这样，卧室效果图就完成了。

图 9-2-2

图 9-2-3

图 9-2-4

思考与练习

1. 3ds Max卧室效果图最终贴图的显示方法有哪些?

2. 3ds Max卧室效果图最终渲染的参数设置技巧有哪些?

第10章 餐厅效果图极速表现

本章要给大家讲解一个餐厅效果图的制作方法，当然和前面所讲的客厅和卧室的建模方法是有类似之处的。不同之处是，这次导入的CAD文件是一个立面图。

10.1 餐厅效果图模型的综合表现

10.1.1 CAD 资料的导入

开始步骤和前面讲的都是一样的，首先是CAD文件的导入，如图10-1-1所示。

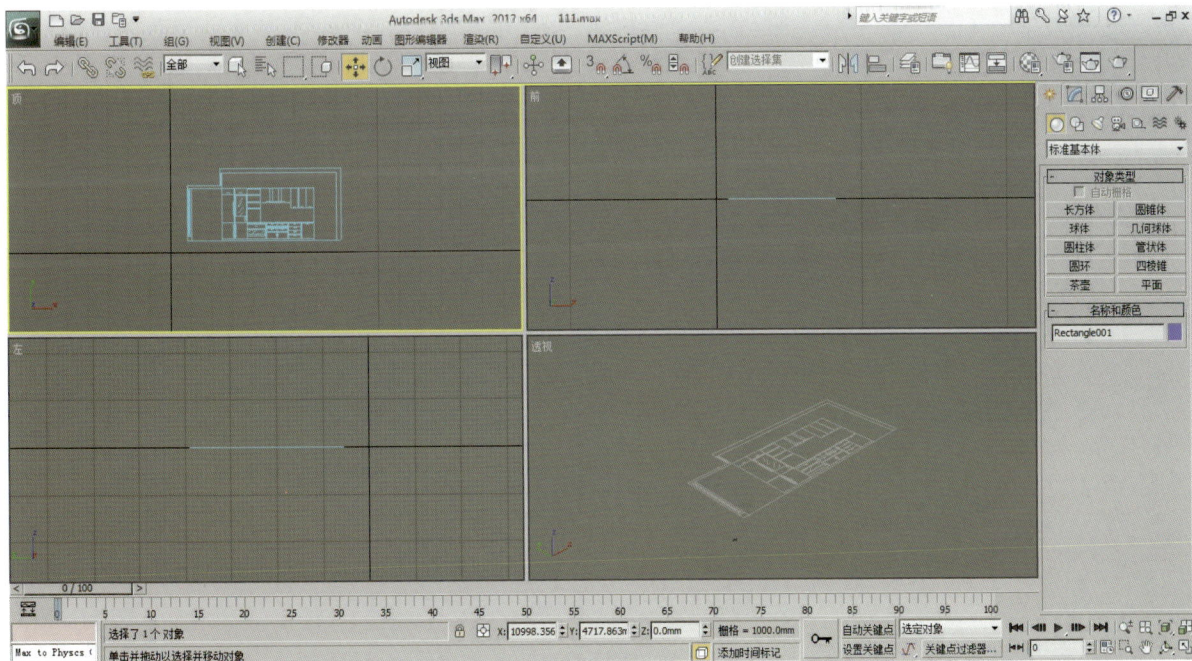

图 10-1-1

选择"旋转"工具，设置好"角度捕捉切换"为90度，回到前视图对CAD文件进行一个旋转，如图10-1-2所示。冻结当前选择，把CAD立面图放到合适的位置，如图10-1-3所示。

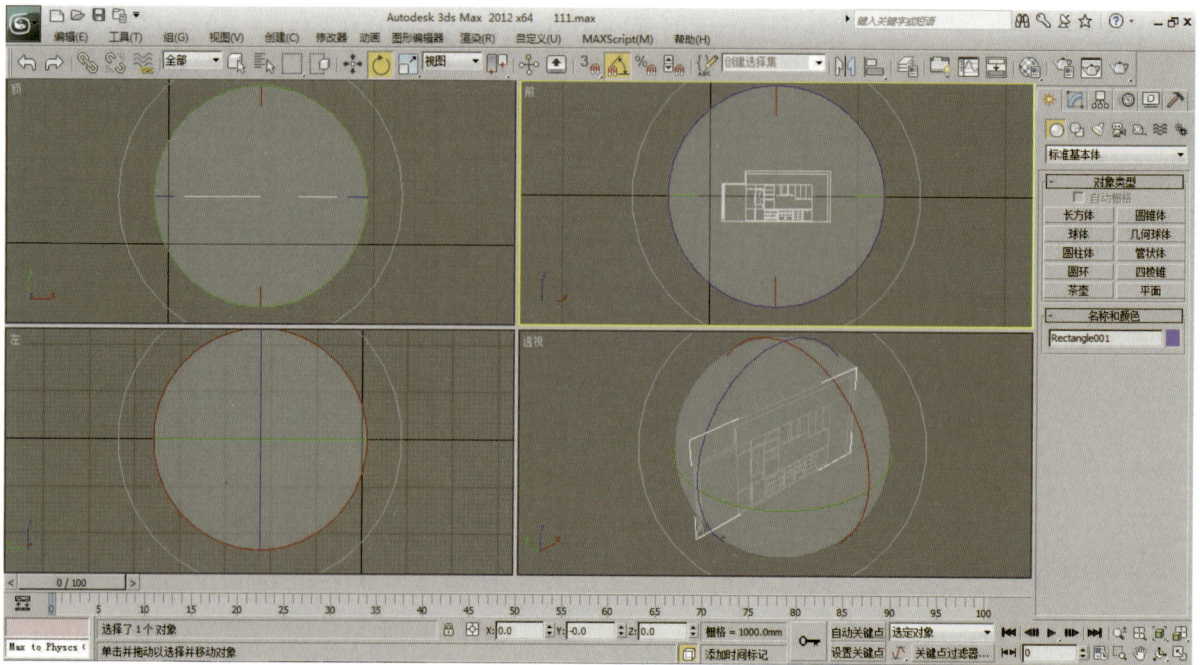

图 10-1-2

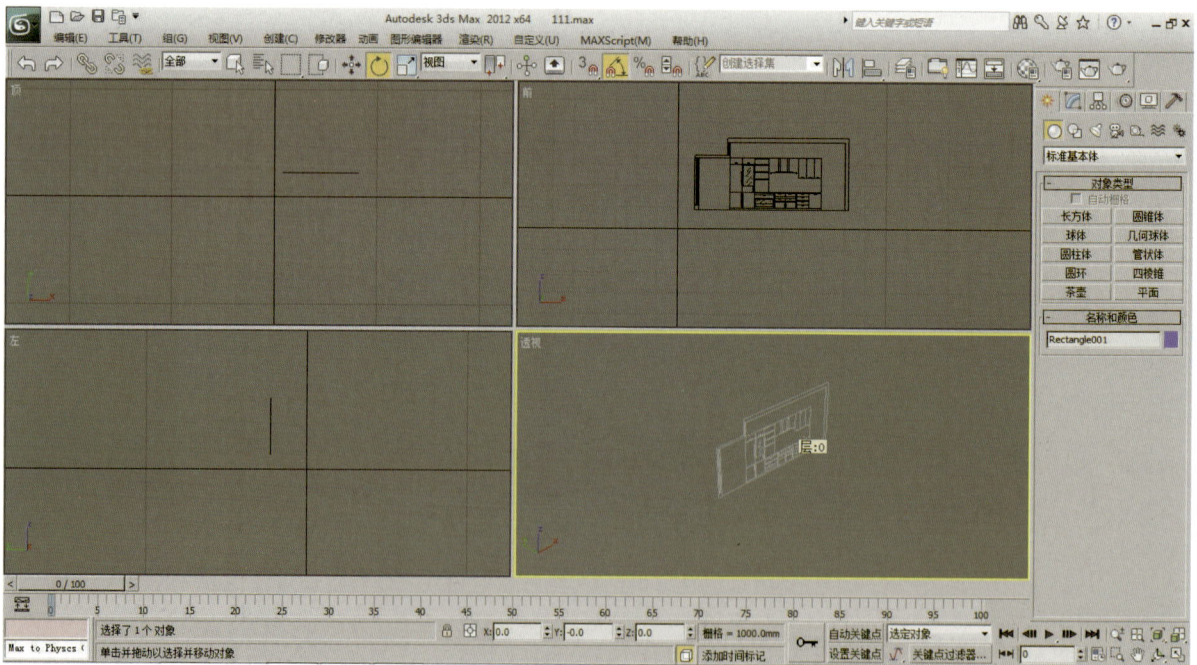

图 10-1-3

10.1.2 餐厅模型的建立

这次建模的不同处就在于操作视口的不同，前面都是在顶视图中进行操作的，本次要在前视图中进行操作。先用线绘制出餐厅的轮廓线，如图10-1-4所示。

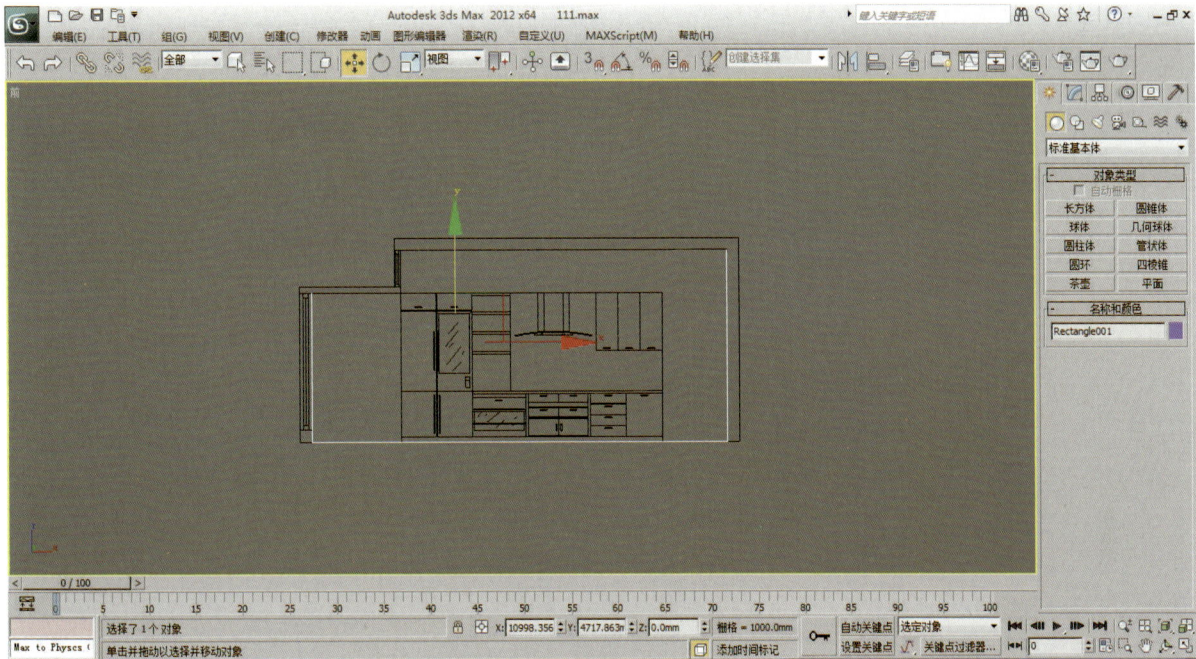

图 10-1-4

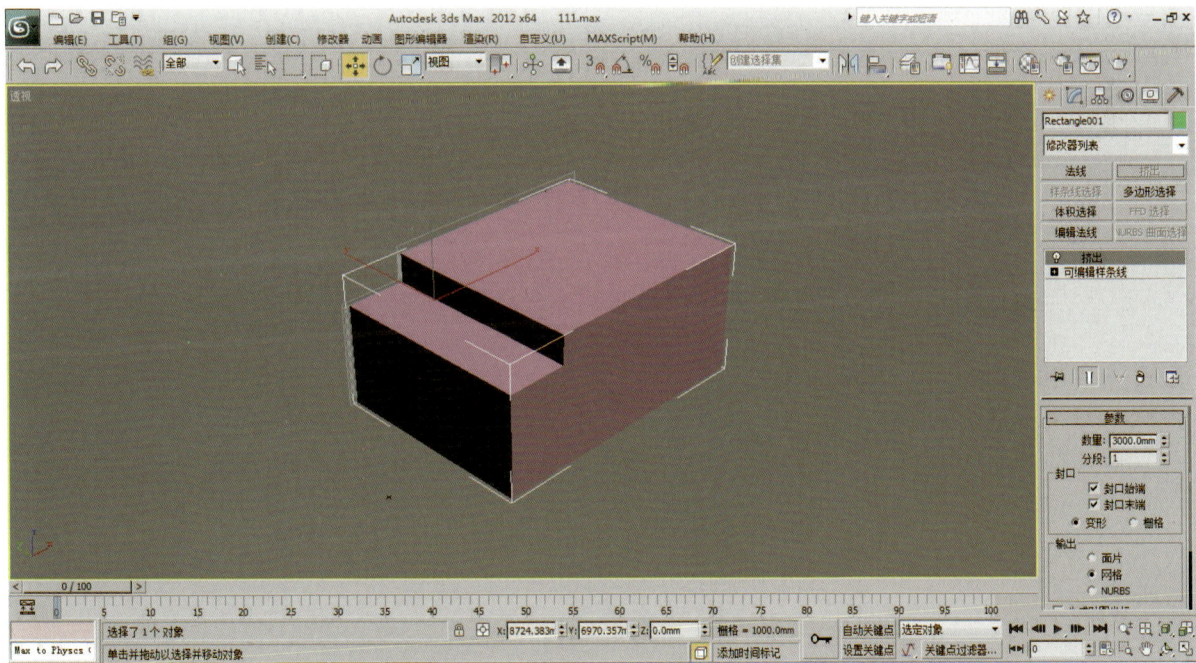

图 10-1-5

　　然后要挤出的是餐厅的宽度，而不是像前面挤出楼层的高度。这就是本次建模的不同之处，如图10-1-5所示。

　　接下来的布置就和前面的一样了，执行"法线"和"背面消隐"命令，如图10-1-6所示。

　　接下来就要根据CAD资料来制作模型，首先来制作它的窗户，转化为"可编辑多变形"制作效果，如图10-1-7所示。

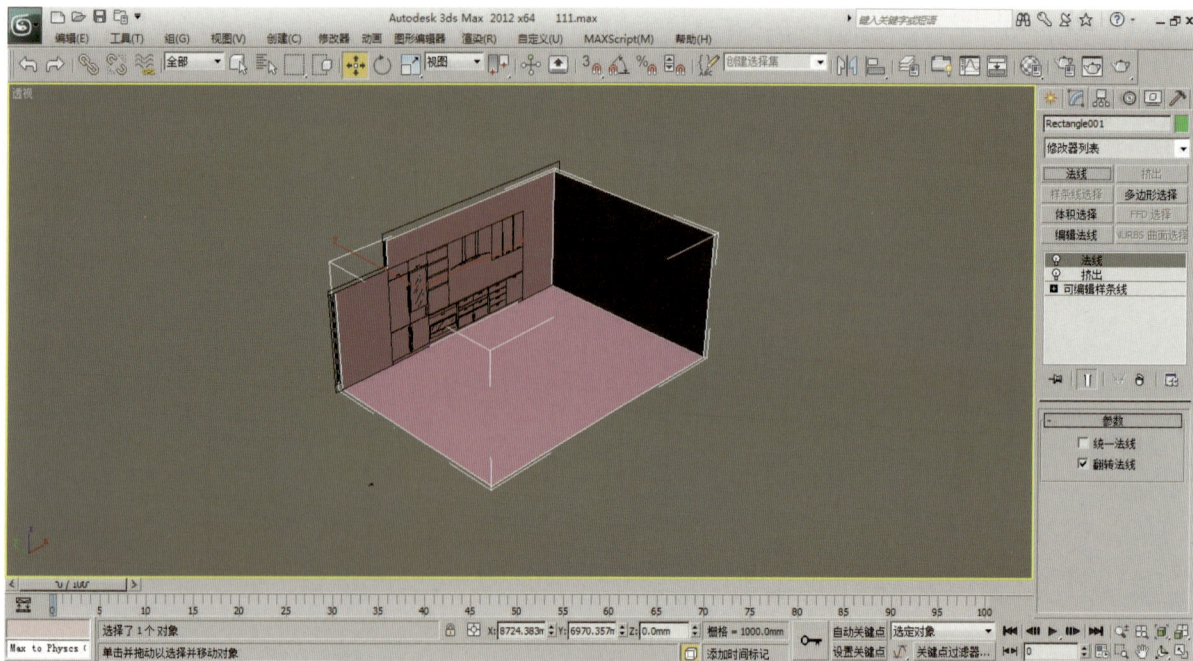

图 10-1-6

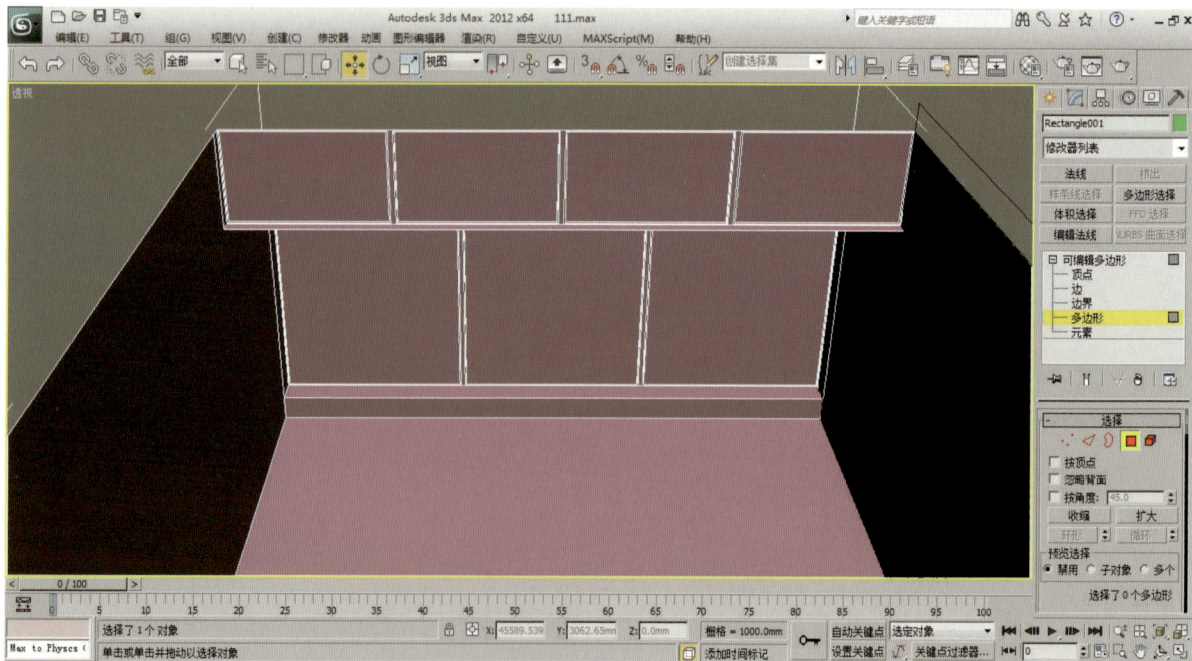

图 10-1-7

窗户制作完成后，创建摄像机，如图10-1-8所示。

到这里，餐厅建模就完成了，和前面不同的是这里不需要吊顶。下面进入灯光的布置。

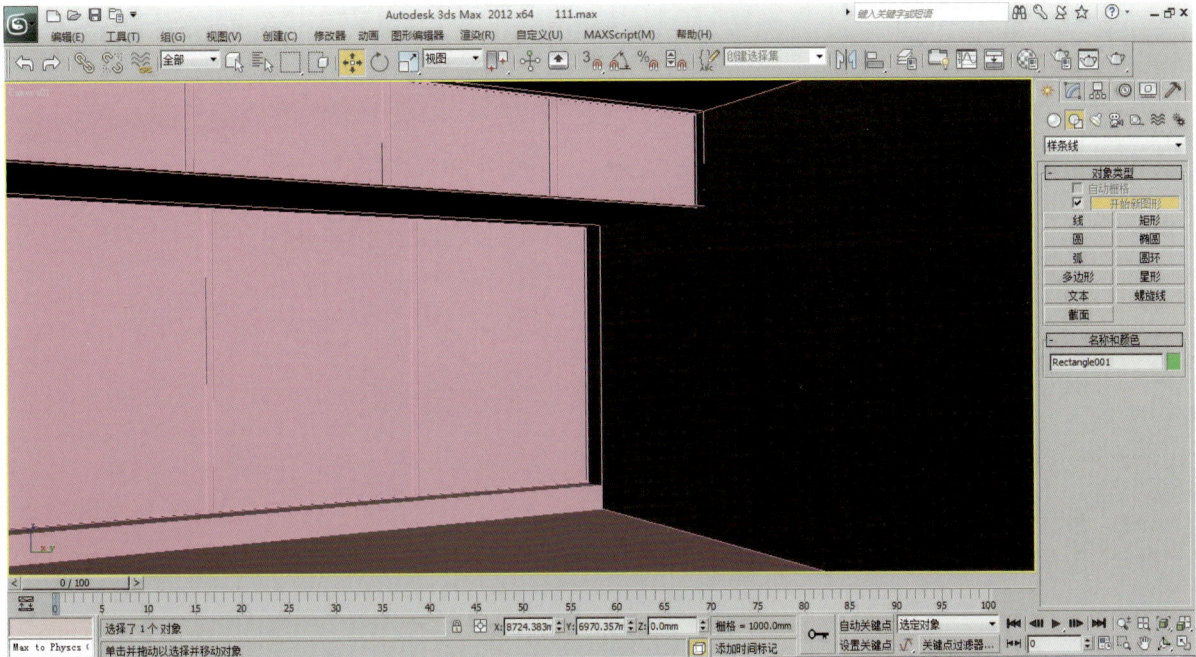

图 10-1-8

10.1.3 灯光的布置

因为没有吊顶的缘故，所以对灯带的布置就舍去了。由于餐厅的一侧都是玻璃，所以对它进行自然光一侧的布置就好，如图10-1-9所示。

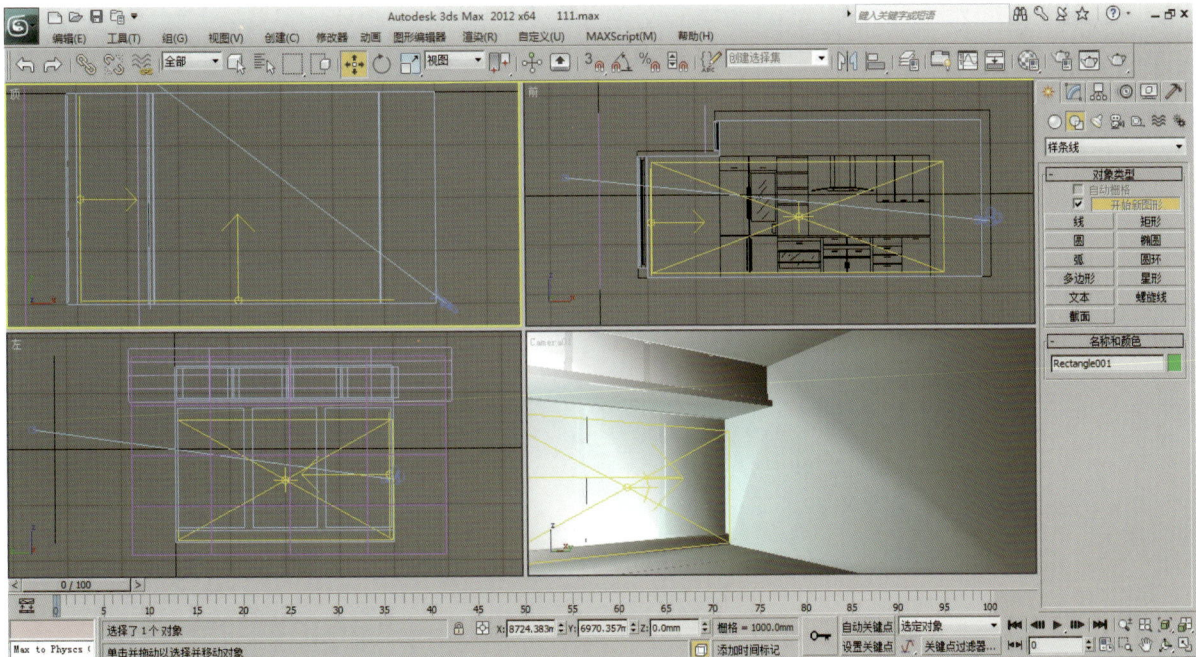

图 10-1-9

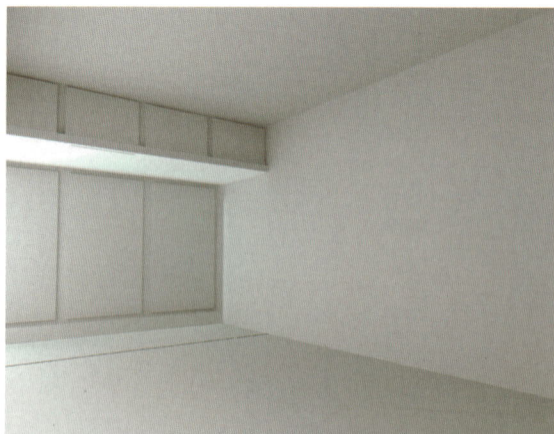

图 10-1-10

灯光布置好后，对它进行一个测试，如图10-1-10所示。

通过白膜渲染的测试可以发现，灯光的强弱恰到好处，那么下面进入室内模型的制作与合并阶段。

10.2 餐厅效果图模型的最终贴图与渲染

10.2.1 模型的合并

首先把制作好的橱柜模型合并到场景中，放置到合适的位置，并给它添加几盏补充光源，来模仿橱柜里面的小射灯，如图10-2-1所示。

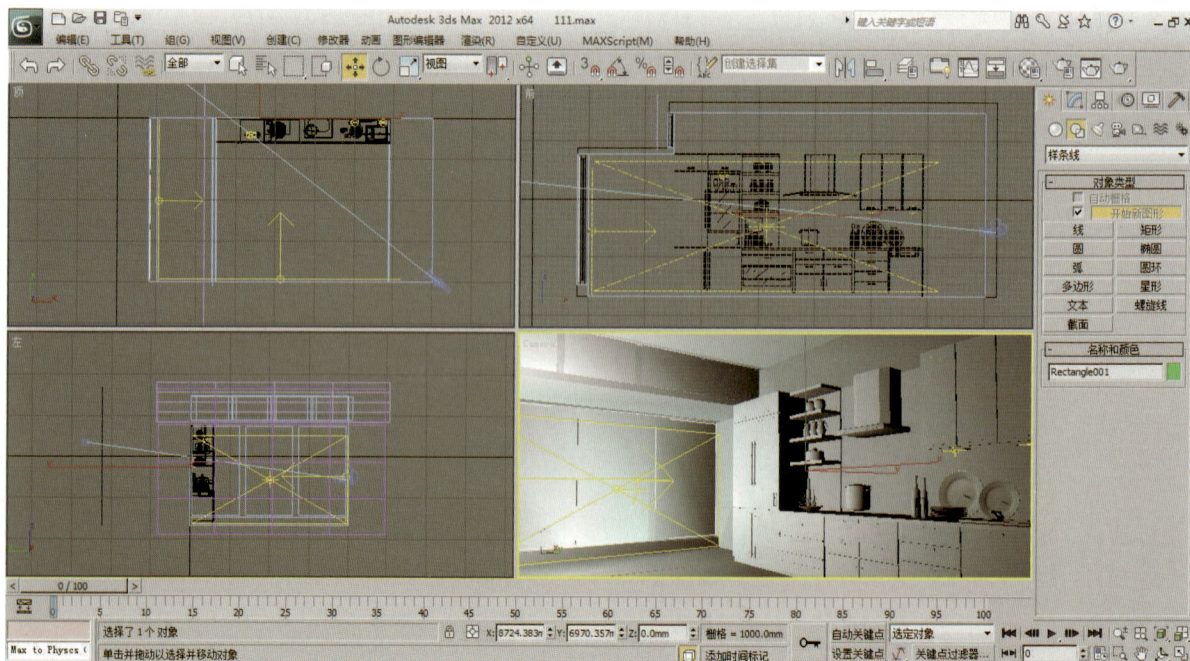

图 10-2-1

接下来再把制作好的餐桌模型合并到场景中，放置在合适位置，如图10-2-2所示。

下面再合并灯具，并加入补充光源，如图10-2-3所示。

这样模型合并阶段就完成了。

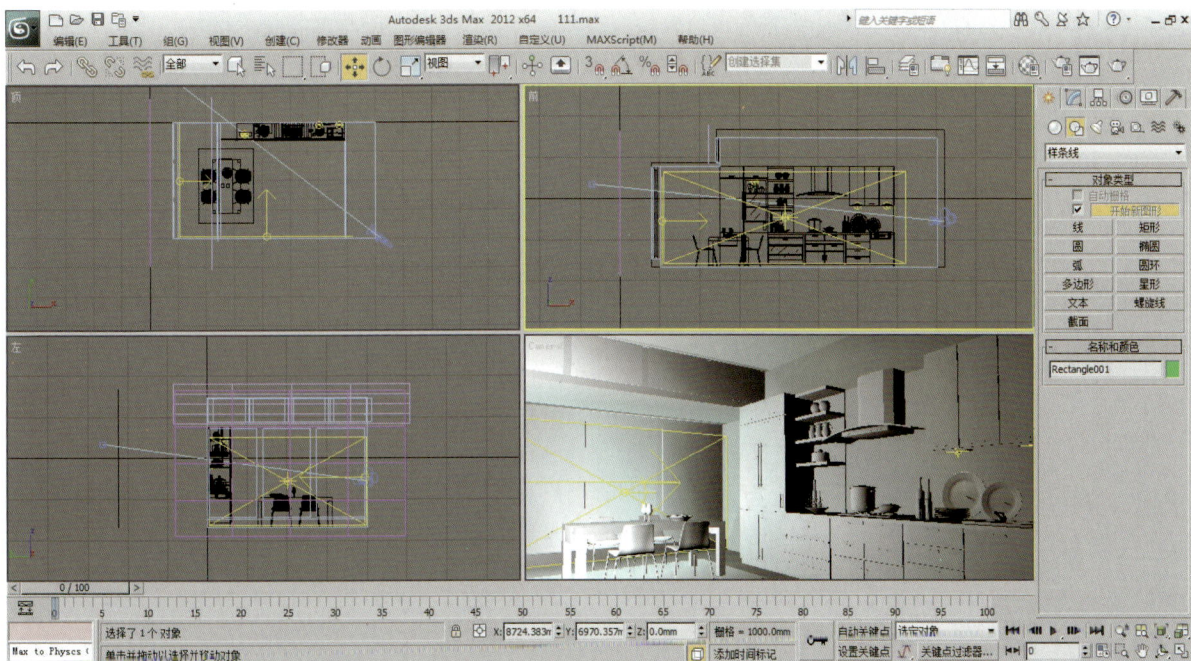

图 10-2-2

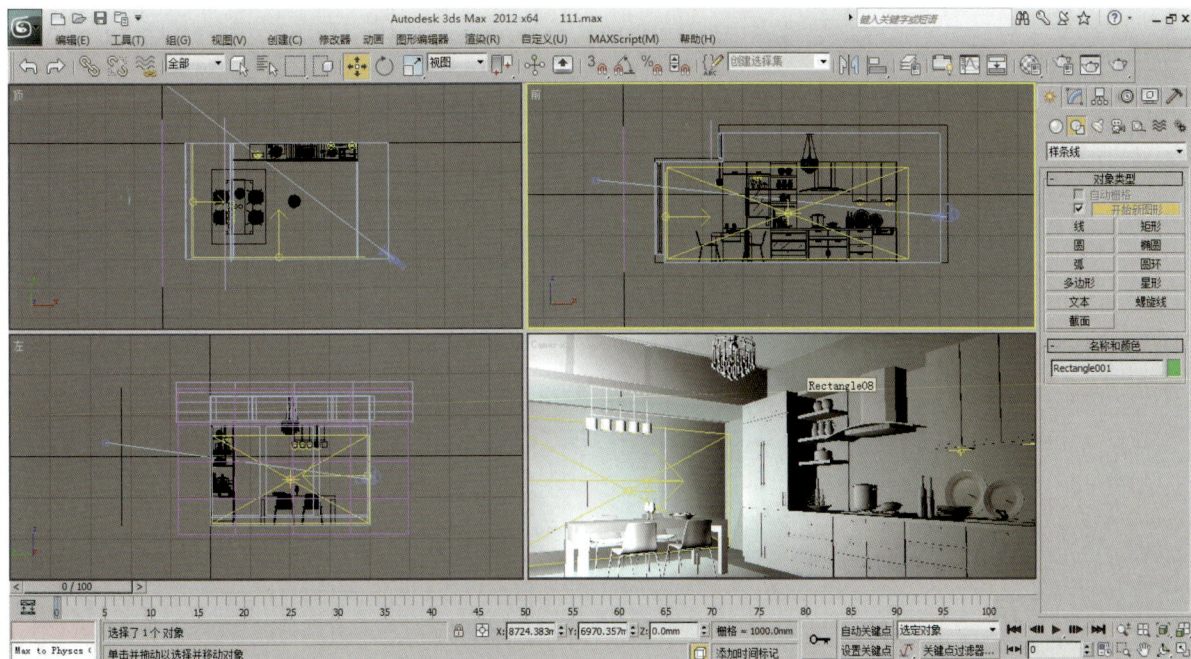

图 10-2-3

10.2.2 材质贴图

模型全部合并之后，给它们赋予相应的贴图，如图10-2-4所示。

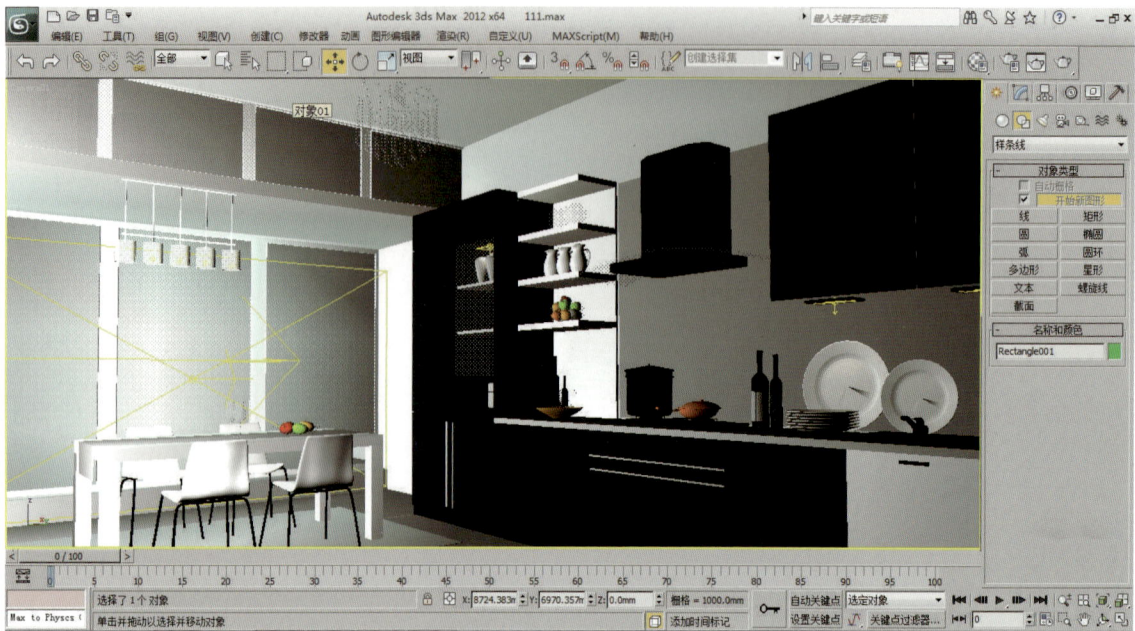

图 10-2-4

10.2.3 贴图测试

贴图完成后，进行材质渲染部分的测试，这和前面讲的步骤也是一样的，如图10-2-5所示。

模型摆放的位置基本合适，贴图也正确地贴上了，只有部分贴图没有显现，那么就要调节UVW贴图进行修改，然后把室内的灯光再加强一些，这样就会得到我们想要的结果，最后就可以对它进行最终的渲染出图，如图10-2-6所示。

这样餐厅效果图就完成了。

图 10-2-5

图 10-2-6

思考与练习

1. 3ds Max餐厅效果图中玻璃杯材质该如何表现?

2. 3ds Max餐厅效果图中灯光该如何设置?

第11章 酒店大堂效果表现

本章要给大家讲解一下餐饮空间酒店大堂效果的制作方法，当然和前面所讲的客厅和卧室的建模方法是有类似之处的。不同之处是，本章着重介绍如何贴材质和渲染。

11.1 酒店大堂效果场景制作

根据提供的CAD平面图以及客户的要求，创建场景空间。通过材质的调节和灯光的组合，实现酒店的大堂效果，如图11-1-1所示。

图 11-1-1

11.1.1 空间制作

（1）单位设置

启动3ds Max软件，执行"自定义"菜单中"单位设置"命令，在弹出的界面中设置系统单位和显示单位均为"毫米"，如图11-1-2所示。

（2）导入建筑平面图

启动3ds Max软件，执行"文件"菜单中的"导入"命令，在弹出的界面中，从"文件格式"下拉菜单中选择"*.dwg"格式文件，在弹出的界面中选中"焊接"选项，如图11-1-3所示。

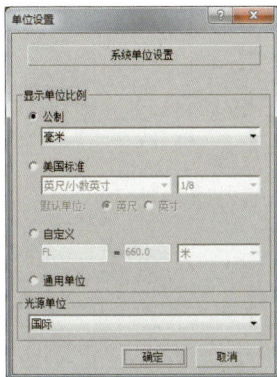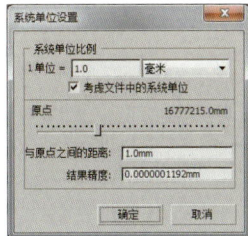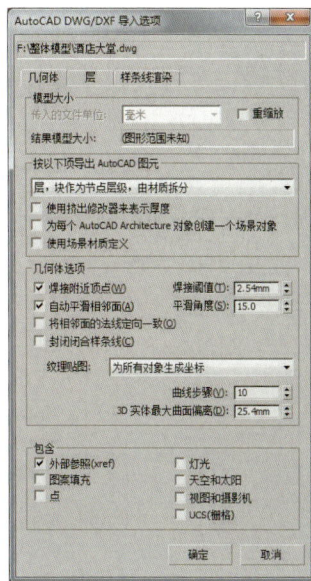

图 11-1-2　　　　　　　　　　　　　　　　　图 11-1-3

（3）创建平面图形

按【S】键，开启对象捕捉，在命令面板"图形"选项中，单击"线"按钮，在顶视图中沿图形绘制平面图，如图11-1-4所示。

（4）生成墙体

绘制完平面图形后，在命令面板"修改"选项中，添加"挤出"命令，数量为3150mm；添加"法线"命令，设置显示属性中的"背面消隐"参数；添加摄像机，效果如图11-1-5所示。

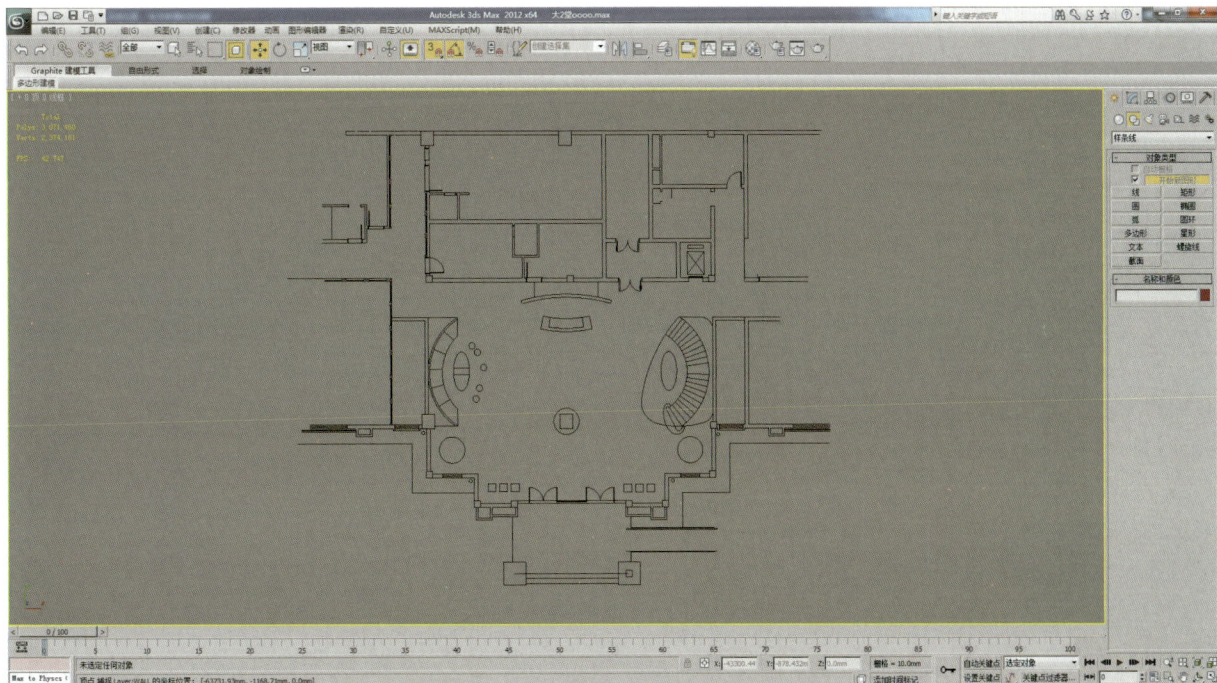

图 11-1-4

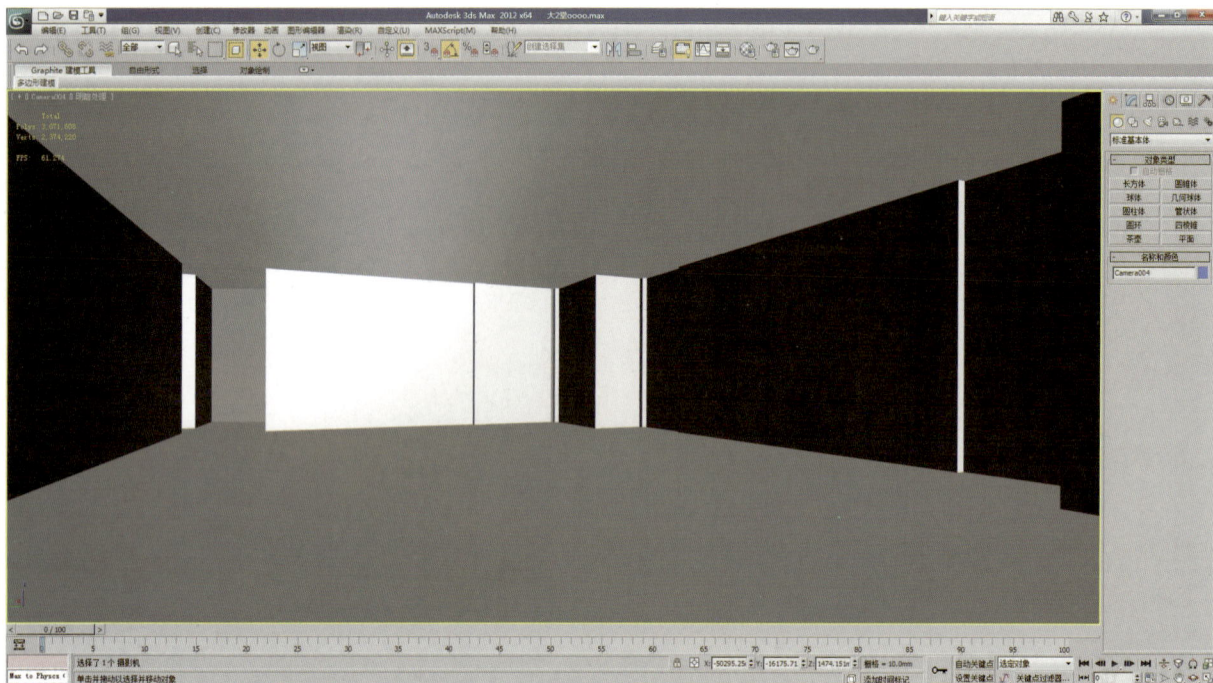

图 11-1-5

（5）制作吊顶

根据设置方案和客户的要求，绘制吊顶的CAD平面图形，再次导入3ds Max软件中，添加"挤出"命令，生成吊顶，如图11-1-6所示。

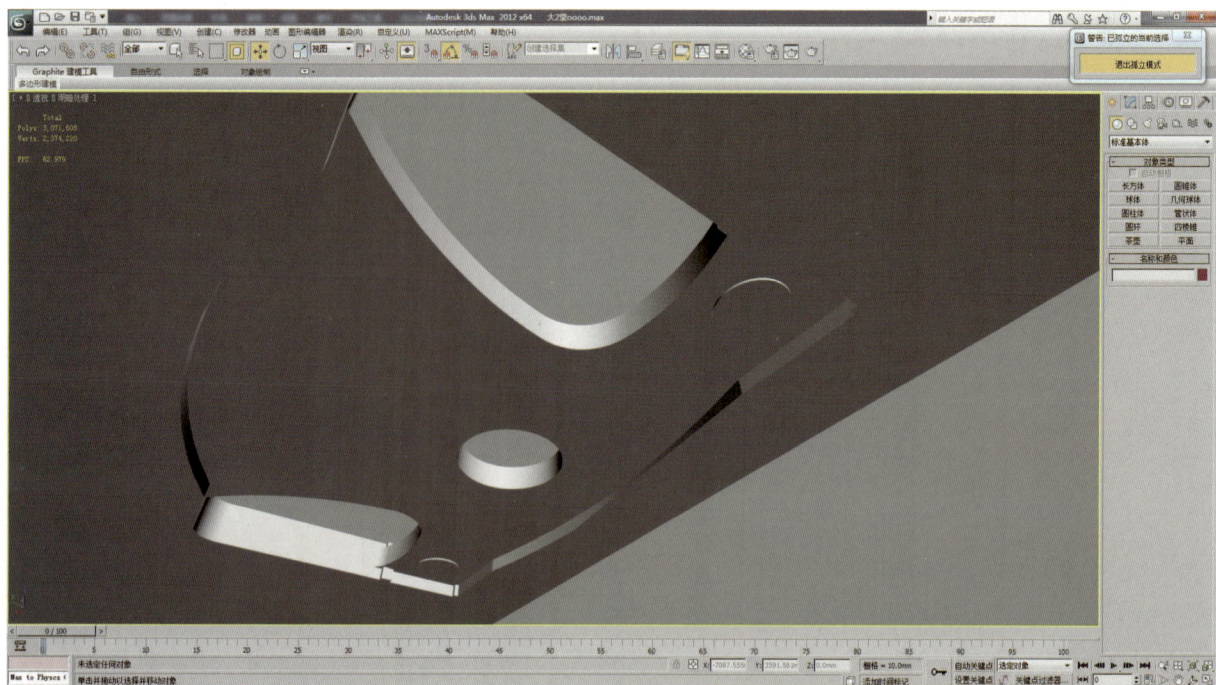

图 11-1-6

在前视图中，绘制二维图形导角的剖面图，在顶视图中捕捉内部端点，创建矩形。选择矩形，在命令面板"修改"选项中，添加"倒角剖面"命令，单击"拾取剖面线"按钮，单击拾取前视图中的剖面，生成吊顶造型，如图11-1-7所示。

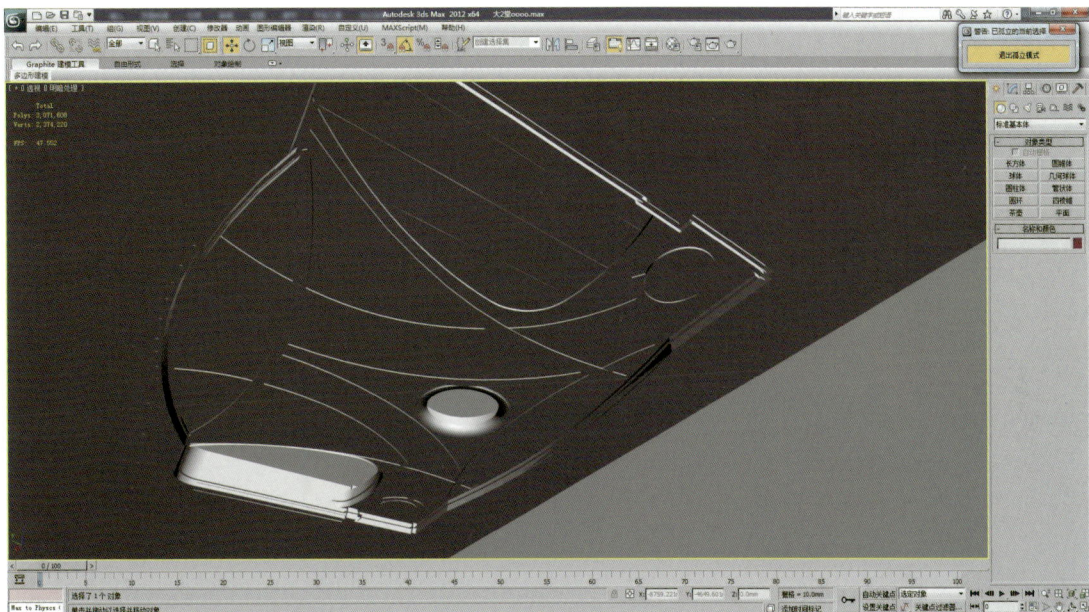

图 11-1-7

（6）地面制作

本场景在制作地面时，考虑其材质使用大埋石来铺设，又使用了交互的条状造型，因此，地面的制作可由多个矩形拼接而成。

选中导入的CAD平面图形，按【Alt+Q】组合键将其单独显示，在顶视图按【S】键，捕捉端点，绘制图形，添加"挤出"命令，实现拼接效果，如图11-1-8所示。

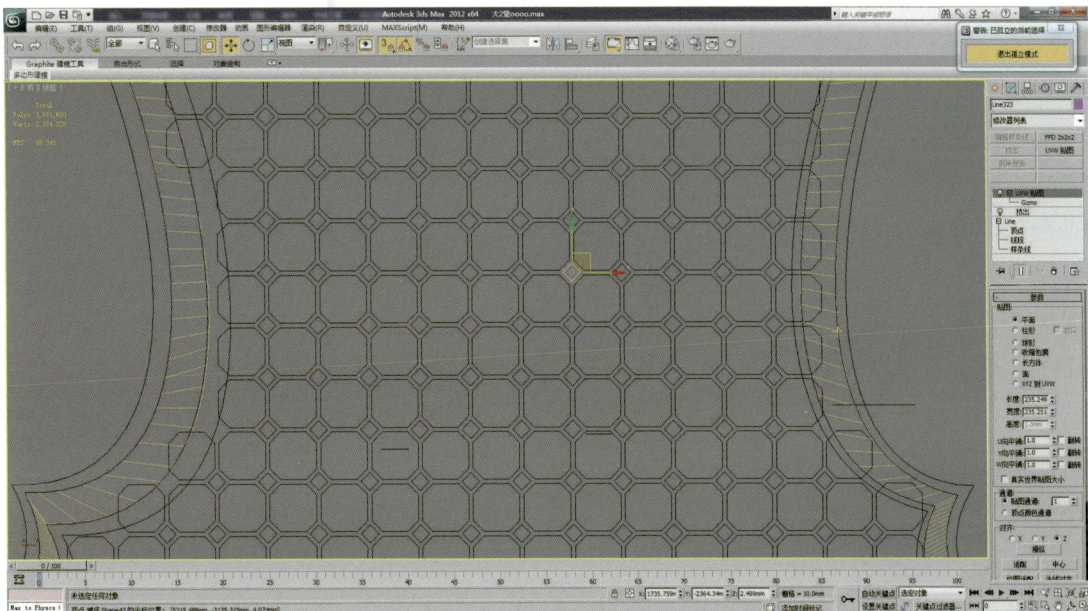

图 11-1-8

11.1.2 接待处背景

（1）生成立面

执行"文件"菜单下的"导入"命令，将接待处的立面图导入到3ds Max软件中，调节导入图形的旋转角度和位置；在命令面板"修改"选项中，添加"挤出"命令，数量为40mm；右击，转换为可编辑多边形，按数字【4】键，选中"忽略背面"复制框，选择多边性，单击"倒角"后面的按钮，设置参数，如图11-1-9所示。

在3个中间空的区域，创建景观浴缸区域，如图11-1-10所示。

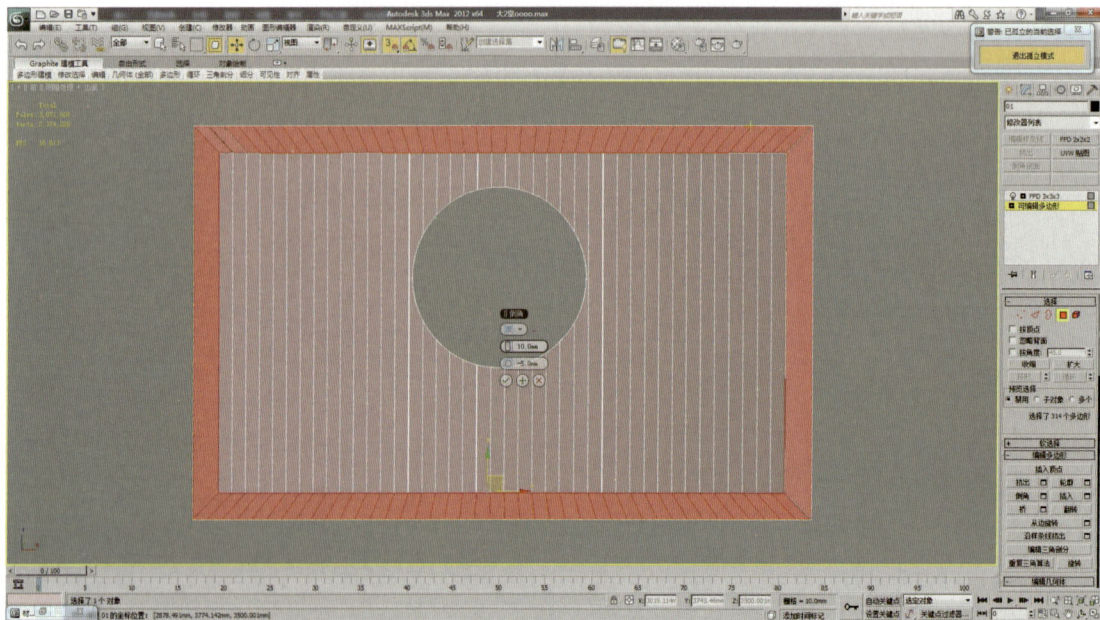

图 11-1-9

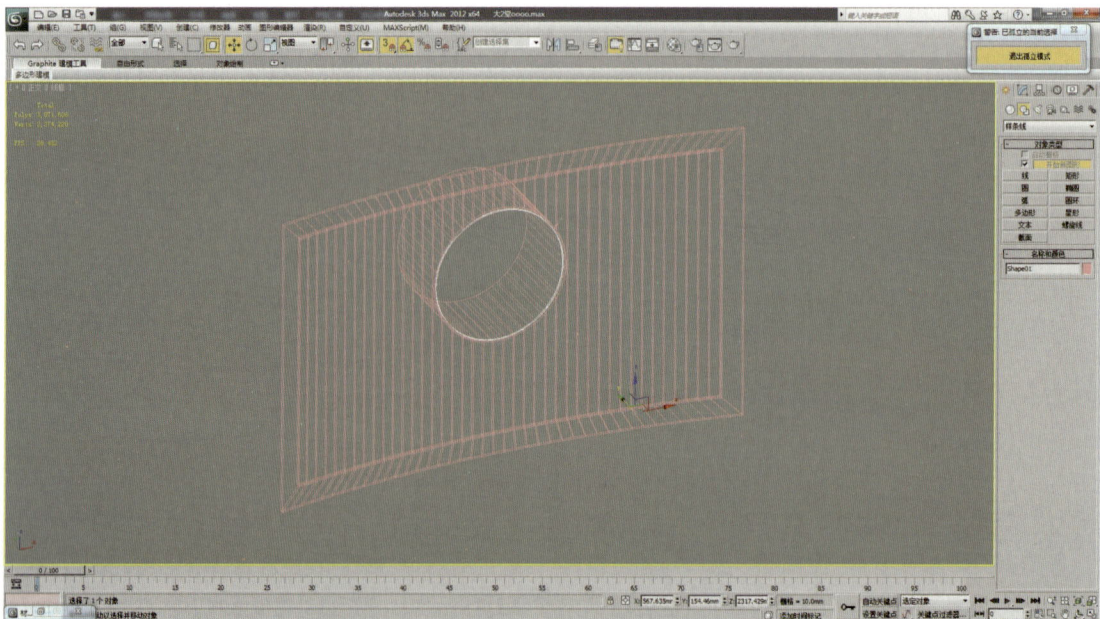

图 11-1-10

（2）背景上方格条

执行"文件"菜单中的"导入"命令，将格条的CAD图形导入，调节其在左视图中的位置和角度；在"编辑样条线"操作中，在点的方式下，按【Ctrl+A】组合键，执行"焊接"命令；退出子编辑后，添加"挤出"命令，数量为40mm，如图11-1-11所示。

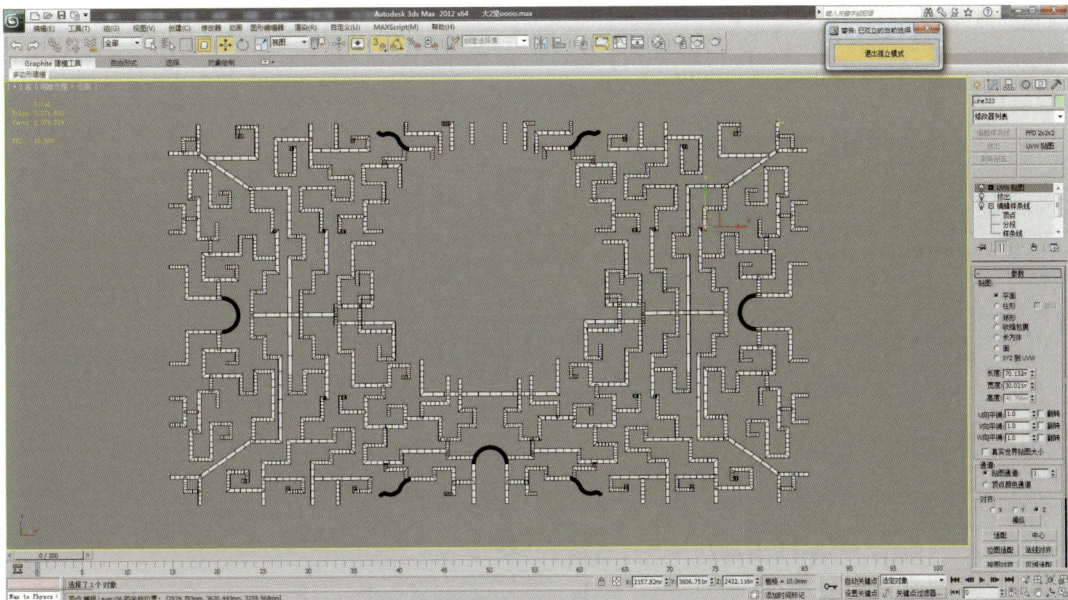

图 11-1-11

（3）组合背景

在顶视图中，创建矩形，添加"挤出"命令，生成桌面造型，将多个模型进行组合，生成吧台处的背景效果，如图11-1-12所示。

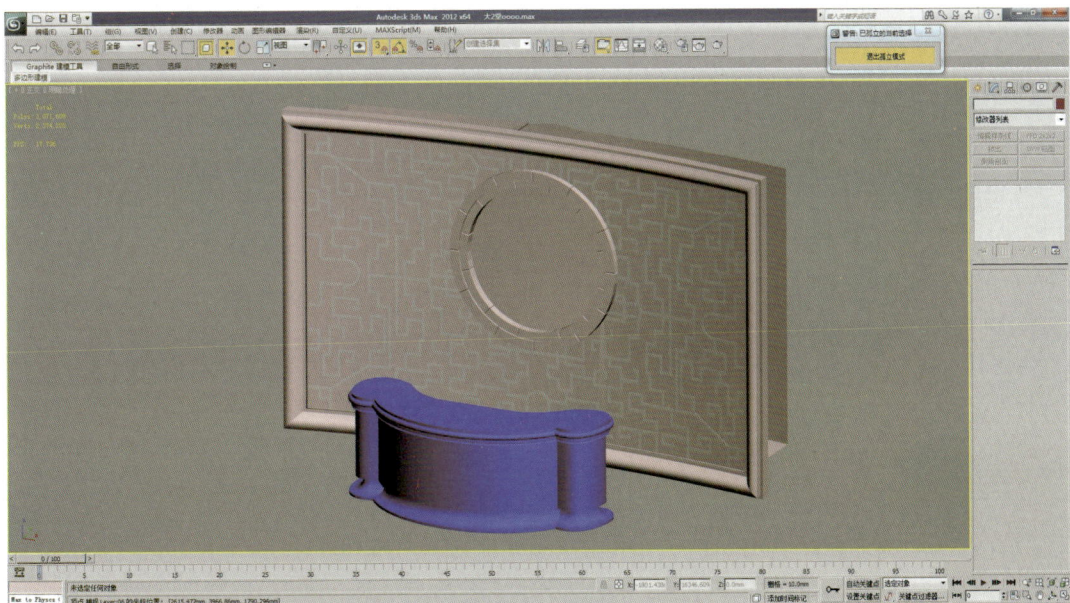

图 11-1-12

11.1.3 合并模型

执行"文件"菜单中的"合并"命令，在弹出的界面中选择物体群组名称，选择沙发组合造型，如图11-1-13所示。

若导入的物体在模型名称或材质名称上存在重名，可以单击"自动重命名合并材质"按钮，进行重命名，如图11-1-14所示。

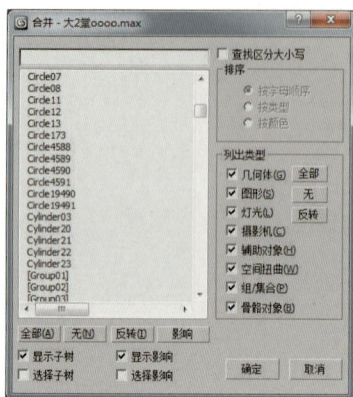

图 11-1-13

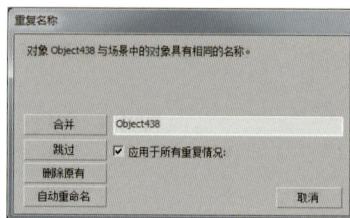

图 11-1-14

在顶视图或左视图中，调节沙发组合在场景中的位置，如图11-1-15至图11-1-18所示。

采用同样的方法，可以合并台灯、座椅、植物、吊灯等模型，在此不再赘述。

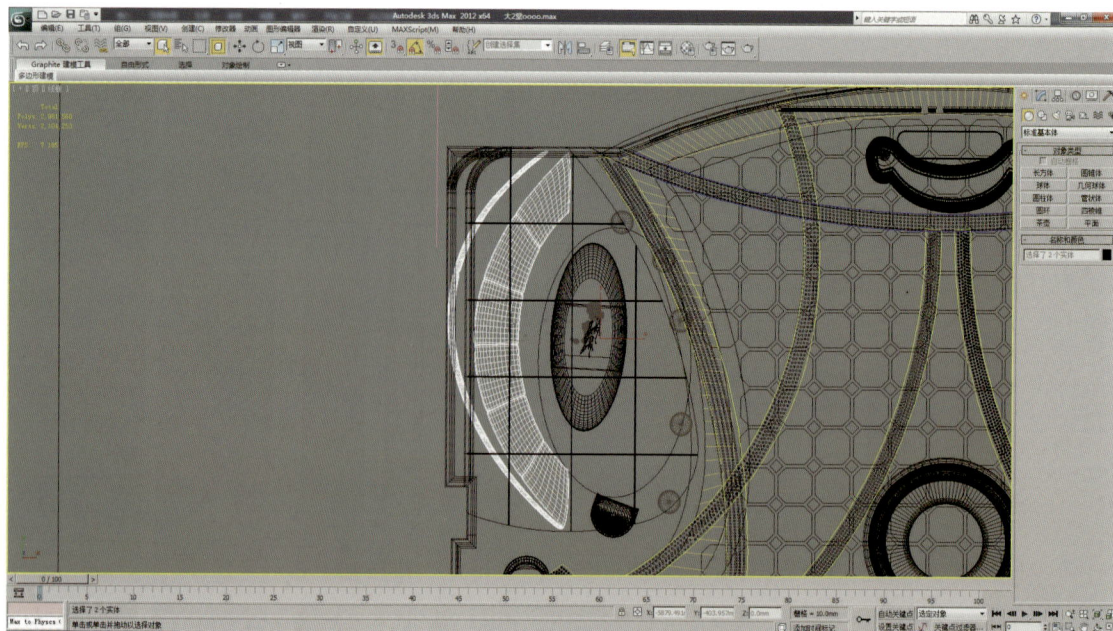

图 11-1-15

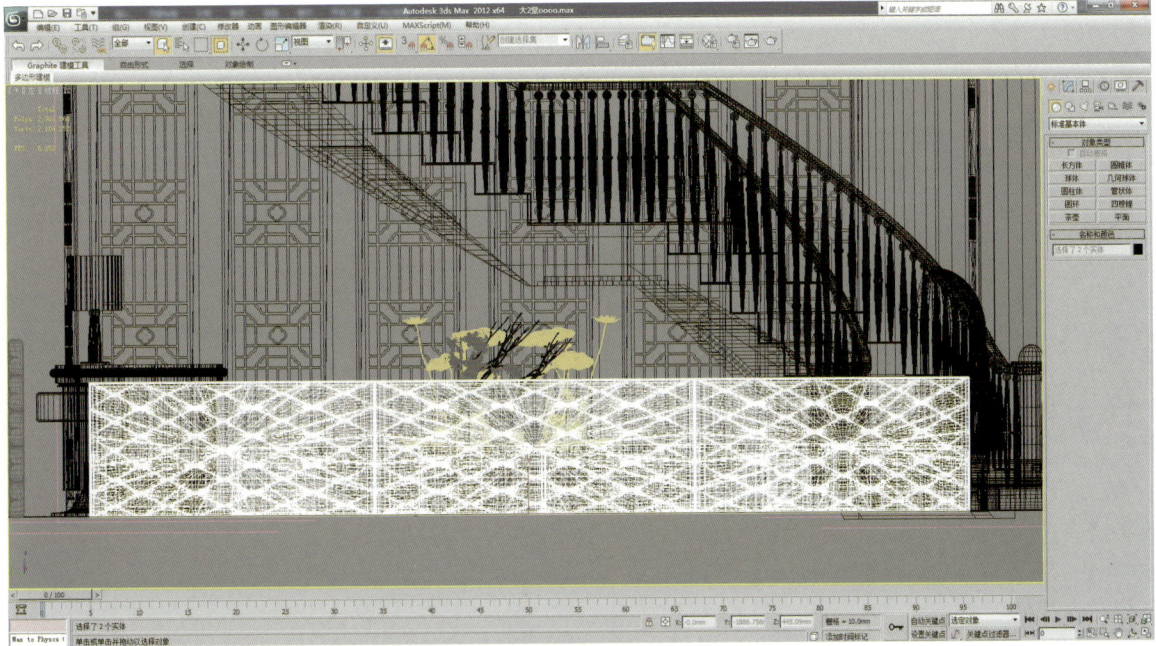

图 11-1-16

图 11-1-17

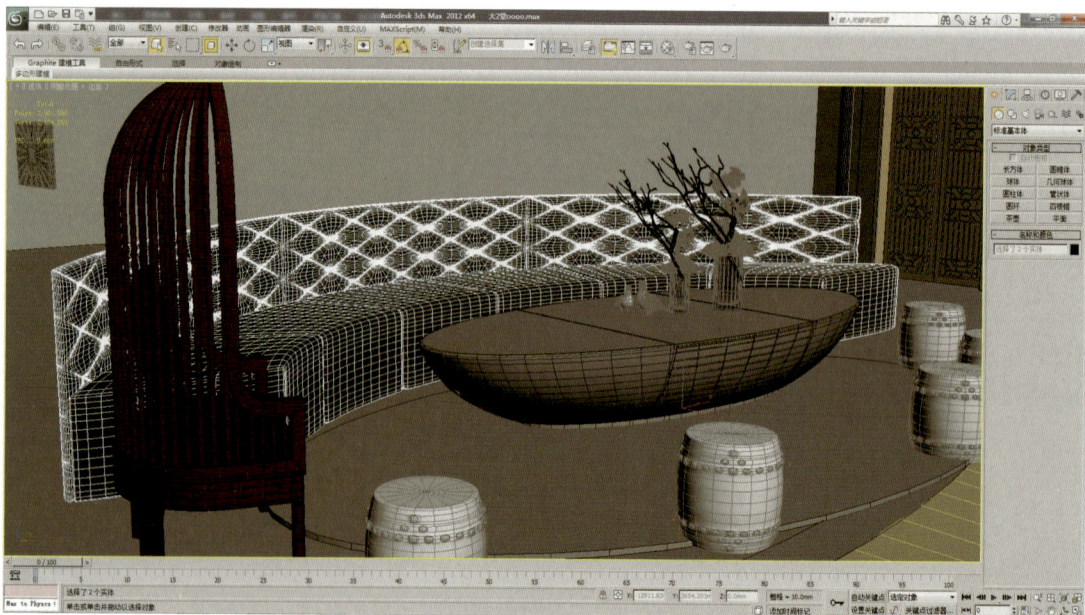

图 11-1-18

11.2 酒店大堂效果材质编辑

11.2.1 大理石材质类

大理石类材质在本场景中主要包括地面、部分墙面、桌面等。

（1）大理石地面

大理石地面材质，需要体现交互的条状材质效果，包括两部分。

在顶视图中，选择宽条物体，按【M】键，在弹出的界面中选择样本球并指定给物体，将材质类型设置为"VR材质"，设置参数，如图11-2-1所示。

选择物体，在命令面板中添加"UVW贴图"，设置参数，如图11-2-2所示。

在顶视图中，选择窄条物体，按【M】键，在弹出的界面中选择样本球并指定给物体，将材质类型设置为"VR材质"，设置参数，如图12-2-3所示。

选择窄条物体，在命令面板"修改"选项中，添加"UVW贴图"，设置贴图方式，如图11-2-4所示。

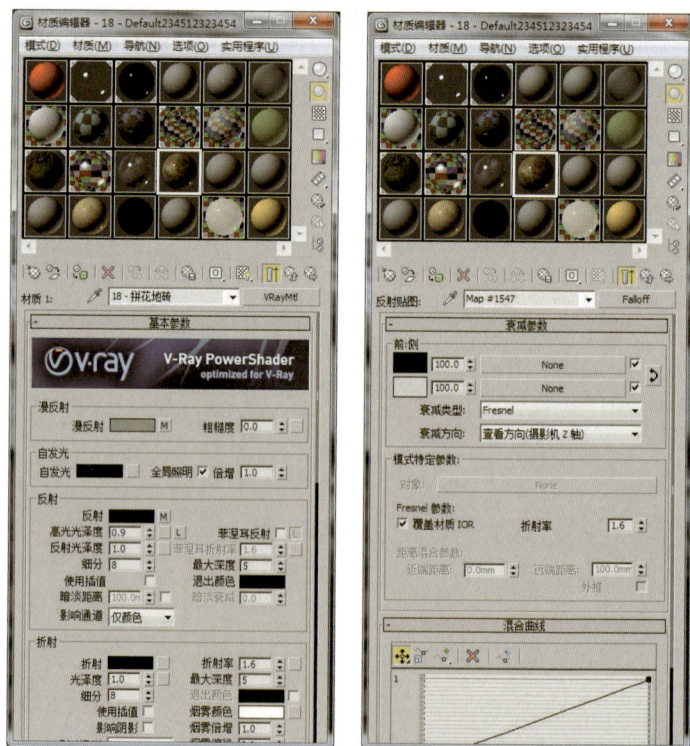

图 11-2-1

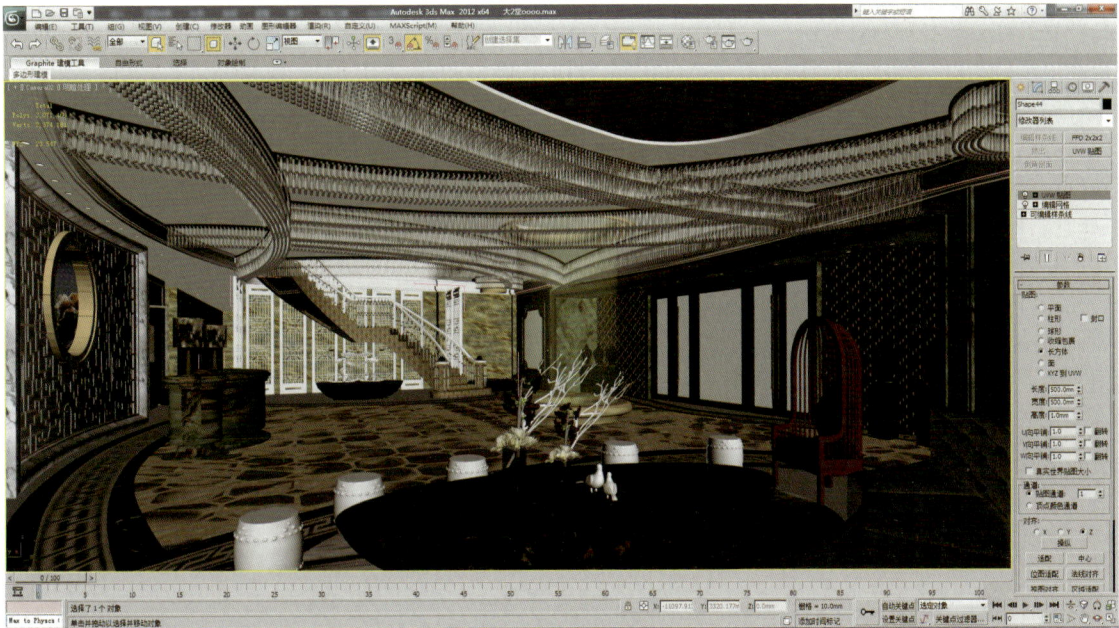

图 11-2-2

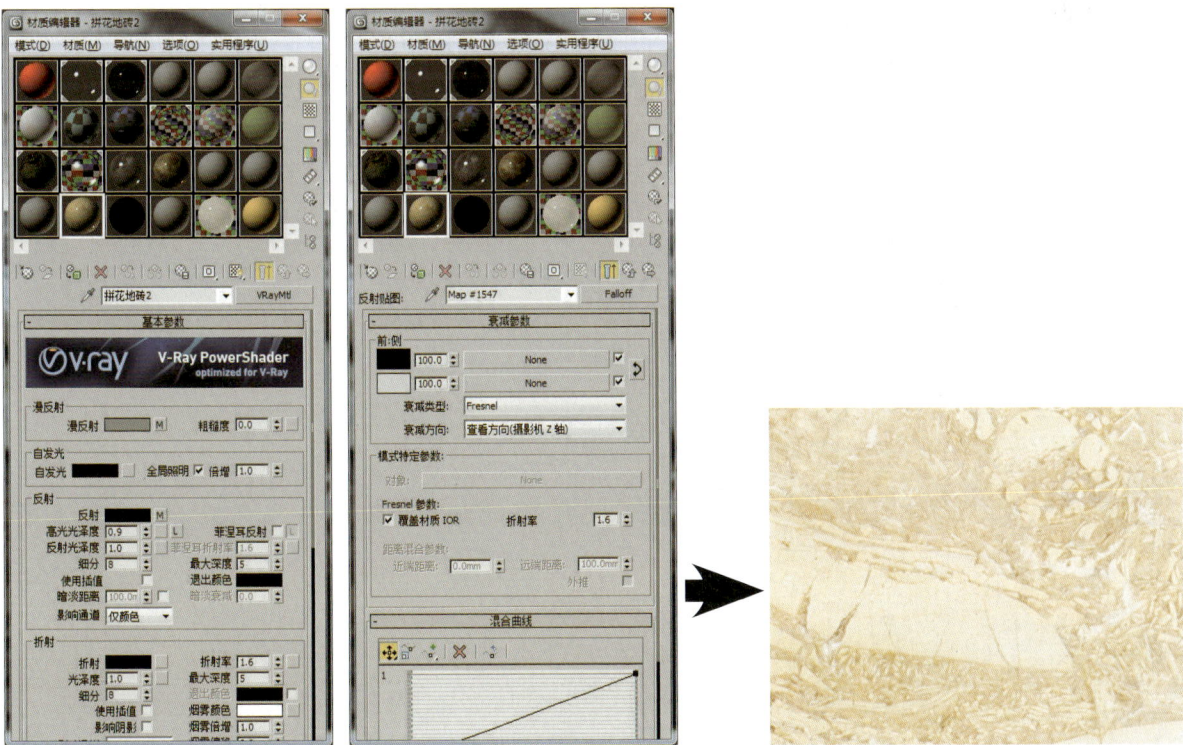

图 11-2-3

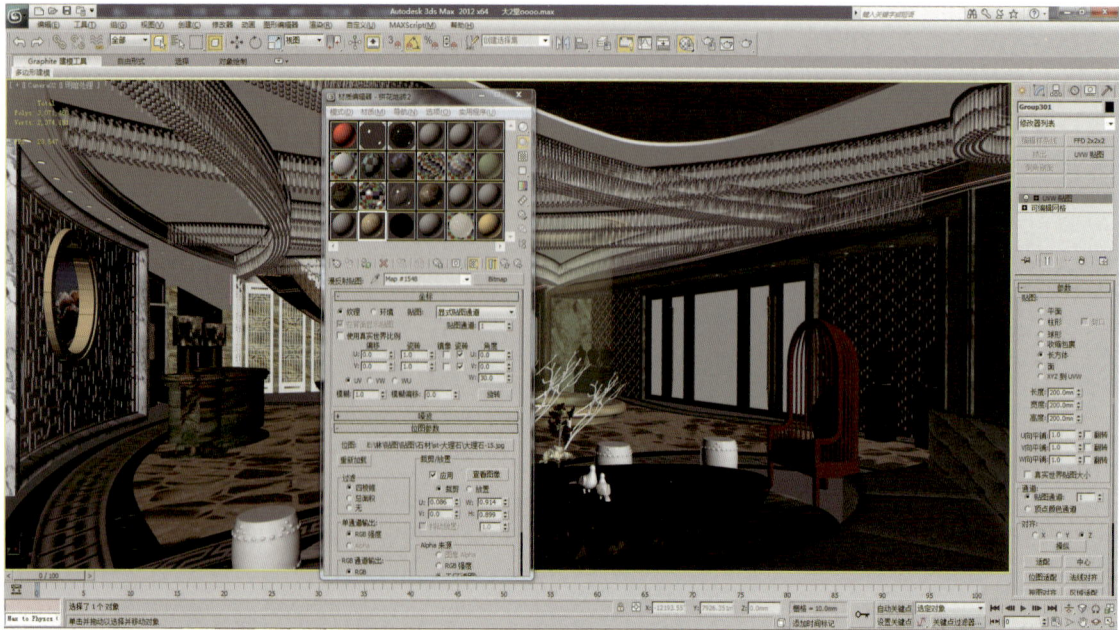

图 11-2-4

（2）墙面大理石

选择左侧墙壁，按【M】键，在弹出的界面中选择样本球并指定给当前物体，将材质类型改为"VR材质"，设置参数，如图11-2-5所示。

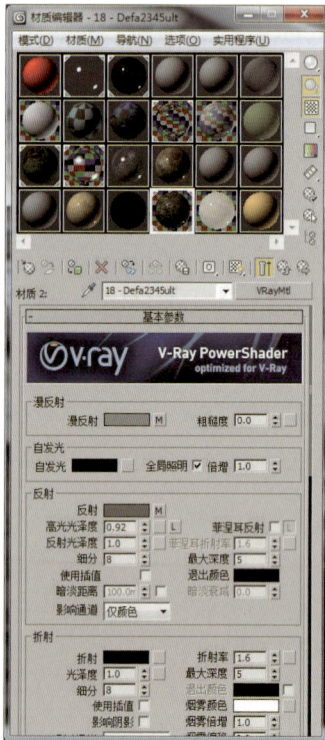

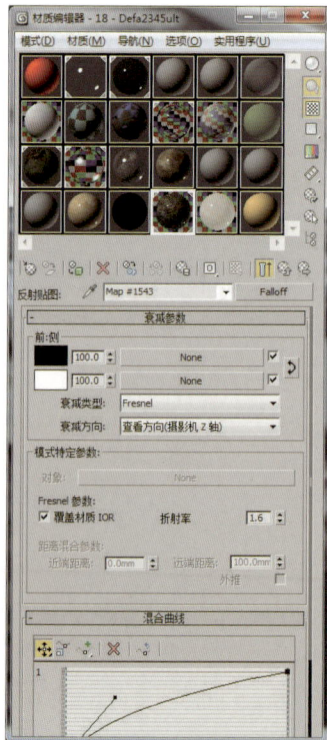

图 11-2-5

选择物体，在命令面板"修改"选项中，添加"UVW贴图"，设置贴图方式，如图11-2-6所示。

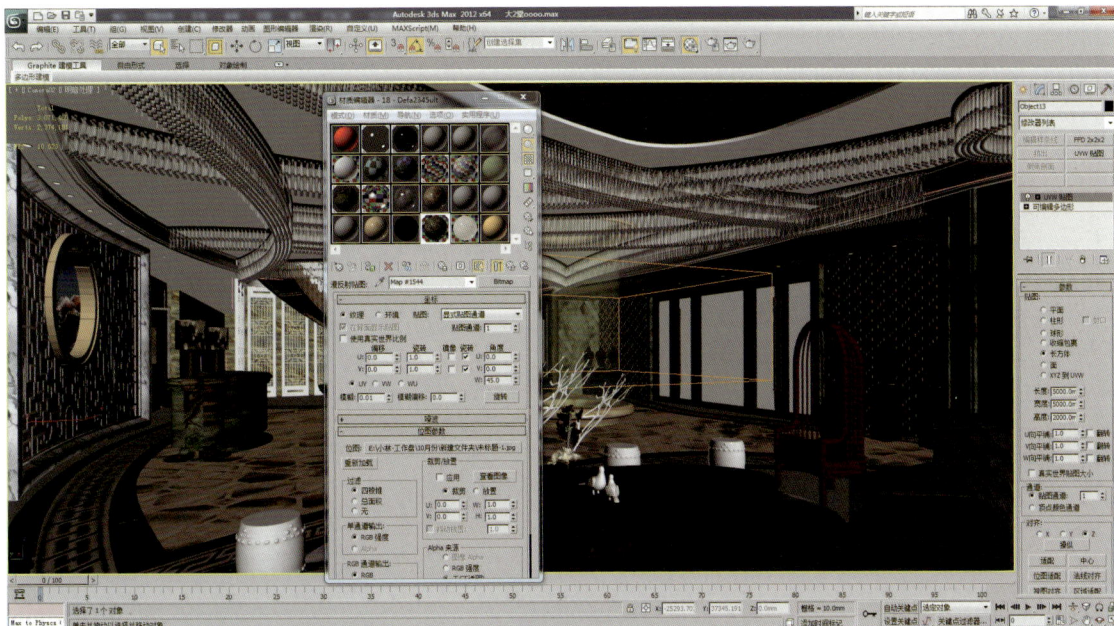

图 11-2-6

（3）白洞石材质

选择沙发背面墙壁物体，按【M】键，在弹出的界面中选择样本球并指定给当前物体，将材质类型改为"VR材质"，设置参数，如图11-2-7所示。

图 11-2-7

（4）白洞石条缝材质

选择沙发背面白洞石条缝物体，按【M】键，在弹出的界面中选择样本球并指定给当前物体，将材质类型改为"VR材质"，设置参数，如图11-2-8所示。

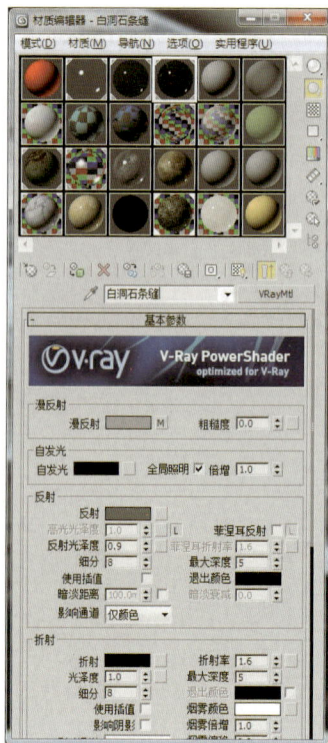

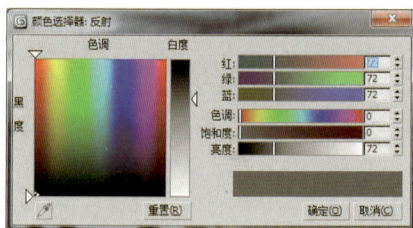

图 11-2-8

（5）大理石接待桌

选择接待桌物体，按【M】键，在弹出的界面中选择样本球并指定给当前物体，将材质类型改为"VR材质"，设置参数，如图11-2-9所示。

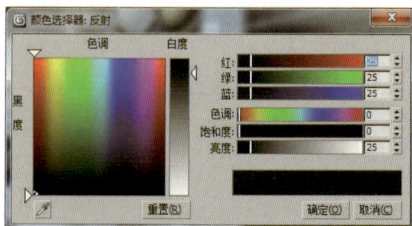

图 11-2-9

11.2.2 木材类材质

本场景中木材类材质主要包括门、门套及大堂中间吊顶部分，可以指定为同样的材质效果。

（1）木纹材质

选择大堂中间的吊顶物体，按【M】键，在弹出的界面中选择样本球并指定给当前物体，将材质类型改为"VR材质"，设置参数，如图11-2-10所示。

图11-2-10

（2）台灯底座部分

选择台灯底座物体，按【M】键，在弹出的界面中选择样本球并指定给当前物体，将材质类型改为"VR材质"，设置参数，如图11-2-11所示。

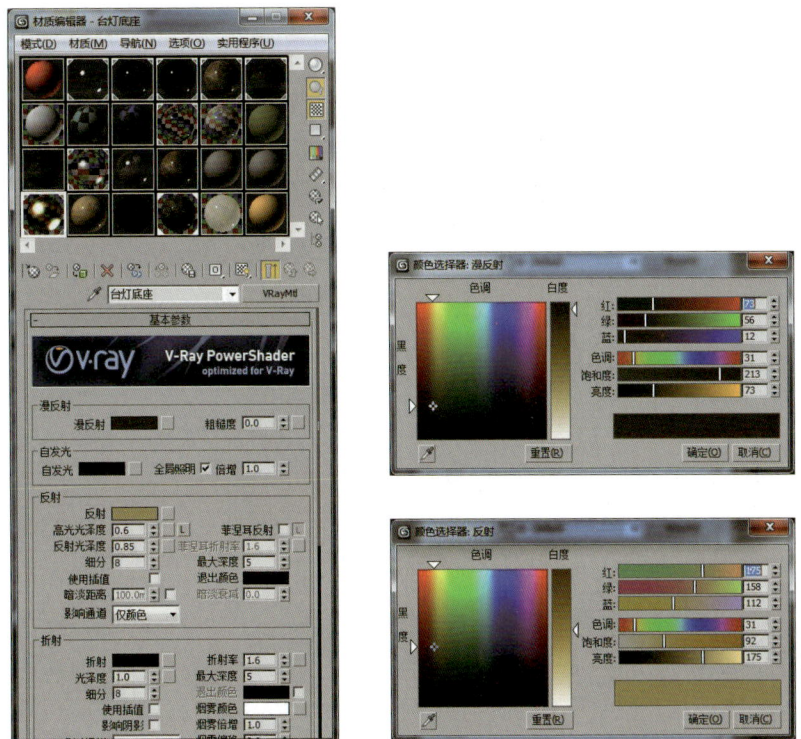

图11-2-11

11.2.3 乳胶漆类材质

对于大堂内的顶棚造型，需要制定乳胶漆类材质。

将需要赋予统一材质的对象群组，选择物体，按【M】键，在弹出的界面中选择样本球并指定给当前物体，将材质类型改为"VR材质"，设置参数，如图11-2-12所示。

11.2.4 灯罩类材质

在本场景中，灯罩类材质包括2个壁灯、4个台灯、5个吊顶灯，每个灯罩的设置略有不同。

（1）吊灯灯罩材质

选择场景中的吊灯灯罩物体，按【M】键，在弹出的界面中选择样本球并指定给当前物体，将材质类型改为"VR材质"，设置参数，如图11-2-13所示。

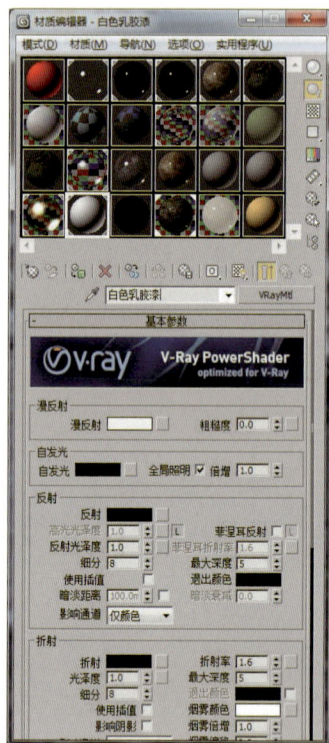
图 11-2-12

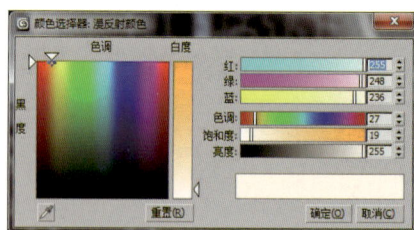
图 11-2-13

（2）台灯灯罩材质

选择场景中的台灯灯罩物体，选择场景中的壁灯灯罩物体，按【M】键，在弹出的界面中选择样本球并指定给当前物体，将材质类型改为"VR材质"，设置参数，如图11-2-14所示。

（3）灯带吊灯材质

选择灯带物体，按【M】键，在弹出的界面中选择样本球并指定给物体，对默认的标准材质进行设置，参数如图11-2-15所示。

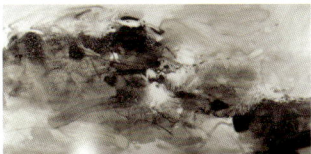

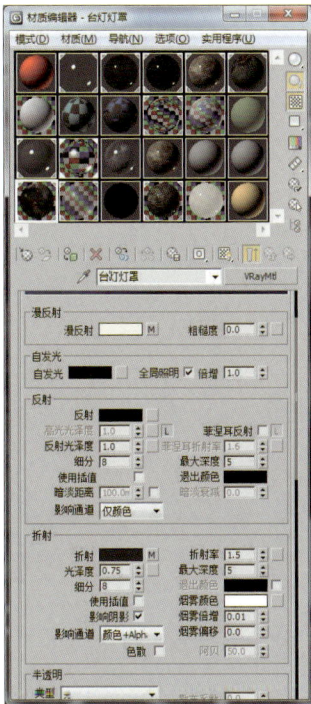

图 11-2-14

图 11-2-15

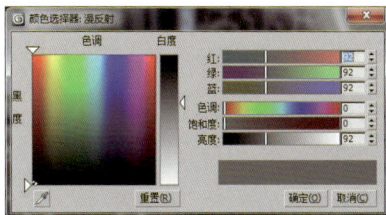

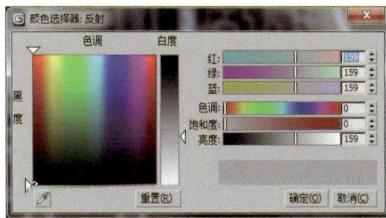

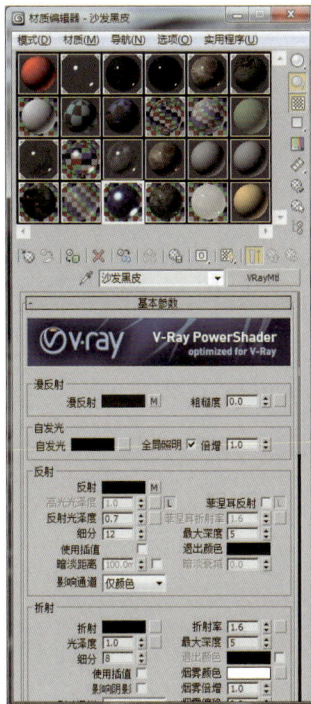

图 11-2-16

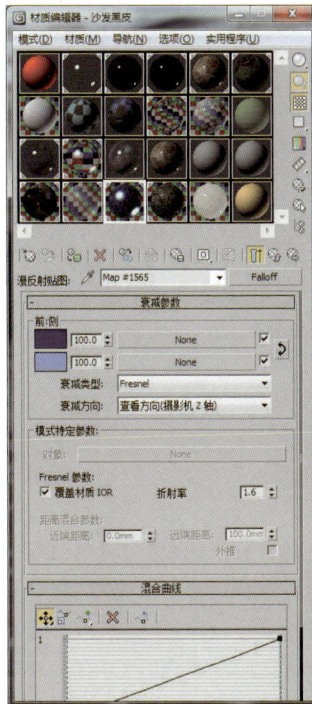

11.2.5 皮质类材质

本场景中皮质类材质包括沙发组合部分。

（1）沙发皮质

选择沙发模型，按【M】键，在弹出的界面中选择样本球并指定给当前物体，将材质类型改为"VR材质"，设置参数，如图11-2-16所示。

单击"漫反射"后面的贴图按钮，在弹出的界面中添加"衰减"贴图，设置参数，如图11-2-17所示。

单击"凹凸"后面的贴图按钮，在弹出的界面中添加"位图"贴图，设置参数，如图11-2-18所示。

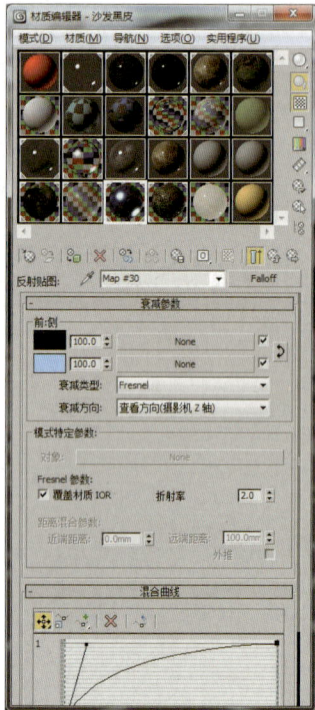
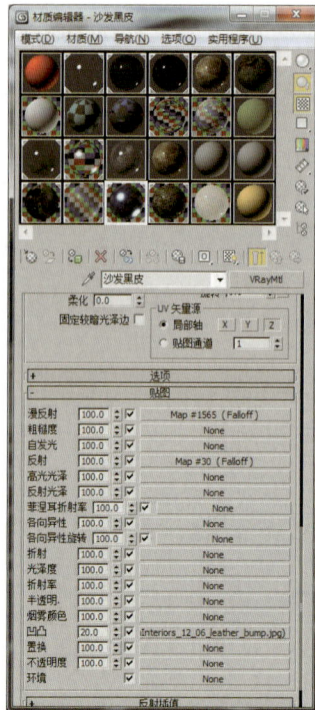

图 11-2-17　　　　　　　　　　　　　　　　图 11-2-18

（2）沙发靠垫

在本场景中，沙发靠垫由两个材质组成，前面的靠垫与上面的沙发材质类似。

选择后面的靠垫物体，按【M】键，在弹出的界面中选择样本球并指定给当前物体，将材质类型改为"VR材质"，设置参数，如图11-2-19所示。

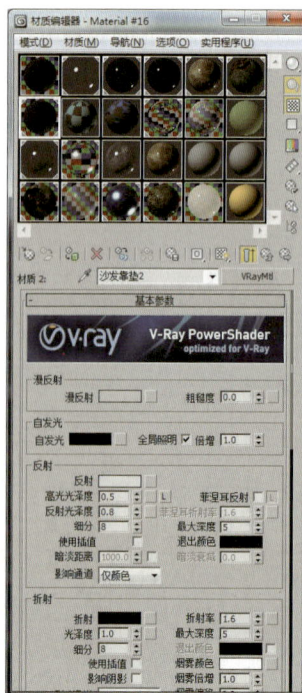
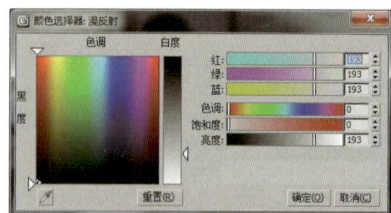
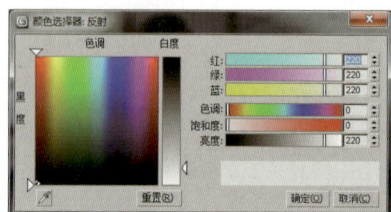

图 11-2-19

选择靠垫，按【M】键，在弹出的界面中选择样本球并指定给当前物体，将材质类型改为"VR混合材质"，设置参数，如图11-2-20所示。

（3）吧台椅子

选择吧台椅子部分，按【M】键，在弹出的界面中选择样本球并指定给物体，将材质类型改为"VR材质"，设置参数，如图11-2-21所示。

单击"漫反射"后面的贴图按钮，在弹出的界面中添加"衰减"贴图，设置参数，如图11-2-22所示。

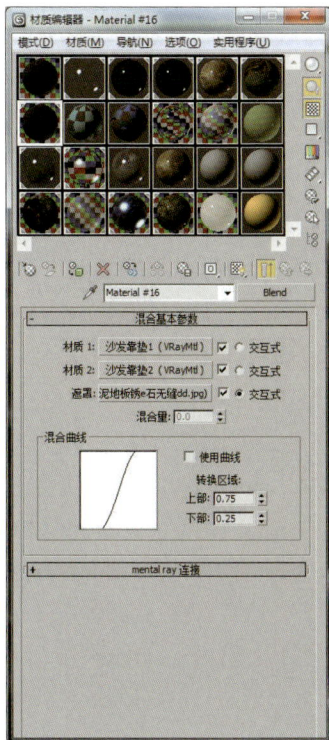

图 11-2-20

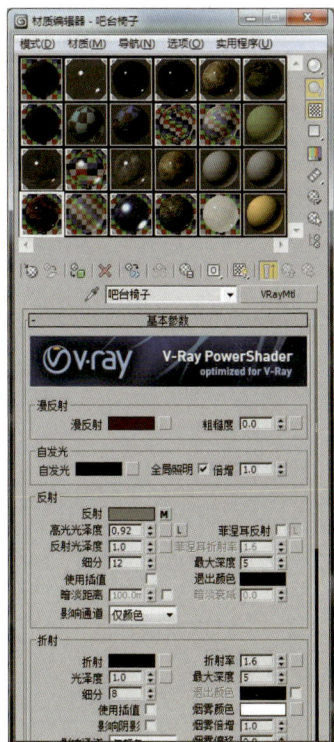
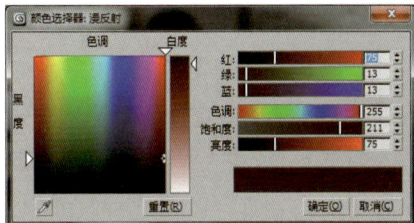

图 11-2-21

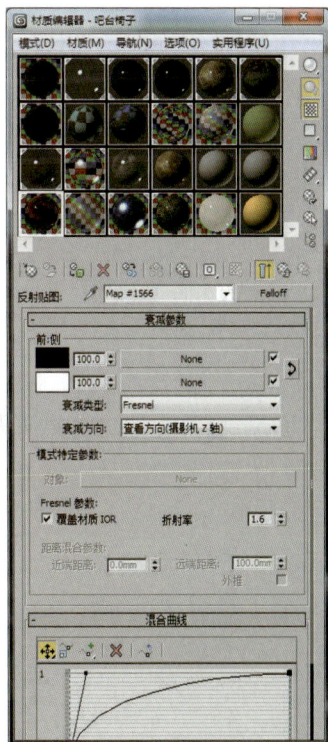

图 11-2-22

11.3 酒店大堂效果布置灯光

11.3.1 主光源

在酒店大堂部分，主光源包括曲形灯带、台灯、中心灯池和射灯部分。

（1）中心吊灯

中心吊灯是由3个VR球体光源构成的，添加第一个灯光后，采取"实例"复制的方式来实现。

在命令面板"灯光"选项中，单击"VR灯光"按钮，在顶视图灯光位置处单击，设置类型为"球体"，设置灯管参数，如图11-3-1所示。

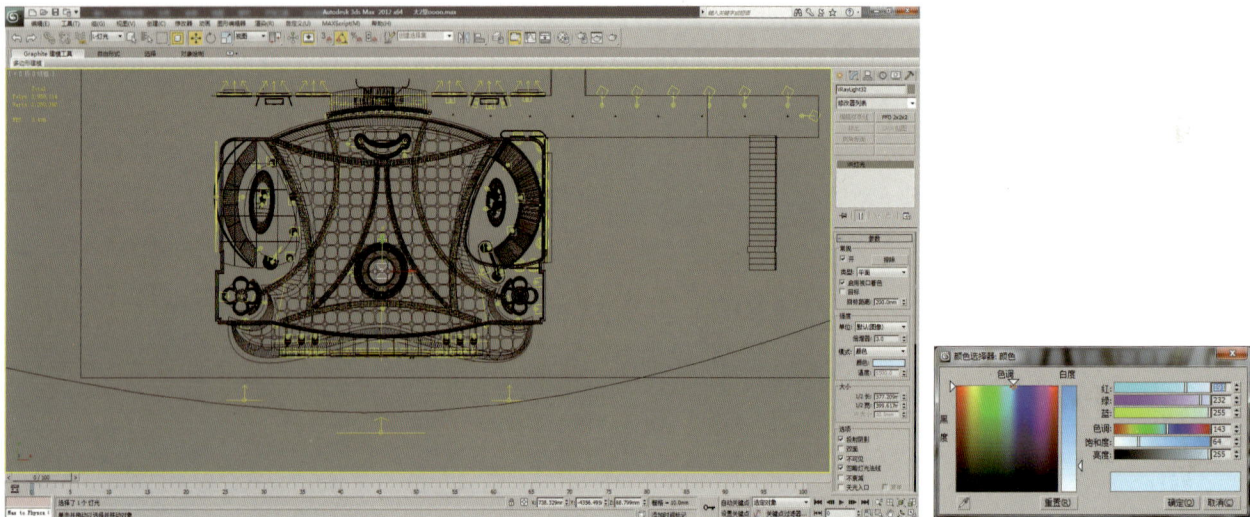

图 11-3-1

（2）中心灯带

在中心吊灯位置四周灯带为矩形灯带，矩形灯带是由"VR灯光（平面）"构成的，采取"实例"复制的方式来实现。

将当前视图切换成顶视图，在命令面板"灯光"选项中，单击"VR灯光"按钮，在顶视图灯光处单击并拖动，设置类型为"平面"，设置参数，如图11-3-2所示。

（3）另外4个吊灯

在场景中，沙发区域上方的4个吊灯是由目标聚光灯构成的，采用"实例"复制的方式来实现。

在前视图或左视图中，单击命令面板"灯光"选项中"目标聚光灯"按钮，在视图中单击并拖动，设置参数，如图11-3-3所示。

（4）矩形灯带

在命令面板"灯光"选项中，单击"VR灯光"按钮，在顶视图中单击并拖动，设置灯光类型为"平面"，设置参数，如图11-3-4所示。

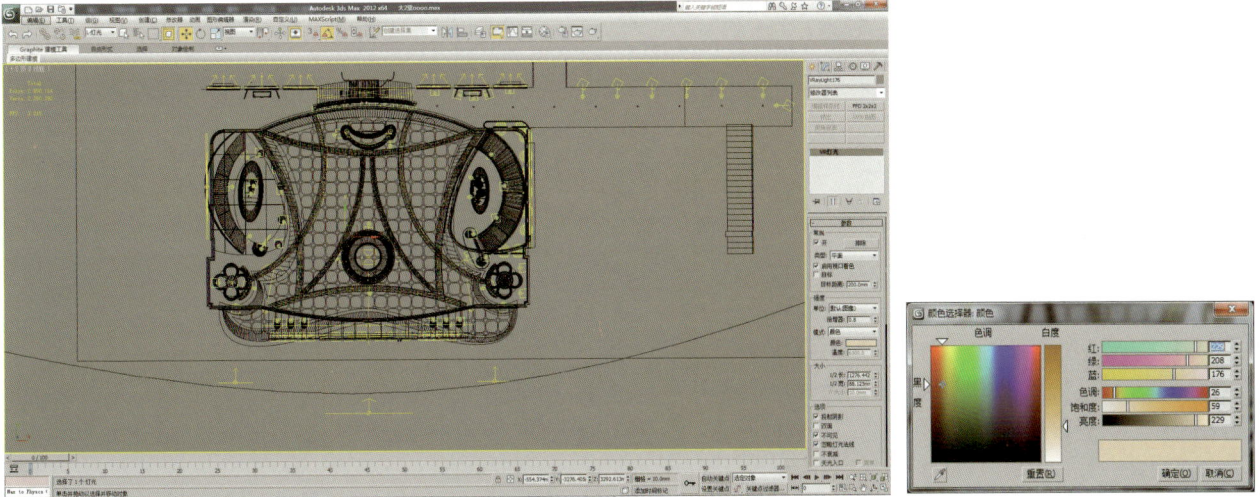

图 11-3-2

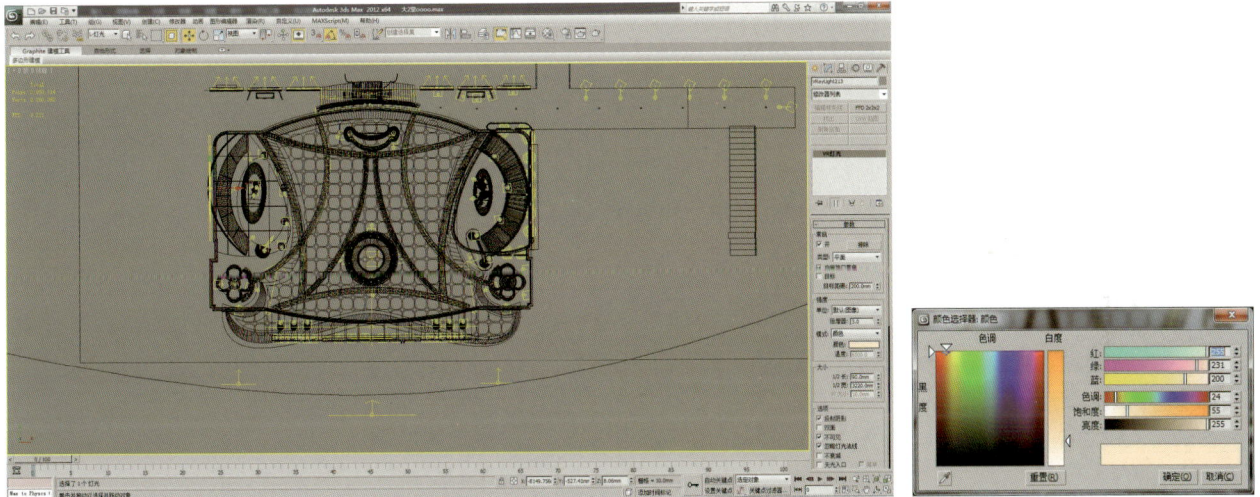

图 11-3-3

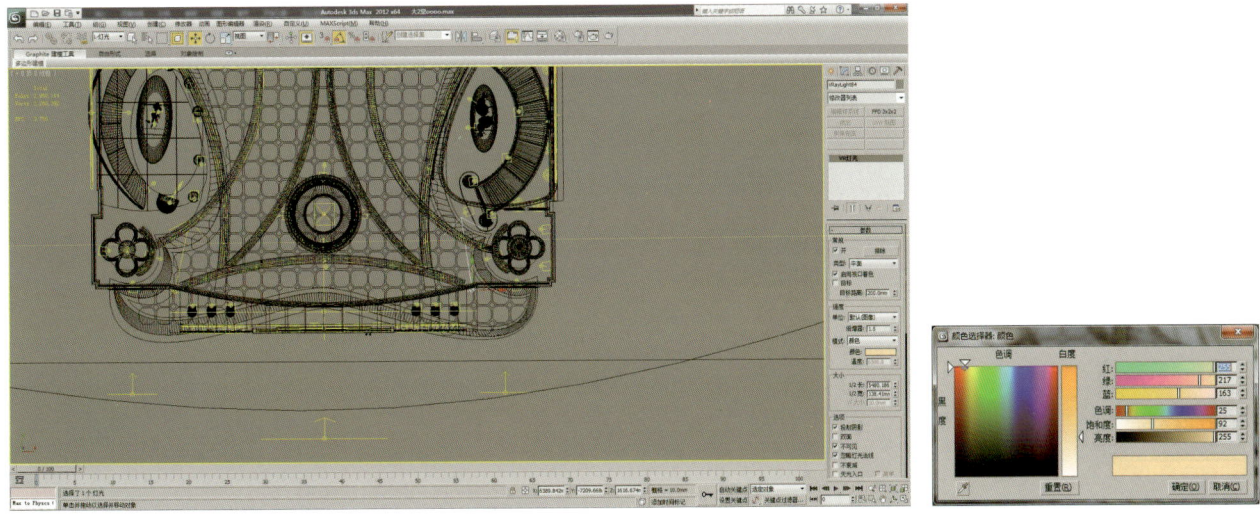

图 11-3-4

（5）台灯

在场景中，有4个台灯，可以使用"VR灯光（球体）"来实现。

在命令面板"灯光"选项中，单击"VR灯光"按钮，将类型切换为"球体"，设置参数，如图11-3-5所示。

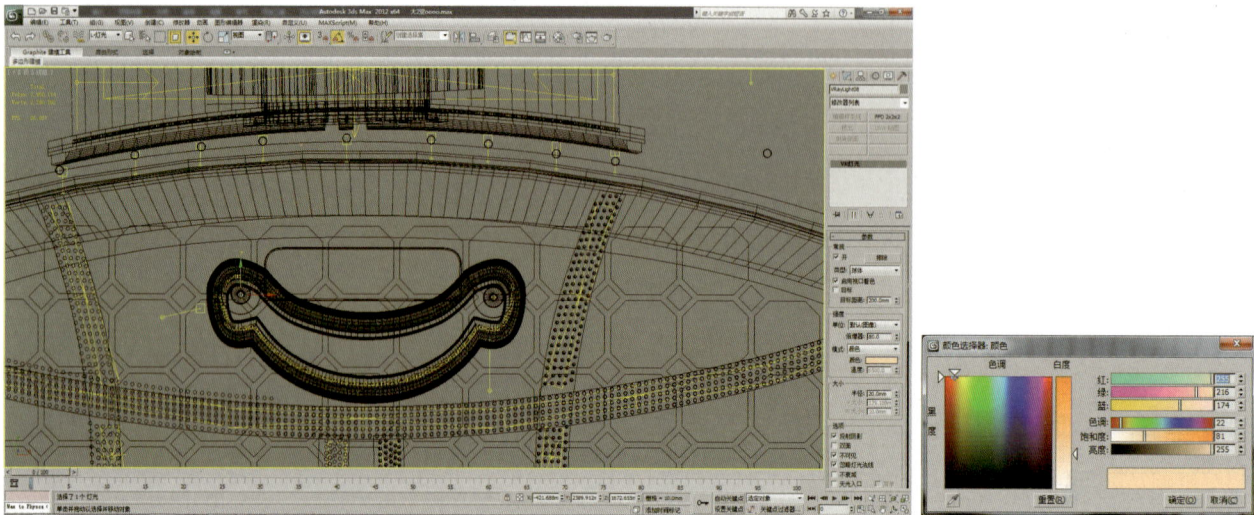

图 11-3-5

11.3.2 辅助光源

在场景中，辅助光源是由顶棚中多个筒灯来实现的。

（1）中心筒灯

选择顶视图中需要布置筒灯的模型，按【Alt+Q】组合键，将其孤立显示。在命令面板"灯光"选项中，单击光度学中的"目标灯光"按钮，在前视图中单击并拖动，调节位置，设置参数，如图11-3-6所示。

（2）辅助筒灯

采用同样的方法，在前视图中添加辅助筒灯，调节位置后设置参数，如图11-3-7所示。

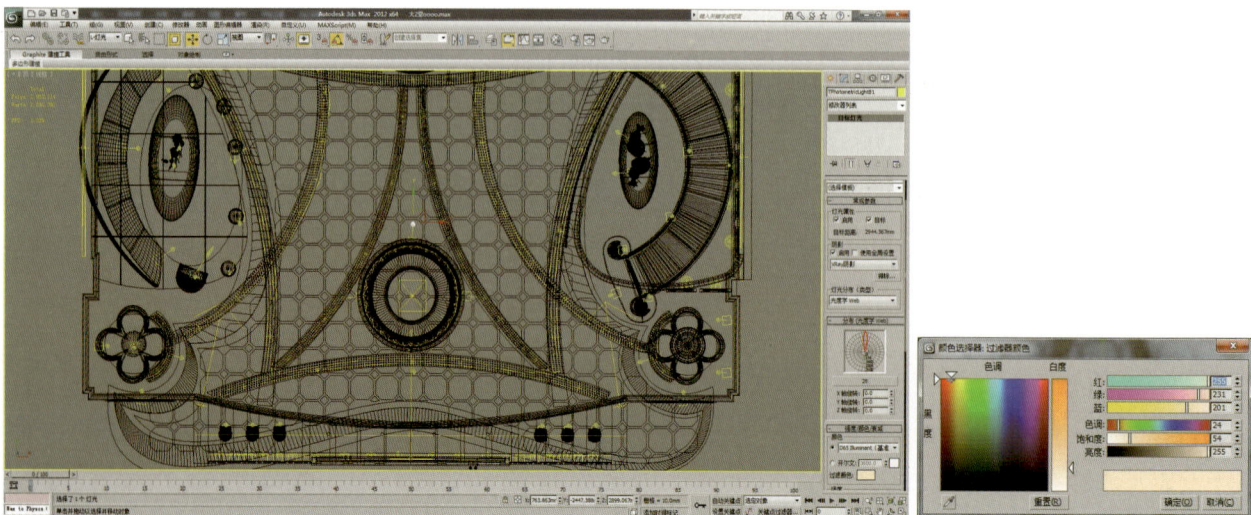

图 11-3-6

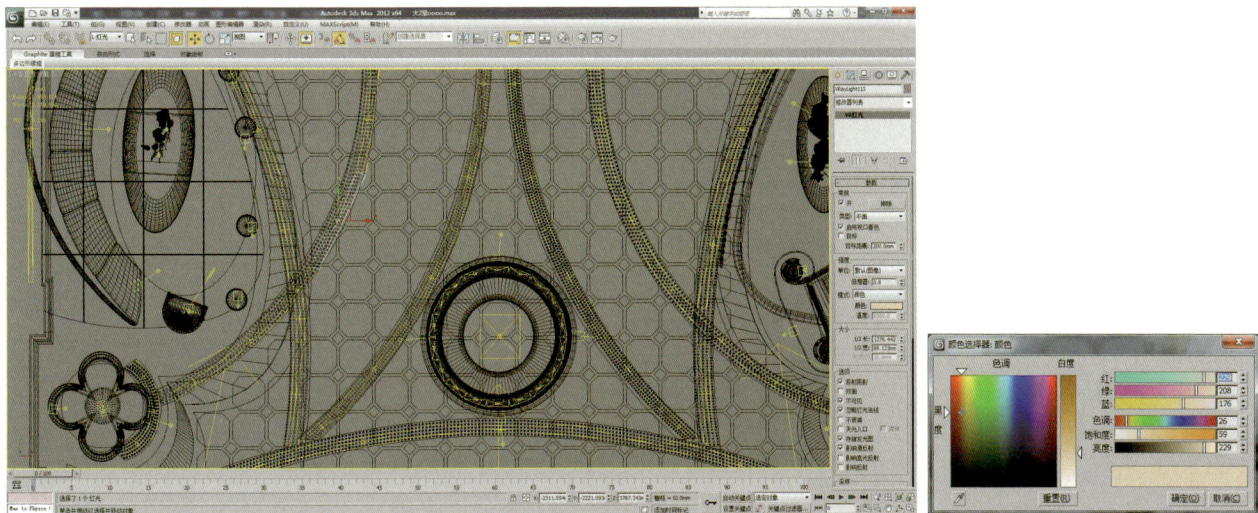

图 11-3-7

11.3.3 阴影光源

在本场景中，阴影光源主要来自窗外的灯光，需要在室内体现光线的环境效果。

在命令面板"灯光"选项中，单击"VR灯光"按钮，将灯光类型改为"平面"，在前视图中单击并拖动，创建灯光，在顶视图中调节位置，设置参数，如图11-3-8所示。

用同样的方法，制作另外几个窗口的阴影光源，在顶视图中，从左到右倍增强度依次为0.5、0.8。

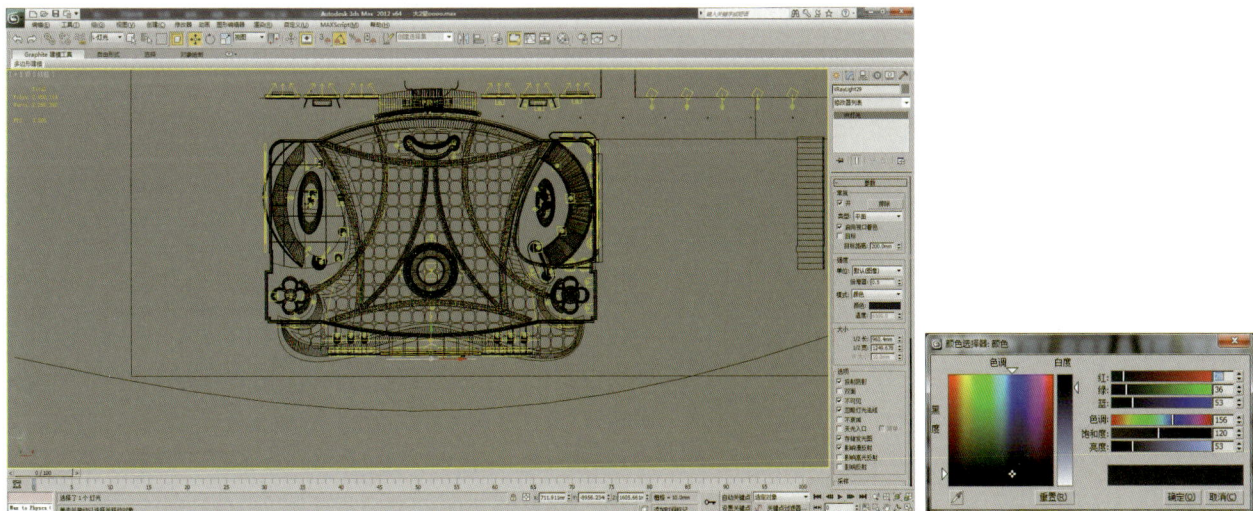

图 11-3-8

11.4 酒店大堂效果渲染

场景中布置完灯光后，进入V-Ray的测试阶段，不断调节材质和灯光的匹配效果。通常需要在"覆盖材质"的前提下，查看并调节灯光。开启材质显示后，查看材质的局部细节。

（1）设置输出尺寸和锁定摄像机视图

按【F10】键，弹出"渲染设置"对话框，在"公用"选项卡中设置输出尺寸和摄像机视图，如图11-4-1所示。

（2）载入到测试参数

切换到"设置"选项卡，单击"预置"按钮，在弹出的界面中双击测试参数名称，在"全局开关"选项中选中"覆盖材质"复选框，如图11-4-2所示。

（3）测试渲染

按【Shift+Q】组合键，渲染当前视图，查看覆盖材质效果下灯光的亮度，如图11-4-3所示。

对于渲染后的效果进行查看，调节吧台上方矩形灯带的倍增强度，调节左侧第一个台灯的亮度，添加左侧室外环境。

（4）添加室外环境

选择命令面板中"平面"对象，在前视图中单击并拖动，生成环境。按【M】键，选择样本球并指定给当前对象，单击"漫反射"后面的贴图按钮，添加环境贴图，如图11-4-4所示。

（5）带材质渲染

调节完上述内容后，在"全局开关"选项中，取消选中"覆盖材质"复选框，按【Shift+Q】组合键，等待渲染完成，查看场景中的材质表现，如图11-4-5所示。

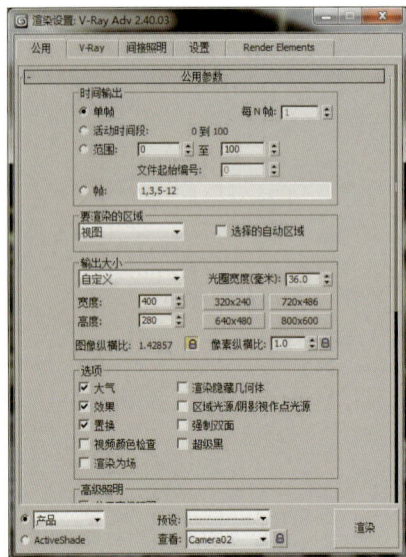

图 11-4-1

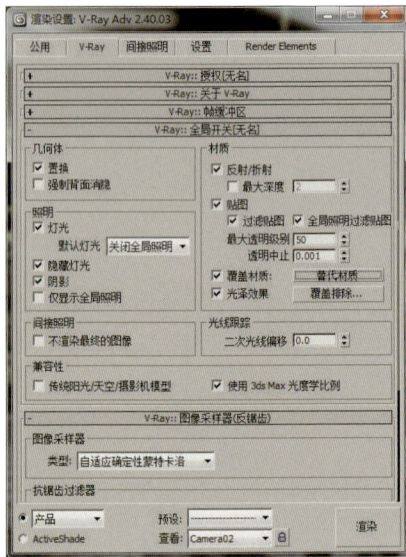

图 11-4-2

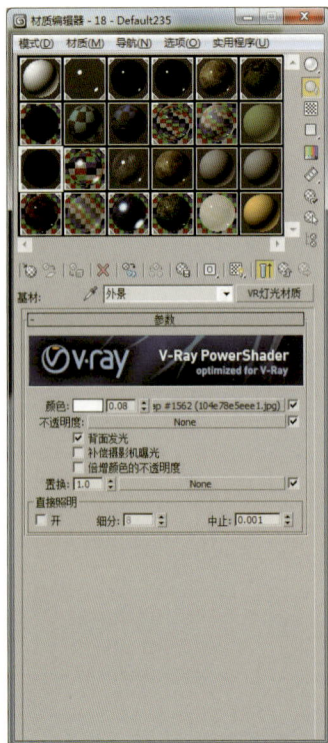

图 11-4-3

图 11-4-4

图 11-4-5

思考与练习

1. 酒店大堂效果中材质与家装中有哪些不同?

2. 酒店大堂效果中布置灯光有哪些注意事项?

第12章　办公空间会议室效果表现

本章要给大家讲解一下办公室效果图的制作方法，当然方法和前面所讲的客厅和卧室的建模方法有类似之处。不同之处是，通过材质表现和灯光布局，可以让办公空间会议室获得雅致的空间效果，如图12-1-1所示。

图 12-1-1

12.1 办公室效果模型的空间制作

12.1.1 空间制作

（1）单位设置

启动3ds Mas软件后，执行"自定义"菜单中的"单位设置"命令，在弹出的界面中设置系统单位和显示单位均为"毫米"，如图12-1-2所示。

（2）导入建筑平面图

执行"文件"菜单中的"导入"命令，在弹出界面的"文件格式"下拉列表中选择"*.dwg"格式文件，选择文件，在弹出界面中选中"焊接附近顶点"复选框，如图12-1-3所示。

（3）生成墙体

选中导入平面图对象，右击，在弹出的快捷菜单中选择"冻结当前选择"命令。按【S】键，开启"对象捕捉"命令，右击对象捕捉按钮，在弹出的界面中设置捕捉方式为"端点"，在"选项"选项卡中选中"捕捉到

图 12-1-2

冻结对象"复选框，如图12-1-4所示。

在命令面板中，选择"线"命令，在顶视图中捕捉端点并绘制两侧墙体线条，添加"挤出"命令，设置参数，生成墙体，如图12-1-5所示。

（4）生成顶棚造型

执行"文件"菜单中的"导入"命令，在弹出的界面中选择文件类型为"AutoCAD图形"，选择顶棚立面图文件，在左视图中将其旋转90°，保持在前视图中正面显示，如图12-1-6所示。

在前视图中，使用"线"工具并开启"对象捕捉"功能，绘制顶棚造型，添加"挤出"命令，生成顶棚造型，如图12-1-7所示。

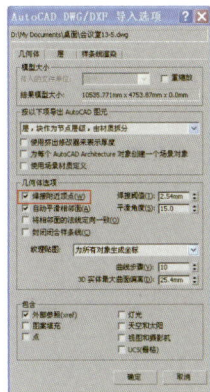

图 12-1-3

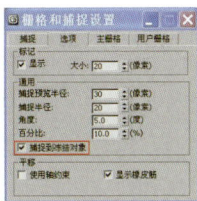

图 12-1-4

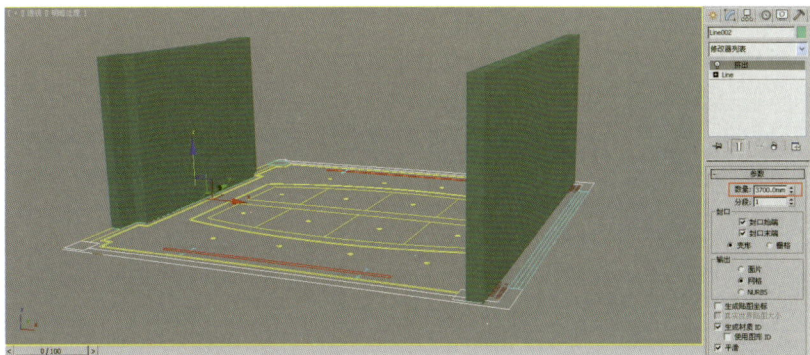

图 12-1-5

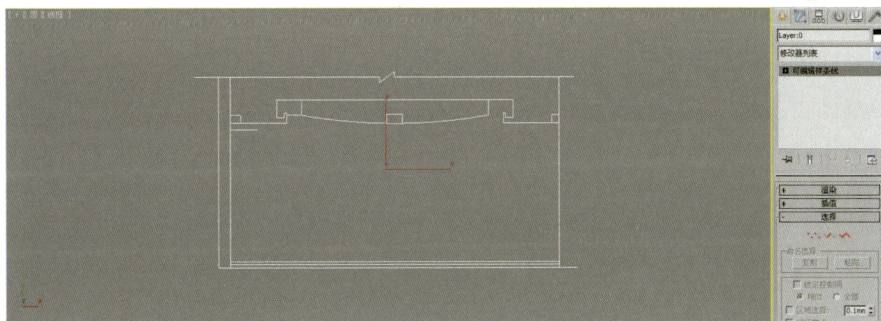

图 12-1-6

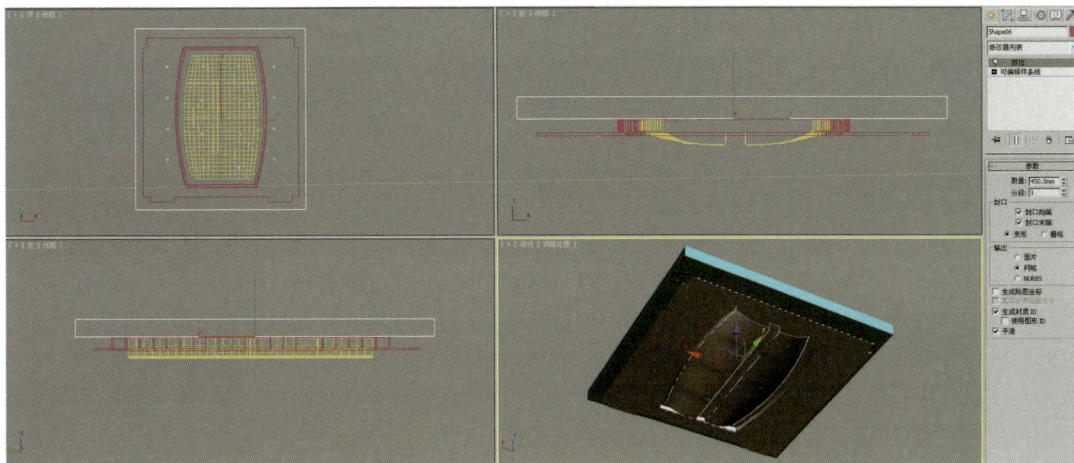

图 12-1-7

（5）生成顶灯

在前视图中，利用"线"工具，捕捉绘制顶灯轮廓，在命令面板"修改"选项中，添加"挤出"命令。右击鼠标，在弹出的快捷菜单选项中选择"转换为／转换为可编辑多边形"命令，添加"FFD（长方体）"命令，通过控制点影响物体形状，生成顶灯造型，如图12-1-8所示。

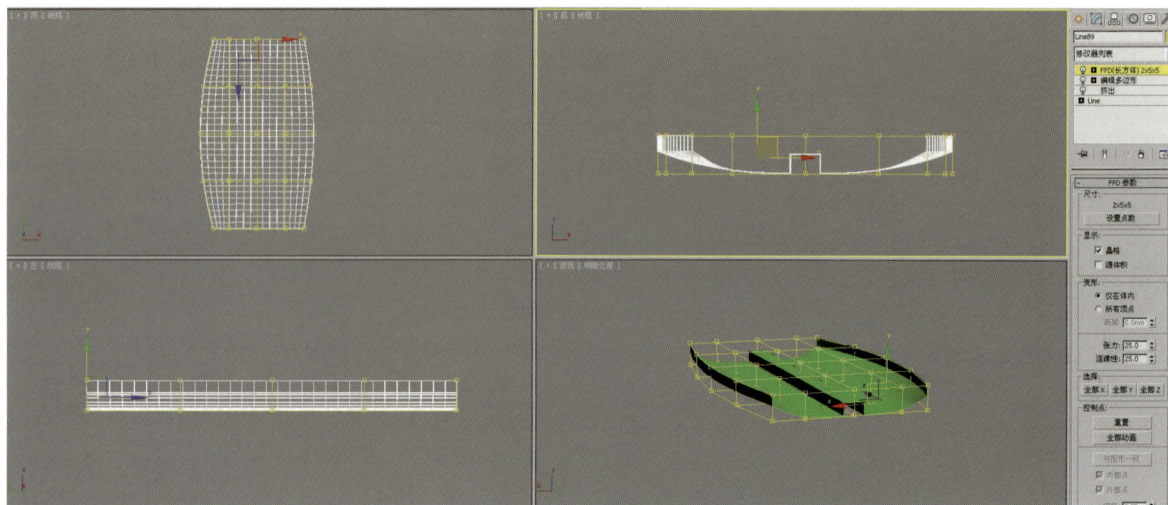

图 12-1-8

（6）创建会议桌

在顶视图中，参照导入CAD平面图，创建两个矩形图形，转换到"可编辑样条线"命令后，进行"添加"操作，调节外侧矩形形状。在命令面板"修改"选项中添加"挤出"命令，依次执行"可编辑多边形"和"平滑"操作，得到会议桌桌面，如图12-1-9所示。

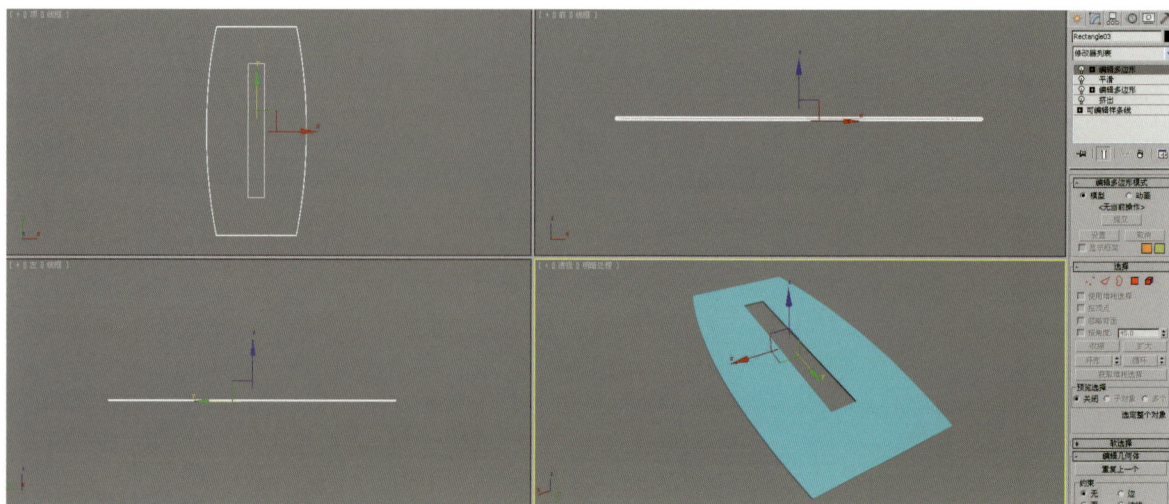

图 12-1-9

12.1.2 导入模型

会议室基本空间完成后，需要导入会议室的基本模型。

（1）导入椅子

执行"文件"菜单中的"合并"命令，将座椅模型导入当前场景，根据需要调节大小和位置，如图12-1-10所示。

（2）导入麦克风设备

执行"文件"菜单中"合并"命令，选择麦克风模型，将其导入并调节位置和大小，如图12-1-11所示。

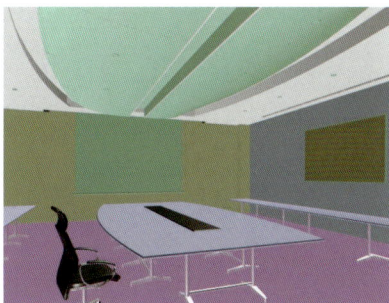

图 12-1-10

图 12-1-11

12.2 办公室效果模型的材质编辑

12.2.1 墙体类材质

（1）前墙材质

选择前墙物体，按【M】键，在弹出的"材质编辑器"界面中，单击Standard按钮，在弹出的界面中双击"VR材质"，将当前材质更换为"VR材质"，单击"将材质指定给选定对象" 按钮，设置参数，如图12-2-1所示。

再次单击"VR材质"按钮，在弹出的界面中双击"VR材质包裹器"材质，设置参数，如图12-2-2所示。

图 12-2-1

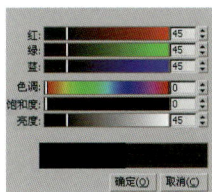

图 12-2-2

（2）两侧墙体材质

选择两侧墙体对象，按【M】键，在弹出的"材质编辑器"界面中，单击Standard按钮，在弹出的界面中双击"VR材质"，将当前材质更换为"VR材质"，单击"将材质指定给选定对象"  按钮，设置参数，如图12-2-3所示。

在"贴图"选项中，单击"漫反射"选项中的贴图并拖动到"凹凸"贴图中，设置参数，如图12-2-4所示。

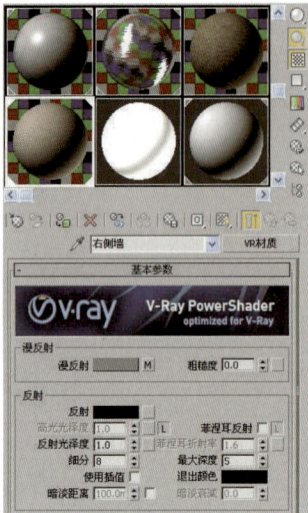

图 12-2-3

图 12-2-4

（3）墙壁装饰画

选择墙体装饰画边框对象，按【M】键，在弹出的"材质编辑器"界面中，单击Standard按钮，在弹出的界面中双击"VR材质"，将当前材质更换为"VR材质"，单击"将材质指定给选定对象" 按钮，设置参数，如图12-2-5所示。

选择画面对象，按【M】键，在弹出的"材质编辑器"界面中，单击Standard按钮，在弹出的界面中双击"VR材质"，将当前材质更换为"VR材质"，单击"将材质指定给选定对象" 按钮，设置参数，如图12-2-6所示。

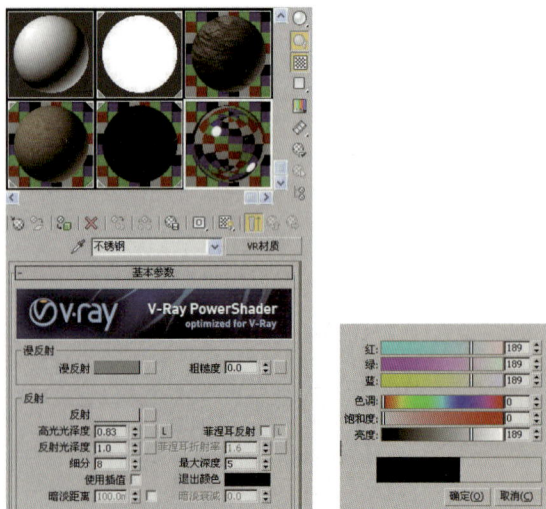

图 12-2-5

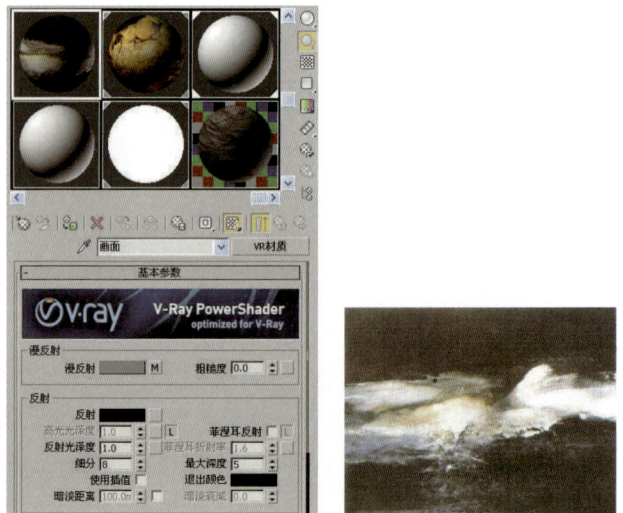

图 12-2-6

在"贴图"选项中，单击"漫反射"选项中的贴图并拖动到"凹凸"贴图中，设置参数，如图12-2-7所示。采用同样的方法，可以制作左侧墙壁上的装饰画材质，只是贴图内容不同，在此不再赘述。

（4）投影幕布

选择中间的画面对象，按【M】键，在弹出的"材质编辑器"界面中，单击Standard按钮，在弹出的界面中双击"VR材质"，将当前材质更换为"VR材质"，单击"将材质指定给选定对象" 按钮，设置参数，如图12-2-8所示。

画布的其他区域，在材质编辑器中选择样本球赋予物体后，设置"漫反射"颜色为纯白色即可。

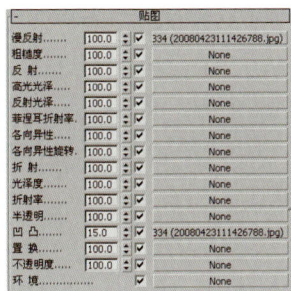

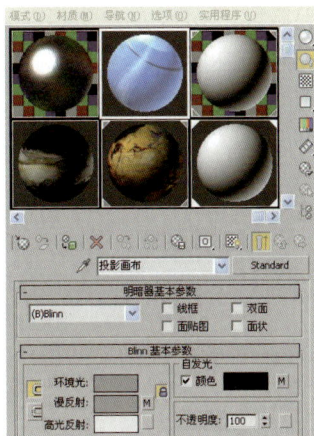

图 12-2-7　　　　　　　　　　　　　　　　　　　　　图 12-2-8

12.2.2 顶棚类材质

（1）顶棚材质

选择顶棚物体对象，按【M】键，在弹出的"材质编辑器"界面中，单击Standard按钮，在弹出的界面中双击"VR材质"，将当前材质更换为"VR材质"，单击"将材质指定给选定对象" 按钮，设置参数，如图12-2-9所示。

（2）顶灯材质

选择顶灯材质物体对象，按【M】键，在弹出的"材质编辑器"界面中，选择样本球，单击"将材质指定给选定对象" 按钮，设置参数，如图12-2-10所示。

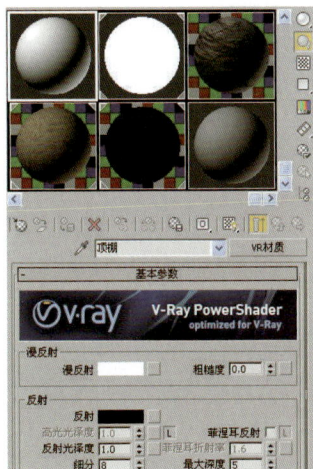

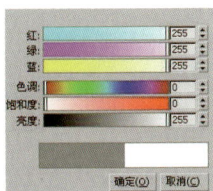

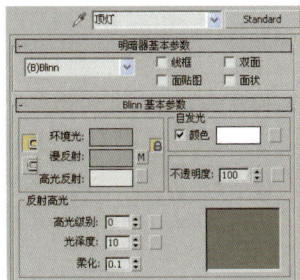

图 12-2-9　　　　　　　　　　　　　　　　　　　　　图 12-2-10

（3）筒灯模型材质

筒灯模型分为筒灯中间部分和边缘金属圈两部分。中间部分的造型，直接在"漫反射"中赋予纯白色。边缘金属圈的材质，设置为不锈钢材质，与右侧装饰画框为同一材质，在此不再赘述。

12.2.3 地面材质

（1）地毯基本材质

选择地面物体对象，按【M】键，在弹出的"材质编辑器"界面中，单击Standard按钮，在弹出的界面中双击"VR材质"，将当前材质更换为"VR材质"，单击"将材质指定给选定对象" 按钮，设置参数，如图12-2-11所示。

（2）地毯置换材质

在"贴图"选项中，单击"漫反射"选项中的贴图并拖动到"凹凸"贴图中，设置数量，单击"置换"后面的贴图按钮，添加置换图像，如图12-2-12所示。

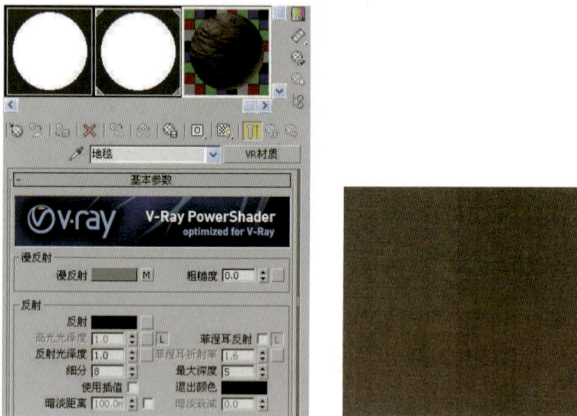

图 12-2-11

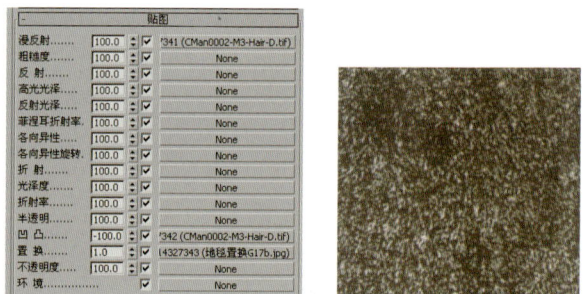

图 12-2-12

（3）添加材质包裹器

单击材质编辑器工具中的"获取材质" 按钮，再次单击"VR材质"按钮，在弹出的界面中双击"VR材质包裹器"材质，设置参数，如图12-2-13所示。

12.2.4 办公用品材质

（1）座椅材质

① 皮革材质。

选择皮革材质对象物体，按【M】键，在弹出的"材质编辑器"界面中，单击Standard按钮，在弹出的界面中双击"VR材质"，将当前材质更换为"VR材质"，单击"将材质指定给选定对象"按钮，设置参数，如图12-2-14所示。

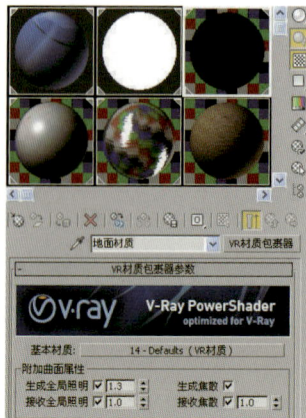

图 12-2-13

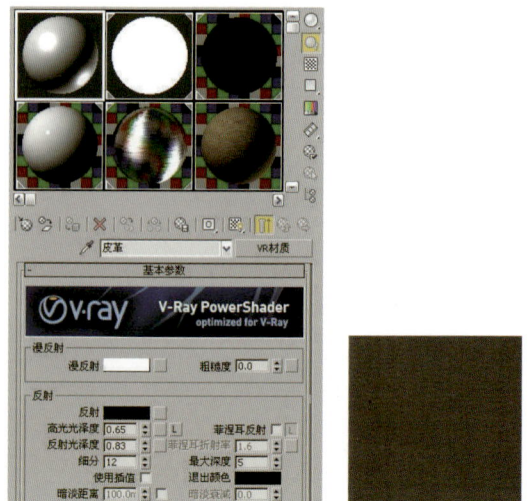

图 12-2-14

在"贴图"选项中，单击"漫反射"选项中的贴图并拖动到"凹凸"贴图按钮中，设置数量，如图12-2-15所示。

② 不锈钢材质。

选择座椅不锈钢材质物体，按【M】键，在弹出的"材质编辑器"界面中，单击Standard按钮，在弹出的界面中双击"VR材质"，将当前材质更换为"VR材质"，单击"将材质指定给选定对象"按钮，设置参数，如图12-2-16所示。

③ 座椅车轮材质。

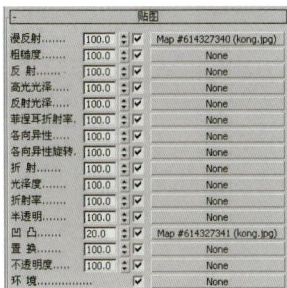

图 12-2-15

选择座椅底部的车轮模型物体，按【M】键，在弹出的"材质编辑器"界面中，单击Standard按钮，在弹出的界面中双击"VR材质"，将当前材质更换为"VR材质"，单击"将材质指定给选定对象"按钮，设置参数，如图12-2-17所示。

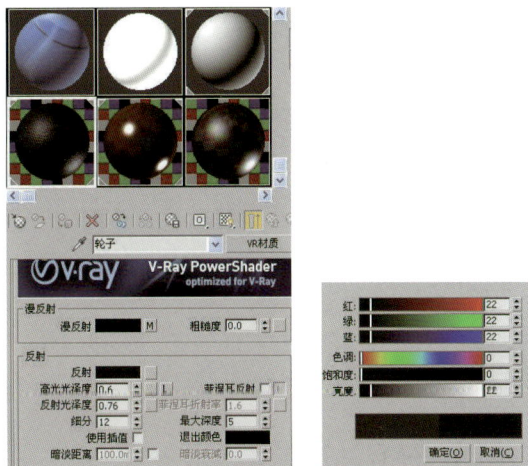

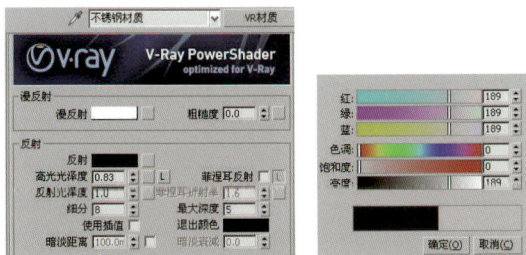

图 12-2-16

图 12-2-17

（2）会议桌材质

① 桌面部分。

选择会议桌桌面对象物体，按【M】键，在弹出的"材质编辑器"界面中，单击Standard按钮，在弹出的界面中双击"VR材质"，将当前材质更换为"VR材质"，单击"将材质指定给选定对象"按钮，设置参数，如图12-2-18所示。

② 桌腿部分。

选择会议桌桌腿材质物体，按【M】键，在弹出的"材质编辑器"界面中，单击Standard按钮，在弹出的界面中双击"VR材质"，将当前材质更换为"VR材质"，单击"将材质指定给选定对象"按钮，设置参数，如图12-2-19所示。

（3）麦克风材质。

① 底座材质。

选择麦克风底座材质物体，按【M】键，在弹出的"材质编辑器"界面中，单击Standard按钮，在弹出的界面中双击"VR材质"，将当前材质更换为"VR材质"，单击"将材质指定给选定对象"按钮，设置参数，如图12-2-20所示。

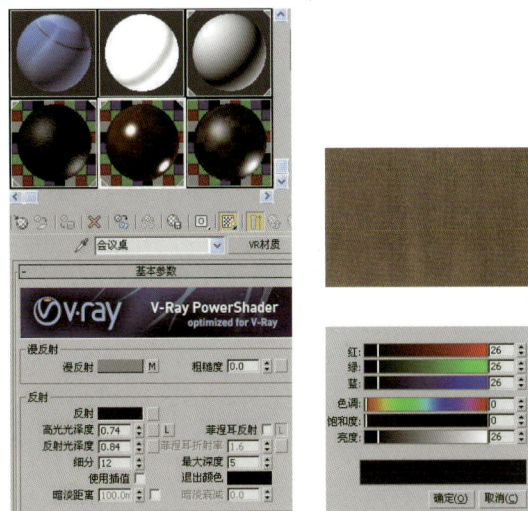

图 12-2-18

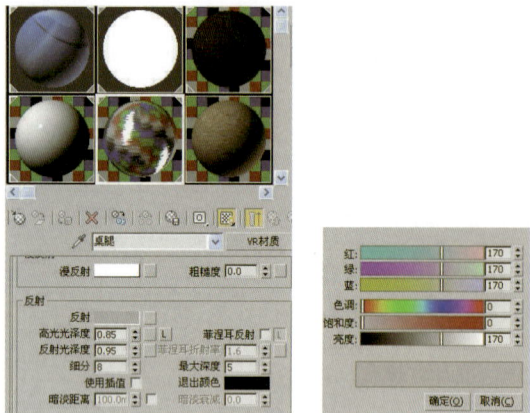

图 12-2-19

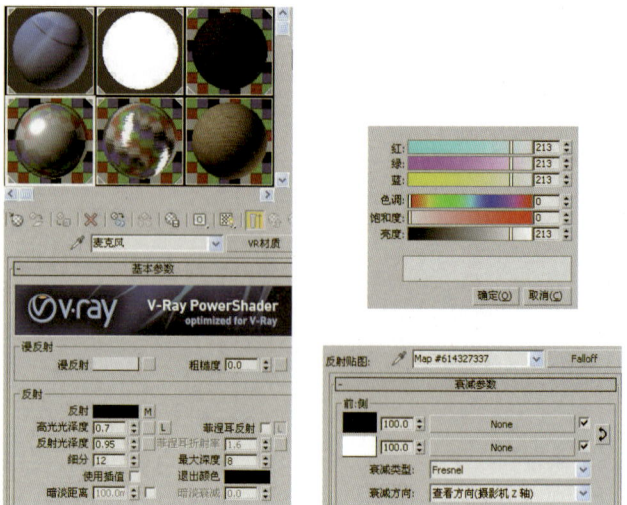

图 12-2-20

② 麦克风话筒材质。

选择麦克风顶端的话筒材质物体，按【M】键，在弹出的"材质编辑器"界面中，单击"将材质指定给选定对象" 按钮，设置参数，如图12-2-21所示。

（4）笔记本材质

选择桌面上的笔记本材质物体，按【M】键，在弹出的"材质编辑器"界面中，单击Standard按钮，在弹出的界面中双击"VR材质"，将当前材质更换为"VR材质"，单击"将材质指定给选定对象" 按钮，设置参数，如图12-2-22所示。

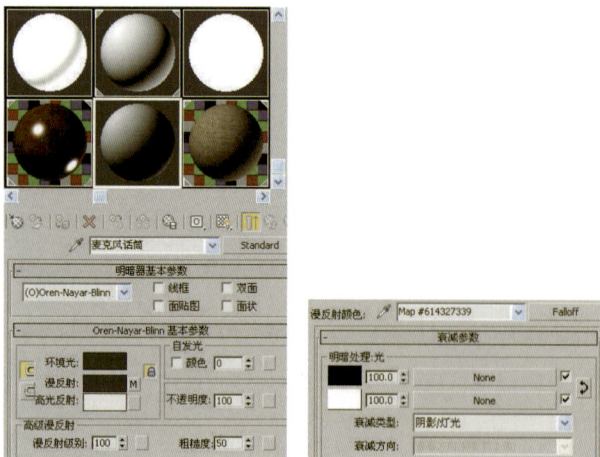

图 12-2-21

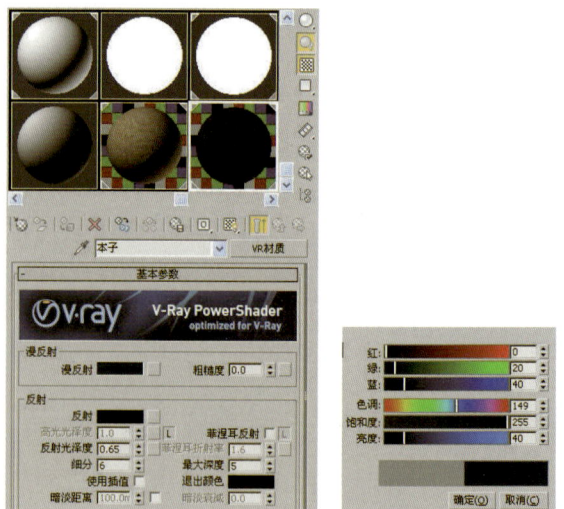

图 12-2-22

（5）金属笔材质

选择桌面上的金属笔材质物体，按【M】键，在弹出的"材质编辑器"界面中，单击Standard按钮，在弹出的界面中双击"VR材质"，将当前材质更换为"VR材质"，单击"将材质指定给选定对象" 按钮，设置参数，如图12-2-23所示。

在"贴图"选项中，单击"凹凸"后面的贴图按钮，在弹出的界面中添加位图，设置参数，如图12-2-24所示。

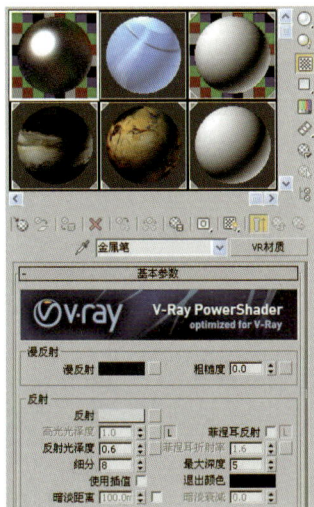
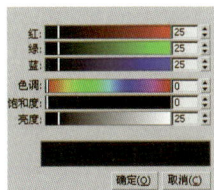
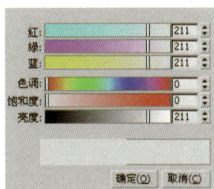
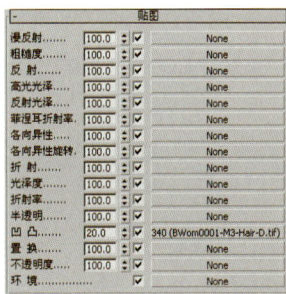

图 12-2-23　　　　　　　　　　　　　　　图 12-2-24

12.3 办公室效果模型的灯光布置

12.3.1 主光源

（1）异形灯带

在命令面板"灯光"选项中，单击"VR灯光（平面）"按钮，在顶视图中单击并拖动，创建灯光，设置参数，如图12-3-1所示。

在顶视图中，选择"VR灯光"，进行"实例"复制，生成一半造型，将其"群组"，通过"镜像"复制，生成顶部右侧灯光，如图12-3-2所示。

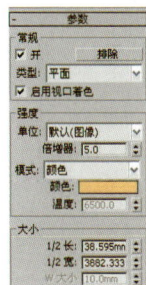
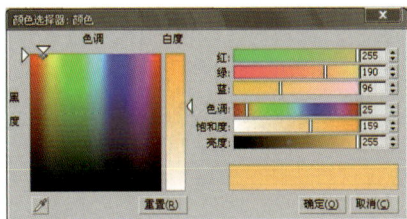
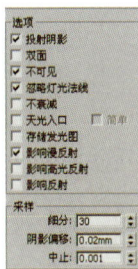
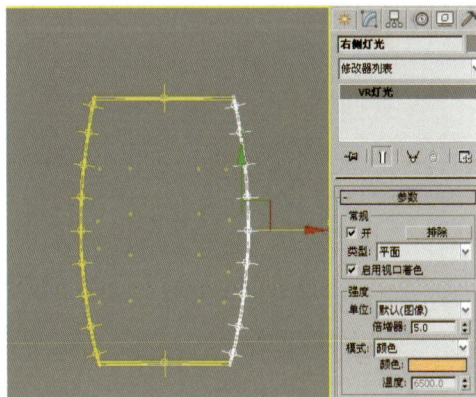

图 12-3-1　　　　　　　　　　　　　　　图 12-3-2

采用同样的方法，制作另外的异形灯光，参数设置，如图12-3-3所示。

（2）筒灯

在命令面板"灯光"选项中，单击"目标灯光"，在前视图灯光位置处单击并拖动，添加筒灯，设置参数，如图12-3-4所示。

通过顶视图调节光位置后，将灯光进行"实例"复制，生成顶部筒灯造型，在此不再赘述。

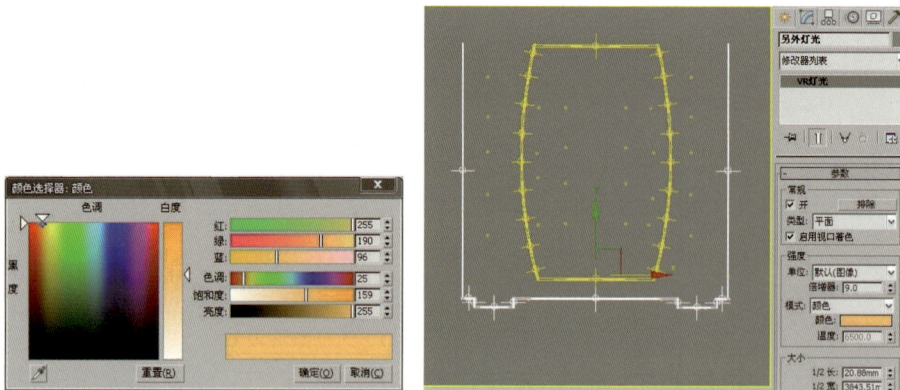

图 12-3-3

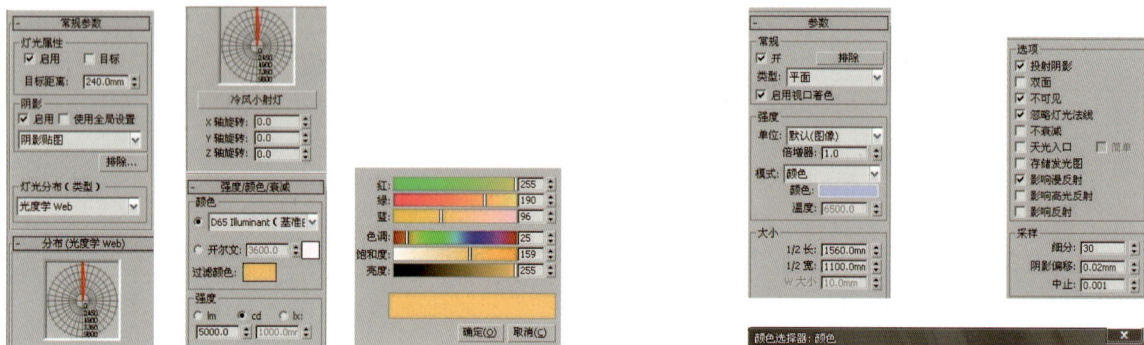

图 12-3-4

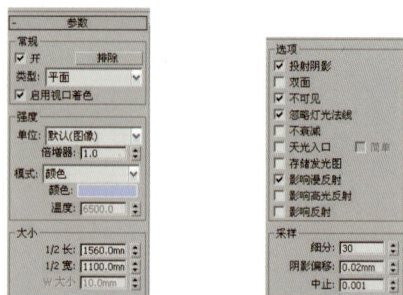

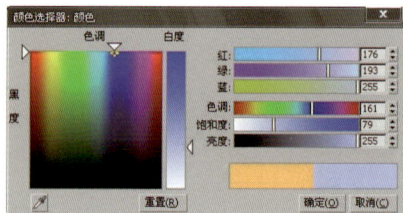

图 12-3-5

12.3.2 辅助灯光

（1）投影仪画布灯光

在命令面板"灯光"选项中，单击"VR灯光"按钮，类型为"平移"，单击并拖动，创建灯光，调节光照方向和参数，如图12-3-5所示。

（2）两侧辅助灯光

在命令面板"灯光"选项中，单击"VR灯光"按钮，在左视图中单击并拖动，添加平面光源，设置参数，如图12-3-6所示。

12.4 办公室效果模型的渲染

12.4.1 场景测试

（1）载入测试参数

按【F10】键，在弹出的"渲染设置"对话框中，单击"设置"选项卡，单击"预置"按钮，快速载入测试参数。

（2）渲染测试

在"公用"选项卡中，设置输出尺寸大小为640像素×80像素，按【Shift+Q】组合键，进行渲染测试，查看在"覆盖材质"的前提下场景灯光的亮度。

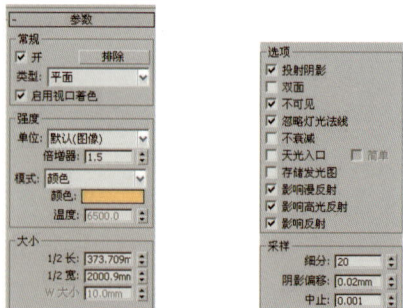

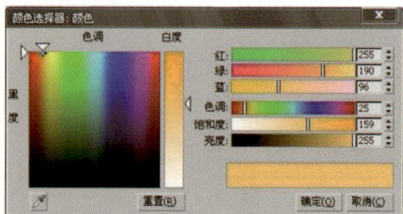

图 12-3-6

（3）带材质渲染

按【F10】键，在"渲染设置"对话框的"全局打开"选项中，取消选中"覆盖材质"复选项，再次按【Shift+Q】组合键，进行带材质渲染。

带材质渲染完成后，需要对场景中出现的问题作进一步调整，如顶部右侧异形灯光过亮，场景左侧过暗等。调节完成后，再次进行渲染测试。

12.4.2　正式渲染

（1）载入正式参数

按【F10】键，在"渲染设置"对话框的"设置"选项中，单击"预置"按钮，在弹出的界面中双击"正式参数"，载入正式参数。

（2）计算输入尺寸

执行"渲染"菜单中的"打印大小向导"命令，从"纸张大小"下拉列表中选择打印输出的纸张尺寸，设置图像的DPI参数，此时自动换算出对应的像素尺寸。

12.4.3　光子贴图渲染大图

（1）渲染实际需要的1／4尺寸

按【F10】键，在 "设置"选项中，加载正式输出的参数，根据最终需要的尺寸，在"公用"选项卡中，输入1／4的像素尺寸，按【Shift+Q】组合键，等待渲染完成。

（2）保存并载入光子贴图

渲染完成后，在"发光贴图"选项卡中，单击"模式"后面的"保存"按钮，在弹出的界面中储存"*.vrmap"格式文件，从"模式"下拉列表中选择"从文件"，单击"浏览"按钮，选择存储过的文件。

采用同样的方法，对"灯光缓存"选项进行保存和载入设置。

（3）调整输出尺寸

在"渲染设置"对话框的"公用"选项卡中，根据最大1:4的换算关系，设置输出的尺寸大小，输入尺寸后，单击"渲染"按钮，等待完成，如图12-4-1所示。

图 12-4-1

思考与练习

1. 办公室效果中摄像机该如何设置？

2. 在渲染参数设置中模型细分、插补采样数值影响了什么效果？

附录 3ds Max / VRay 常见问题处理技巧

在3ds Max建模过程中总是会遇到各种问题，那么我们该怎么去认识问题并解决呢？下面就来讲解一下我们经常遇到的一些问题。

3ds Max/VRay 常见问题一

在制图过程中有时可能会把整个模型做坏，这时你不想关闭视口那怎么办？

问题的解决方法：我们只要单击文件，点击"重置"即可，如图13-1-1、图13-1-2所示。

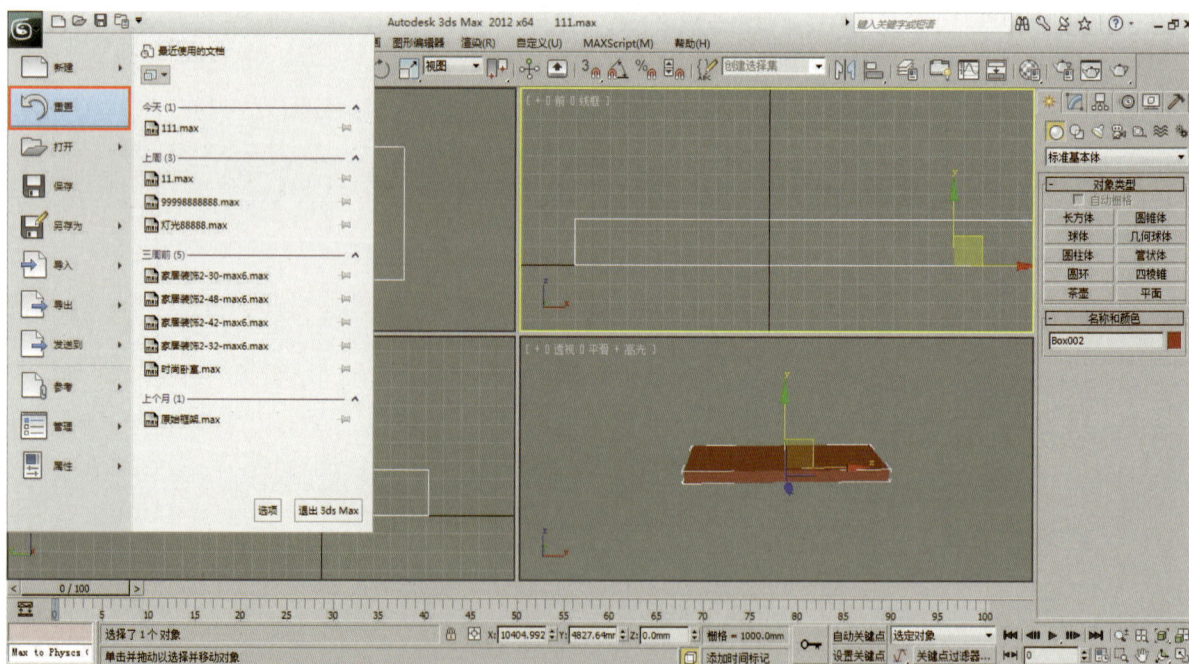

图 13-1-1

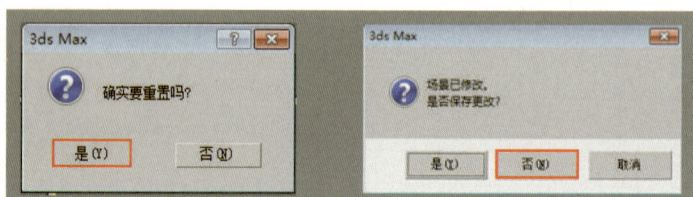

图 13-1-2

3ds Max/VRay 常见问题二

很多时候在打开3ds Max界面时会出现工具栏不显示的状况，如图13-1-3所示。那么碰到这样的问题该如何解决？

问题解决的方法：点击"自定义"选择"自定义UI与默认设置切换器"如图13-1-4所示。

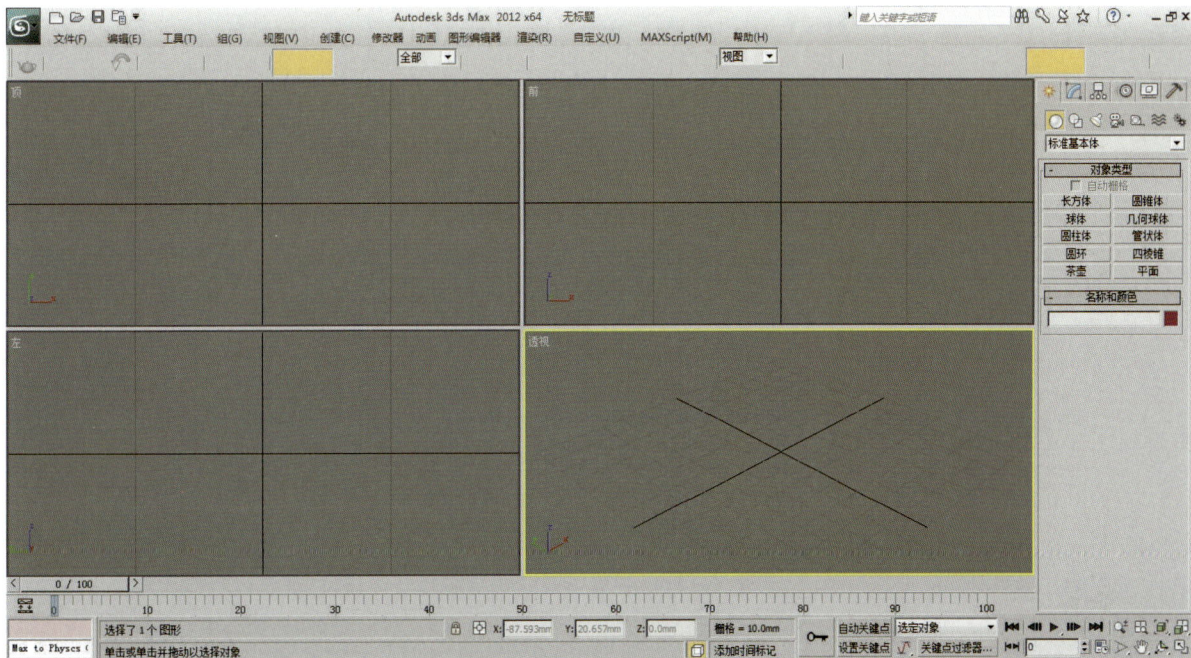

图 13-1-3

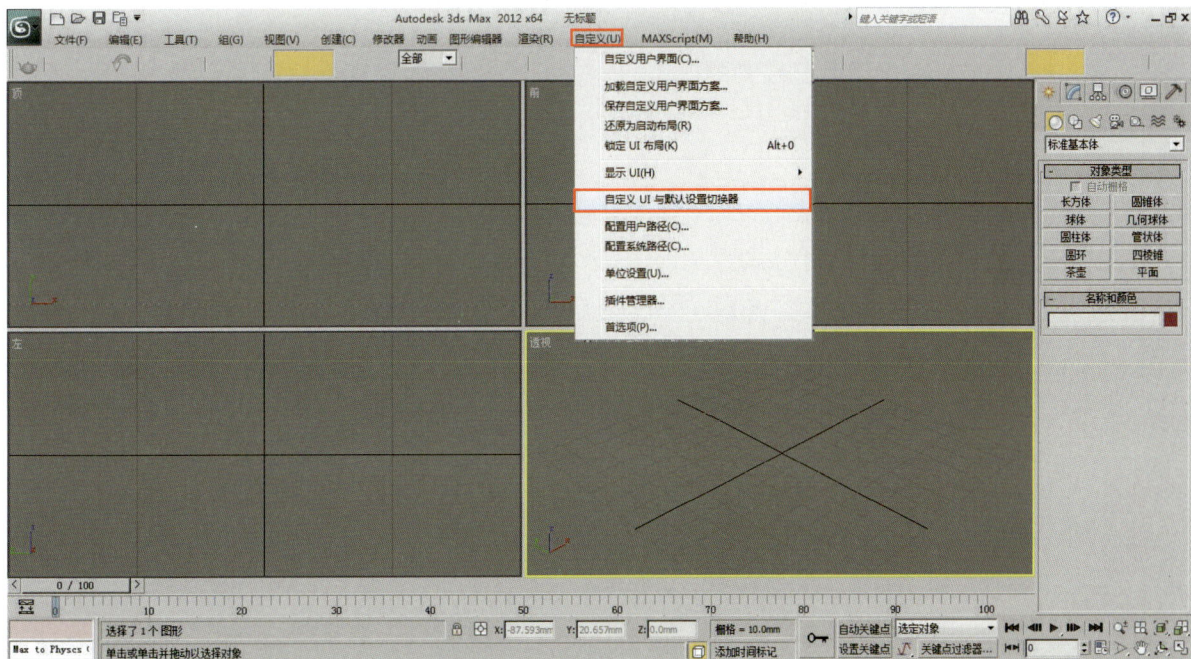

图 13-1-4

在跳出的"为工具选项和用户界面布局选择初始设置"中点击"设置"，如图13-1-5所示。

在弹出的"自定义UI与默认设置切换器"中点击【确定】，如图13-1-6所示。

这样在下一次打开3ds Max界面时就会恢复正常了。

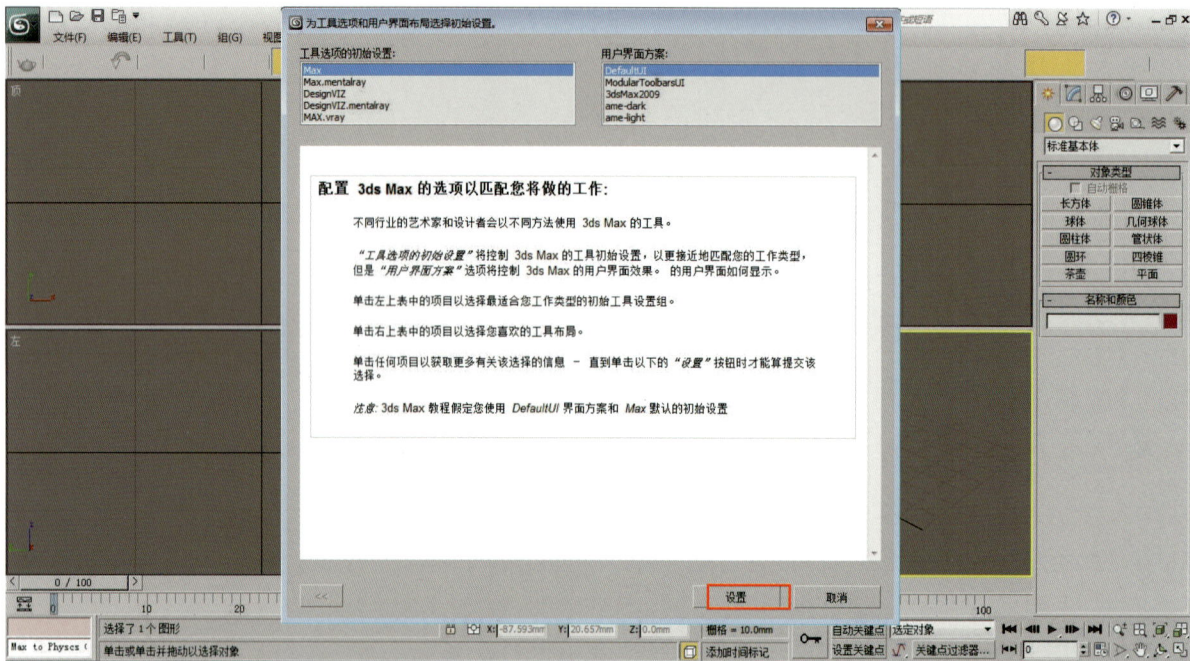

图 13-1-5

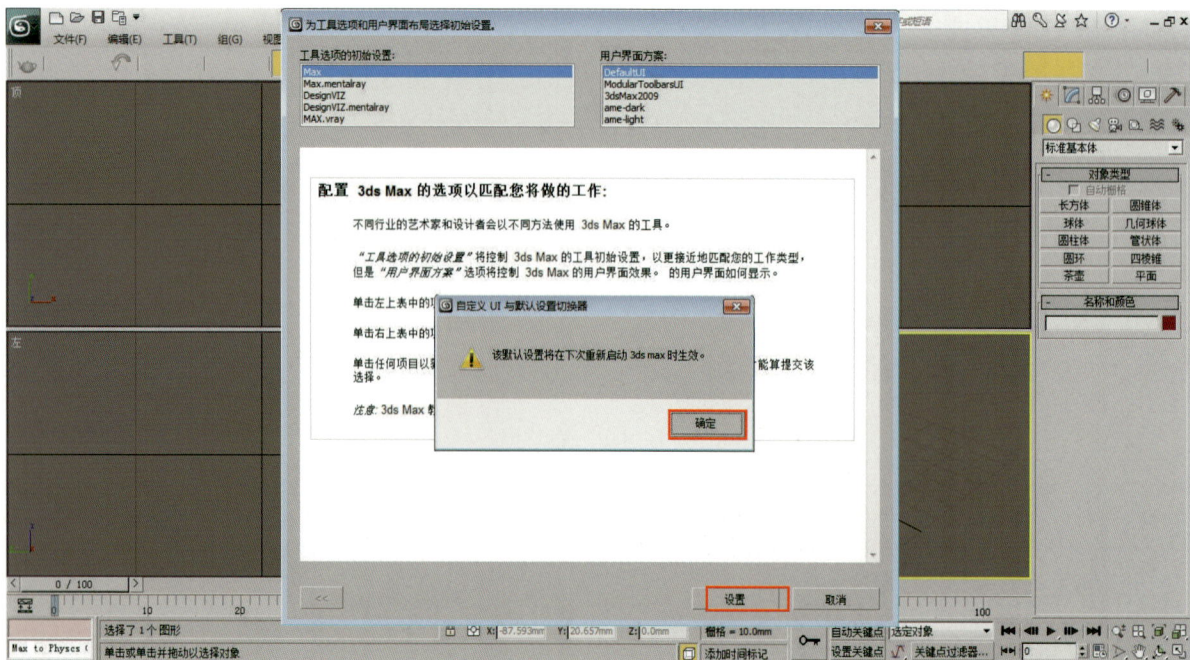

图 13-1-6

图 13-1-7

3ds Max/VRay 常见问题三

有时在制作模型过程中可能会由于模型的数量过多，导致运算不过来，而发出错误报告，与此同时我们的模型又没有得到及时保存，该怎么办？

问题解决的方法：点击"开始"命令，在"搜索程序和文件"输入"autoback"就可以找到未保存的文件了，如图13-1-7所示。

3ds Max/VRay 常见问题四

在导入CAD文件冻结后，捕捉不到"冻结对象"是怎么回事？如图13-1-8所示。

问题解决的方法：单击右键"对象捕捉"工具，在选项中勾选"捕捉到冻结对象"，如图13-1-9所示。

勾选后就可以捕捉到"冻结对象"了，如图13-1-10所示。

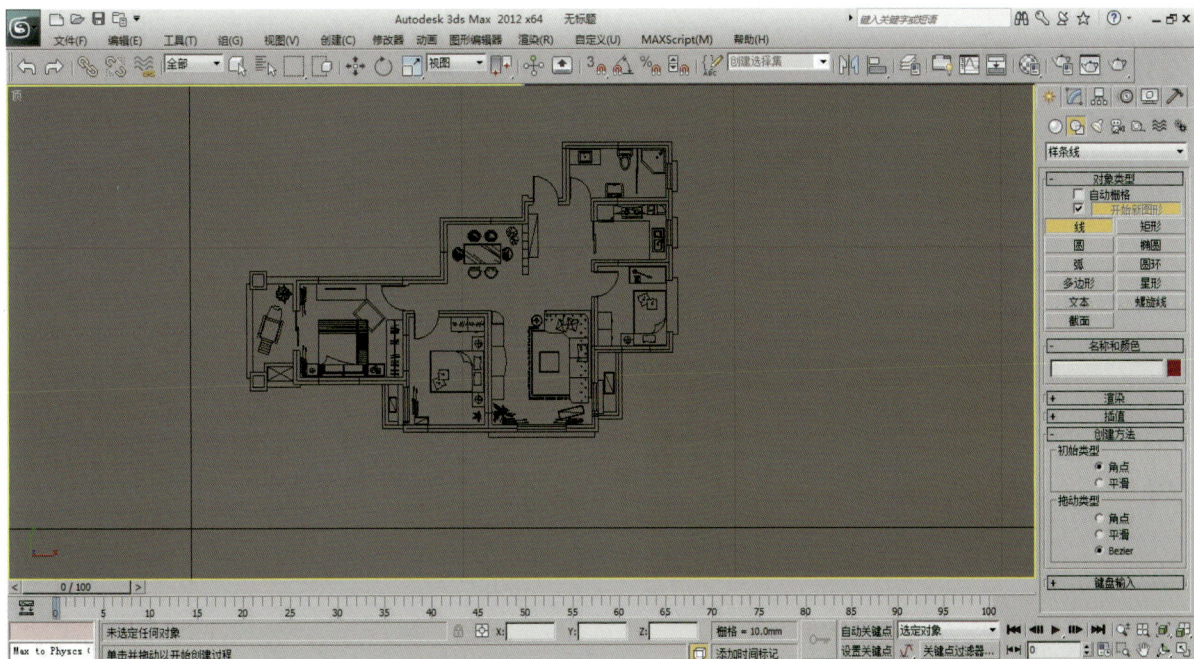

图 13-1-8

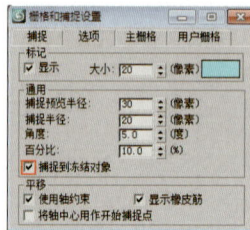

图 13-1-9

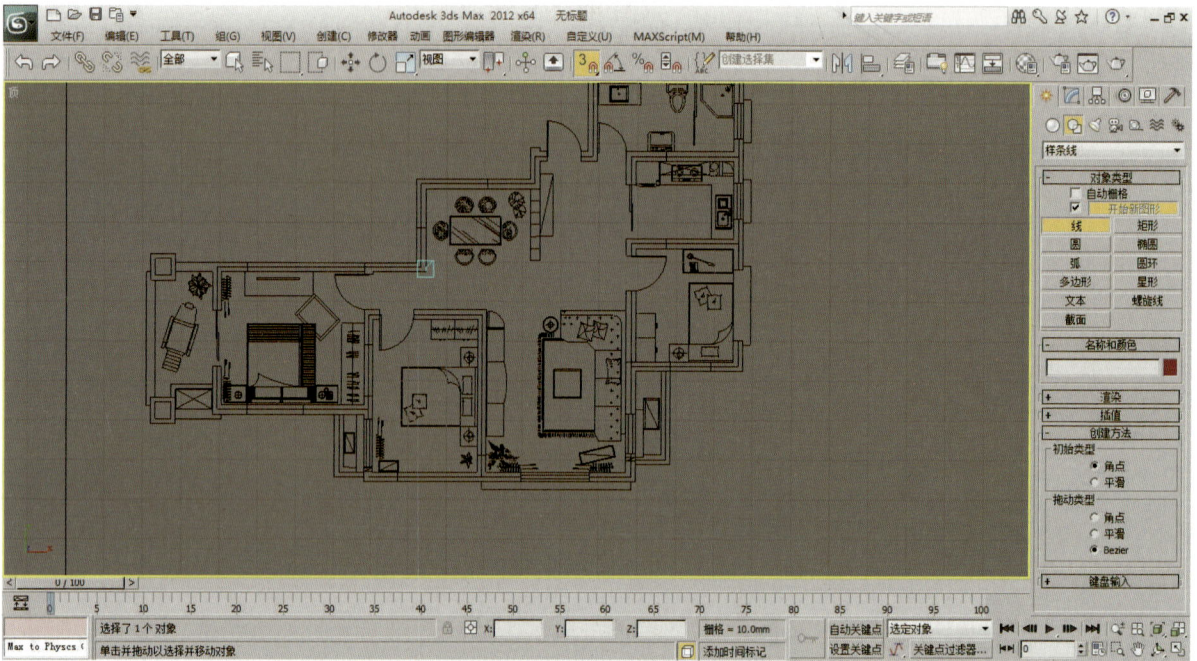

图 13-1-10